기초 전기회로실험

임인호 · 허태원 공저

B.C.Info

PREFACE

전기 · 전자 공학을 전공하는 학생들이 일반적으로 대학 1, 2학년 때 처음으로 접하는 실습 과목이 기초 전기전자 회로 실험이다. 이 과목은 전기 · 전자 공학의 기초 이론을 바탕으로 학생들 스스로 실제 부품들을 결선하고 전기적인 특성을 측정해야 하는 중요한 과목이다. 그러나 전기 · 전자를 처음으로 학습하는 학생들에게는 매우 어렵고 이해하기 어려운 과목일 것이다. 이러한 어려움을 조금이라도 해소하기 위하여, 본 교재에서는 두 개의 소프트웨어, 즉 Tinkercad와 Multisim 프로그램을 활용하여

1) 보여주고
2) 따라하고
3) 학습하는

과정을 통해 학생들이 재미를 느끼고 스스로 학습할 수 있도록 내용을 구성하였다. 특히 Tinkercad와 Multisim 프로그램을 이용하여 웹 상에서 주어진 회로를 구성하고 전기적 특성을 시뮬레이션하여 결과치를 예상함으로써, 실제로 학생들이 부품들을 결선하고 측정하기 전에 회로 특성을 파악할 수 있도록 구성하여 화재나 신체 손상 등과 같은 안전사고가 발생하지 않도록 하였다.

본 교재는 두 개의 교재로 나뉘어 구성되어 있다.
첫 번째 교재는 "기초전기회로실험"으로서, 다양한 계측기의 사용법 등에 대한 소개 및 사용법을 설명함과 동시에 옴의 법칙 등과 같은 기초적인 전기이론 및 회로망 실험 등과 같은 직류회로뿐만 아니라 교류회로 분야의 전기 관련 실험을 목적으로 한다. 매 실험과 관련된 내용을 학습하기 전에, 전기 이론 부분을 상세하게 설명하고 이후 두 개의 시뮬레이션 프로그램을 이용하여 웹 상에서 회로를 결선하고 측정을 해 본 후 실제로 학생들이 브레드보드와 저항, 인덕터, 콘덴서 등과 같은 부품들을 이용하여 기초 전기 회로 실험을 진행하고 실험 결과와 시뮬레이션 결과를 비교, 검토할 수 있도록 구성하였다.

두 번째 교재는 "기초전자회로실험"으로 명명되며, 전자 관련 실험을 목적으로 한다. 마찬가지로, 실험과 관련된 내용을 학습하기 전에, 반도체 및 트랜지스터 등과 같은

전자 이론 부분을 상세하게 설명하고 이후 두 개의 시뮬레이션 프로그램을 이용하여 웹 상에서 주어진 회로를 결선하고 측정을 한 후 실제로 학생들이 브레드보드와 저항, 인덕터, 콘덴서 및 트랜지스터 등을 이용하여 기초 전자 회로 실험을 진행하고 실험 결과와 시뮬레이션 결과를 비교, 검토할 수 있도록 구성하였다.

각 교재의 세부 내용으로서는 브레드보드를 이용하여 다양한 부품들을 결선한 사진 등을 제시하고 있으며, 또한 전기적인 측정하는 과정 등도 상세히 설명함으로써 학생들이 좀 더 쉽게 스스로 전기 · 전자 회로 실험을 학습할 수 있도록 구성하였다.

본 교재를 통하여, 전기 · 전자 공학 실험을 처음으로 접하는 학생들이 재미를 느끼고 스스로 학습하는데 도움이 되기를 바라며, 교재 출판에 도움을 주신 출판사 여러분께 감사드린다.

공저자 일동

본 교재의 내용은
NCS 학습모듈 내용을 일부 인용하였으며,
실험 장치와 실험 내용에 대해 많은 조언을 주신
㈜**청파이엠티**에 감사드립니다.

CONTENTS

CHAPTER 01

실험의 목적과 주의사항

1. 실험의 목적

전기회로실험은 전기 이론을 기초로 하여 전기공학에 대한 이해의 폭을 넓힐 수 있으며 다양한 분야에서 실무적인 능력을 배양할 수 있다. 따라서 다음과 같은 실험 목적을 잘 이해하면 보다 더 좋은 실험 결과를 얻을 수 있다.

① 전기공학의 이론을 기초로 하여 실험을 통해 학습함으로써 전기 · 전자공학 전공에 대한 이해도를 높이고 전기이론을 이해하고 활용하는 능력을 배양한다.

② 전기회로 실험의 필수인 전자 부품과 계측기 등의 특성을 이해하고 활용하는 방법을 배양한다.

③ 전기회로실험을 수행하면서 발생하는 다양한 문제들을 파악하고, 이를 해결할 수 있는 문제해결 능력을 배양한다.

④ 전기회로실험 수행 중에 이론값과 결과값에 대하여 단위 이해 등과 같은 수량적 개념을 배양한다.

⑤ 전기회로실험을 수행한 후 이론값과 결과값을 비교 · 분석하고 보고서를 작성할 수 있는 능력을 배양한다.

⑥ 전기회로실험을 수행하면서 함께 실험하는 구성원들과 토의하고 협력하는 능력을 배양한다.

2. 실험 시 주의사항

전기 회로 실험은 저항, 인덕터, 콘덴서 등과 같은 다양한 전자부품과 직류전원, 교류전원 등과 같은 전원부 그리고 멀티메타, 오실로스코프 등과 같은 많은 계측기를 사용하기 때문에 실험 전과 실험 후에 상당한 주의를 기울여야 한다. 이러한 주의 사항이 지켜지지 않으면 올바른 실험 결과를 얻지 못할 뿐만 아니라 안전사고가 발생하기 쉽다. 실험 시 주의 사항은 다음과 같다.

① 실험하기 전에 실험의 목적을 철저히 이해하고 기본 이론을 숙지한다.
② 실험하기 전에 실험에 필요한 부품과 계측기 등을 준비하고 부품 특성 및 계측기 사용법 등을 확인한다.
③ 실험하기 전에 실험 목적에 따라 실험 계획 및 순서를 구상한다.
④ 주어진 회로 결선이 끝난 후, 담당교수의 확인을 받은 후에 전원 스위치를 인가한다.
⑤ 계측기를 사용할 경우에는 주의를 기울여 사용하여야 하며, 특히 정밀급의 계측기는 가능한 한 충격 등이 인가되지 않도록 한다.
⑥ 실험 중에 인체의 부상, 부품의 손상 또는 계측기의 이상이 발생할 경우에는 즉시 실험을 중지하고 담당교수에게 즉시 보고한다.
⑦ 만일 계측기가 파손된 경우에는 담당교수에게 즉시 보고한다.
⑧ 실험이 완료된 후에는 전원을 차단하고 실험장비 및 부품들은 원위치에 반납하고 주위를 정리한다.
⑨ 실험 결과를 포함한 고찰 사항 등을 정리한 실험보고서를 작성한다.

3. 전기 안전

전기 · 전자 회로 실험을 할 때 가장 중요한 사항은 "안전"이다. 전압과 전류로 인해 인체의 감전, 화상의 위험 또는 실험중 부품의 과열로 인해 인체의 화상 또는 화재의 위험도 항상 존재하기 때문에 실험을 할 때 마다 세심한 주의를 기울여야 한다.
표 1-1은 전류량에 따른 인체의 영향을 보여주고 있다.

[표 1-1] 인체에 미치는 전류의 영향

전류량 [mA]	인체 영향
0.4	미세하게 느낌
1.8	가벼운 쇼크
16	고통, 근육제어 손상
23	근육위축, 호흡곤란
75	심장에 영향
235	5초 이상 지속 시 치명적
4,000	심장마비
5,000	조직 화상

4. 실험 결과의 정리

실험을 수행하면서 다양한 측정을 하게 되며 측정 결과를 표현함에 있어서 유효숫자의 표현방법 및 단위 등에 대해 알아야 한다. 다음은 유효 숫자의 표현 방법과 단위에 대하여 설명한다.

1) 유효숫자의 정의

실험에서 얻은 측정값은 측정기기의 오차 및 측정자의 오차를 포함하기 때문에 항상 불확실성을 갖고 있다.

유효숫자(significant figure)는 측정값이나 계산값의 오차를 고려하여 신뢰할 수 있는 숫자를 말한다.

예) 전류값을 측정한 경우, 1.2[mA], 1.3[mA], 1.23[mA]로 측정되었을 때 1[mA]는 상당히 정확히 값이지만, 그 뒤의 값은 신뢰도가 떨어진다. 이때 정확한 수치와 불확실한 값 하나가 포함한 측정값이 유효숫자이다.

1.2[mA] 또는 1.3[mA] ⇨ 유효숫자

2) 유효숫자의 개수

① 0이 아닌 모든 숫자는 유효숫자이다

예) 1234 ⇨ 유효숫자 4개
1.2345 ⇨ 유효숫자 5개

② 유효숫자 사이에 위치한 0은 유효숫자이다

예) 10002 ⇨ 유효숫자 5개

③ 소수점 뒤의 오른쪽 끝에 있는 0은 유효숫자이다

예) 1.00 ⇨ 유효숫자 3개
0.1010 ⇨ 유효숫자 4개

④ 자릿수를 나타내는 0은 유효숫자가 아니다

예) 0.001 ⇨ 유효숫자 1개
100 ⇨ 유효숫자 1개

⑤ (유효숫자) × 10의 n 제곱으로 표현되는 표현법에서는 모든 숫자가 유효숫자이다.

예) 1.23×10^2 ⇨ 유효숫자 3개
1.0×10^2 ⇨ 유효숫자 2개
1.2345×10^2 ⇨ 유효숫자 5개

3) 유효숫자의 연산

유효숫자는 수의 정확도에 영향을 주는 숫자이며, 기본 규칙은 다음과 같다.

- 마지막 결과까지는 유효숫자를 고려하지 않고 일반적인 계산을 한다.
- 최종 결과값에서 유효숫자 계산법에 적합하게 반올림을 한다.
- 유효숫자 다음 자리에서 반올림한다.
- 5의 경우, 앞자리가 홀수이면 반올림하고 짝수이면 버린다.

실험 결과를 이용하여 연산을 할 경우, 따라서 다음과 같은 방법을 숙지해야 한다.

① 덧셈과 뺄셈의 계산 결과는 계산에 이용된 수들 중 가장 정밀도가 떨어지는 수의 마지막 유효숫자 자리에 맞춘다.

예) 실험 결과가 유효숫자 세 개인 수 1.23과 유효숫자 5개인 1.2311인 경우, 유효숫자 세 개인 수 1.23과 유효숫자 5개인 1.2311을 더하면 2.4611이 나오지만, 가장 유효숫자가 작은 수인 1.23의 마지막 유효숫자 자리에 계산 결과를 맞추어 2.46이 된다.

$1.23 + 1.2311 = 2.4611$ (X)

$1.23 + 1.2311 = 2.46$ (O)

따라서 2.46 으로 표현하는 것이 합리적이다.

② 곱셈과 나눗셈에서, 계산된 결과는 두 측정값 중 유효숫자가 적은 쪽과 같은 유효숫자를 가진다.

예 1) 측정결과가 전압 2.56[V]이고 전류가 2.8[A]일 때 전력(P=IV)을 구할 경우, 2.56 × 2.8의 산술적 계산결과는 7.178이지만, 유효숫자 개수가 가장 작은 2.8의 유효숫자가 2개이므로 유효한 결과는 7.2이다.

$2.56 \times 2.8 = 7.178$ (X)

$2.56 \times 2.8 = 7.2$ (O)

따라서 32.9로 표현하는 것이 합리적이다.

예 2) 측정결과가 전압 2.56[V]이고 전류가 2.8[A]일 때 저항(R)을 구할 경우, 2.56 ÷ 2.8의 산술적 계산결과는 0.9142이지만, 유효숫자 개수가 가장 작은 2.8의 유효숫자가 2개이므로 유효한 결과는 0.9이다.

$2.56 \div 2.8 = 0.9142$ (X)

$2.56 \div 2.8 = 70.9$ (O)

③ 세 개 이상의 숫자를 연속적으로 계산할 때, 중간의 연산 결과는 그 중간 연산으로 계산이 끝날 때의 유효숫자 개수보다 한 개 더 많다.

④ 반올림에서 5 미만의 숫자는 버림하며 5 초과의 숫자는 올림한다. 5이고 최소단위의 절반에 딱 맞아떨어지는 경우에는 5의 앞자리가 홀수인 경우엔 올림을 하고 짝수인 경우엔 버림을 하여 짝수로 만들어주며, 그 외의 5의 경우에는 올림한다.

예 3) 23.5를 정수로 반올림하면 24, 87.65를 소수 첫째자리까지 반올림하면 87.6, 123456을 백의 자리까지 반올림하면 123400이다.

이를 오사오입(round-to-nearest-even)이라고 하며 이를 이용하여 반올림한 결과의 마지막 자리의 숫자는 짝수가 된다.

4) 단위계

국제단위계(國際單位系, International System Units 약칭 SI)는 전류, 온도, 시간, 길이, 질량, 광도, 물질량을 전 세계에서 표준화된 도량형으로, MKS 단위계(Meter-Kilogram-Seconde)이라고도 불린다.

국제단위계는 각 국가별로 상이하게 적용하는 단위를 미터법을 기준으로 현재 세계적으로 일상생활뿐만 아니라 상업적으로나 과학적으로 널리 쓰이는 도량형이며, 국제적인 교류나 산업 등에서 전 세계적으로 통용된 단위인 만큼 반드시 필요하다. 전 세계적으로 단일화된 국제 단위계를 만드려는 노력으로 1960년 10월 제 11차 국제 도량형 총회에서 SI가 결정되었다.

국제단위계에서는 7개의 기본 단위가 정해져 있다. 이것을 SI 기본 단위(국제단위계 기본 단위)라고 한다. 표 1-2는 SI 기본단위를 나타내고 있다. 표 1-3은 공학 분야에서 많이 사용하는 SI 접두어를 보여주고 있다.

[표 1-2] SI 기본단위

물리량	이름	기호
길이	미터	m
질량	킬로그램	kg
시간	초	s
전류	암페어	A
온도	켈빈	K
물질량	몰	mol
광도	칸델라	cd

[표 1-3] SI 접두어

지수값	접두어	기호
10^{15}	페타 (peta)	P
10^{12}	테라 (tera)	T
10^{9}	기가 (giga)	G
10^{6}	메가 (mega)	M
10^{3}	킬로 (kilo)	k
10^{2}	헥토 (hecto)	h
10^{1}	데카 (deka)	da
10^{0}		
10^{-1}	데시 (deci)	d
10^{-2}	센티 (centi)	c
10^{-3}	밀리 (milli)	m
10^{-6}	마이크로 (micro)	μ
10^{-9}	나노 (nano)	n
10^{-12}	피코 (pico)	p
10^{-15}	펨토 (femto)	f

5. 실험 보고서 작성

실험이 완료된 후, 실험 결과를 정리하고 이론값과 실험 결과값을 비교하여 오차 분석을 하는 것은 매우 중요하다. 따라서 실험 보고서에는 다음과 같은 내용이 포함되어야 한다.

① 실험 제목, 제출일 및 성명
② 실험 목적
③ 실험과 관련된 기초 이론
④ 실험에 사용한 부품 및 장비명
⑤ 실험 결과 (표나 그래프 포함)
⑥ 고찰 (실험 결과 분석 및 실험을 통하여 배운 점과 느낀 점)

특히 고찰 부분에서는 실험을 통해 배운 내용, 실험 중 발생한 문제에 대한 분석, 문제가 발생한 경우 해결 과정 등을 상세히 기록하여 향후 동일한 문제가 발생하지 않도록 해야 한다.

표 1-4는 실험 보고서 양식을 나타내고 있다.

[표 1-4] 실험 보고서 양식

실험 보고서 (　　주차)			
실험 제목			
실험조	조	소　속	
실험일자		제출자	

1. 실험 목적

2. 실험에 사용된 부품 및 장비명

3. 실험 결과

4. 고찰

CHAPTER 02

Breadboard, Tinkercad 및 Multisim의 활용

1. 실험 목적

Breadboard, Tinkercad 및 Multisim의 사용법을 익힌다.

2. 실험 준비물

① 브레드보드 적당량
② 저항 (1[kΩ], 2[kΩ], 3[kΩ], 1/4[W]) 3개
③ 회로시험기(밀티미터) 1대
④ 컴퓨터 1대

3. 관련 이론

1) Breadboard의 활용

Breadboard(이하 브레드보드라 칭함)는 납땜을 하지 않고 전기 · 전자 회로 시제품을 만들 수 있는 장치이다. 즉, 구조적으로 횡 또는 열 단위로 금속 클립으로 연결되어 있기 때문에 전자부품들을 꽂는 것만으로 전기적으로 연결된다.

그림 2-1은 일반적인 브레드보드의 앞면과 내부 구조를 보여주고 있다.

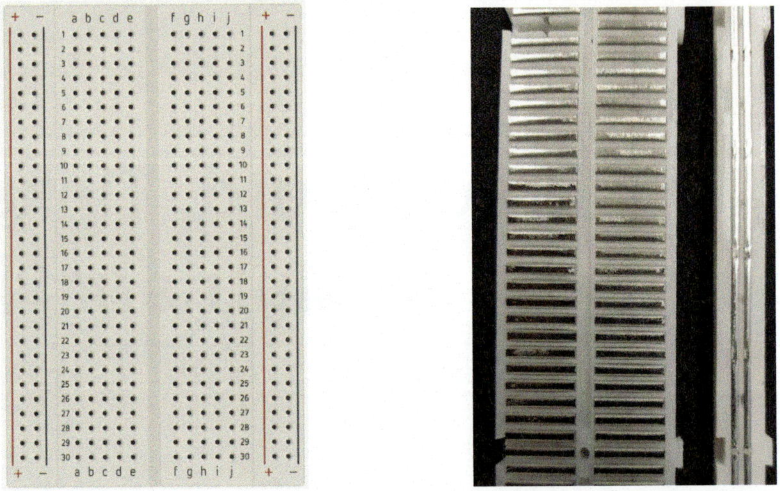

(a) 앞면 (b) 내부 구조

[그림 2-1] 브레드보드 구조

그림 2-2는 내부 연결용 금속 클립의 모습을 보여주고 있다.

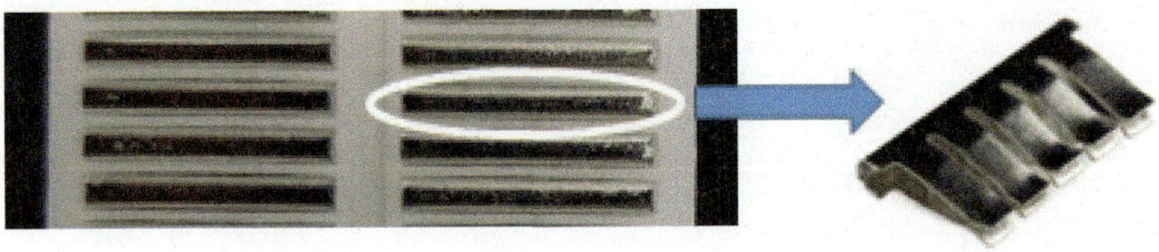

[그림 2-2] 브레드보드 내부 연결용 금속 클립

따라서 브레드보드의 전기적 연결 상태는 그림 2-3과 같다. 각각 직선(적색, 청색, 녹색)으로 표현된 선들은 모두 연결되어 있어 전기적 저항이 0[Ω]이다.

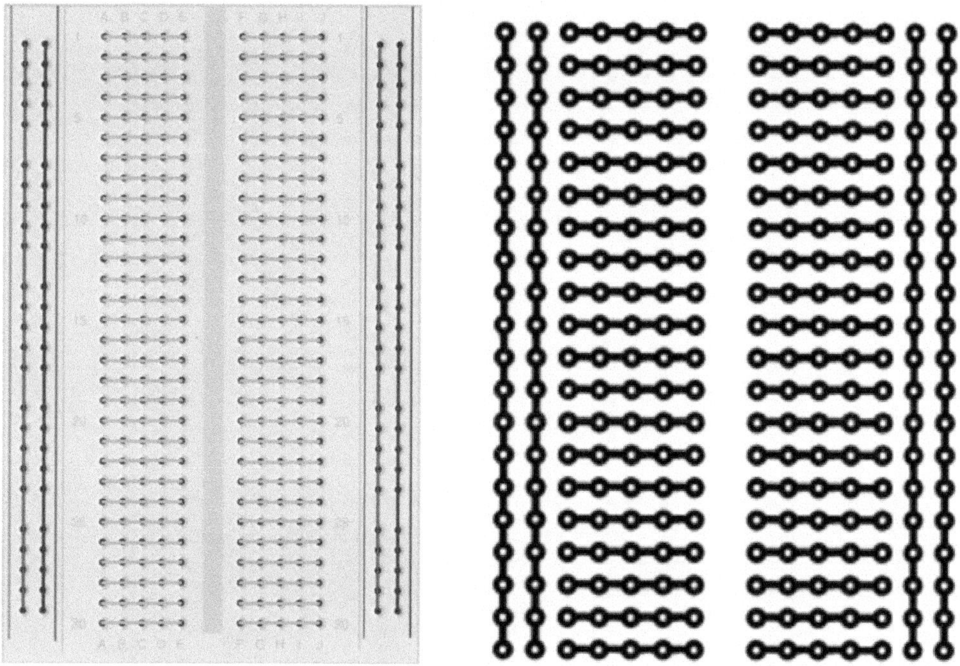

(a) 브레드보드 연결 상태 (b) 상세 전기적 연결 상태

[그림 2-3] 브레드보드

그림 2-4는 브레드보드에 저항(1[kΩ], 갈색, 흑색, 적색)들을 이용하여 다양한 형태로 연결한 모습을 보여주고 있다.

그림 2-4의 ①에서 ⑧과 같은 연결 중에서 저항값 1[kΩ]을 정상적으로 나타내는 것은 어떤 연결법으로 연결된 저항일까?

결론적으로 ①, ②, ④, ⑥, ⑦, ⑧번 저항은 저항값 1[kΩ]이 나타난다. 왜냐하면 그림 2-3에서 학습한 바와 같이, ①, ②, ④, ⑥, ⑦, ⑧번 저항들은 서로 다른 금속 클립(그림 2) 사이에 저항을 연결시켰기 때문에 정상적인 저항값인 1[kΩ]이 나타난다.

반면 ③, ⑤번과 같이 연결할 경우, 하나의 금속 클립(그림 2-2) 위에 저항을 연결시켰기 때문에 1[kΩ]의 저항값이 나타나지 않고 0[Ω]이 나타난다. 이는 저항값이 0[Ω]인 금속 클립과 1[kΩ]이 병렬로 연결된 것과 같기 때문에 0[Ω]이 나타나는 것으로, 이후 학습할 것이다.

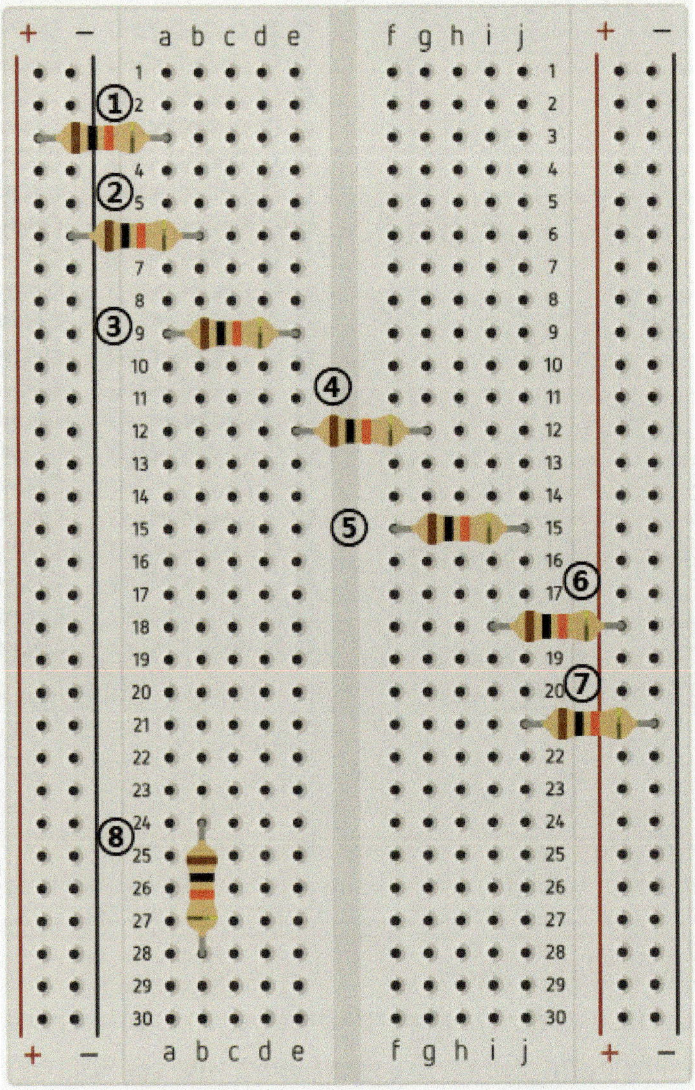

[그림 2-4] 저항이 연결된 브레드보드(1)

또한 그림 2-5와 같은 저항 연결도 학습해 보자.

①, ②, ③번 연결의 경우, 브레드보드 상에서 하나의 선으로 연결되어 있으며 서로 다른 금속 클립을 통해 연결되어 있기 때문에 두 개의 저항이 합해진 저항값, 즉 2[kΩ]을 나타낸다. 즉, 직렬연결의 형태로 연결되어 있다.

②번과 ③번 연결의 경우, 브레드보드 위치상으로 떨어져 연결되어 있지만, ②번 연결의 윗부분 저항과 아랫부분 저항 그리고 ③번 연결의 윗부분 저항과 아랫부분 저항이 동일한 금속클립으로 연결되어 있기 때문에 ②번과 ③번 연결은 동일한 구조로 연결된 것이다.

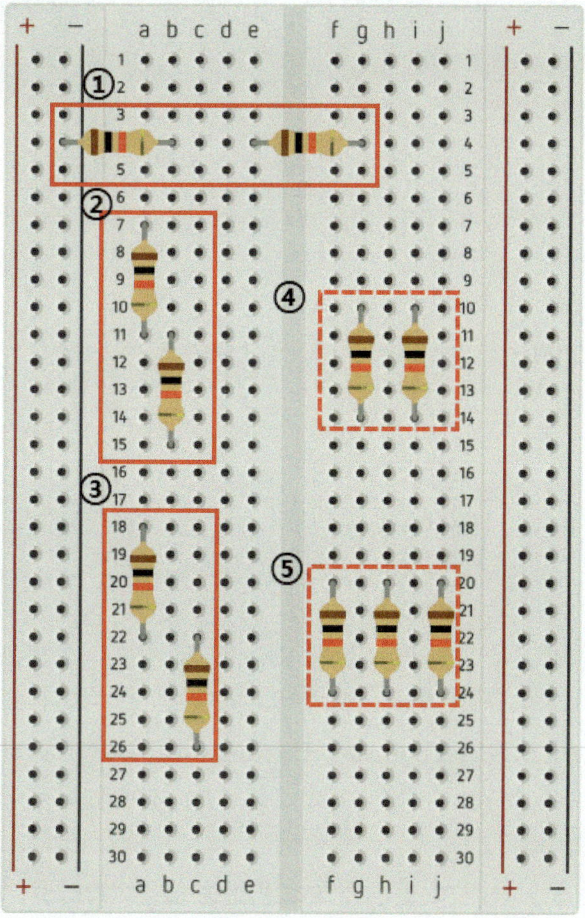

[그림 2-5] 저항이 연결된 브레드보드(2)

그림 2-6은 브레드보드로 연결된 그림 2-5의 ①, ②, ③번과 같은 연결 상태를 회로도로 표현하고 있다.

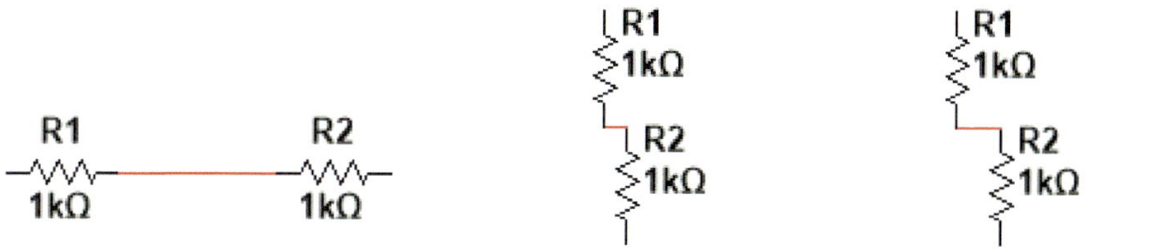

(a) ①의 연결 회로도 (b) ②의 연결 회로도 (c) ③의 연결 회로도

[그림 2-6] 저항이 연결된 회로도(1)

즉 그림 2-5의 ①, ②, ③번 연결의 경우, 하나의 선으로 연결되어 있으므로 직렬연결(Series Connection)이라고 말한다.

브레드보드로 연결된 그림 2-5의 ④번과 ⑤번의 연결 구조는 그림 2-7과 같은 회로도로 표현할 수 있다.

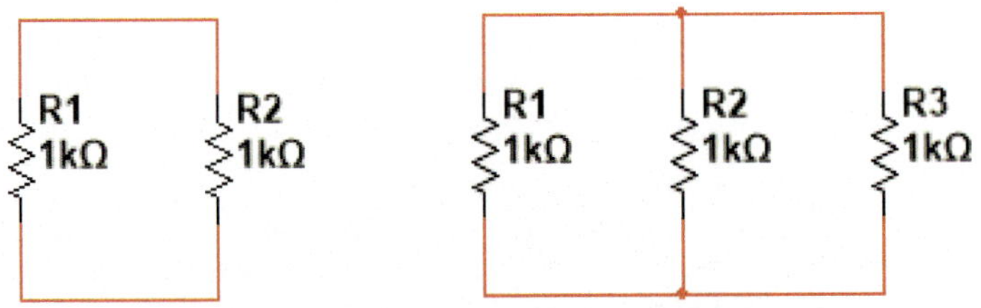

(a) ④의 연결 회로도 (b) ⑤의 연결 회로도

[그림 2-7] 저항이 연결된 회로도(2)

그림 2-5의 ④번과 ⑤번 저항들은 두 개 또는 세 개 저항들의 위쪽 부분과 아래 부분이 수평으로 연결된 각각의 금속 클립(그림 2)에 공통으로 연결되어 있다. 이러한 경우, 두 저항 또는 세 저항이 병렬연결(Parallel Connection) 된 회로라고 말한다.

다음 그림 2-8은 지금까지 학습한 브레드보드 연결법에 있어서 잘못된 배치와 올바른 배치를 보여주고 있다.

일반적으로 +, - 로 표시되어 있는 양쪽 측면부는 전원 라인으로 사용하는 것이 적절하다.

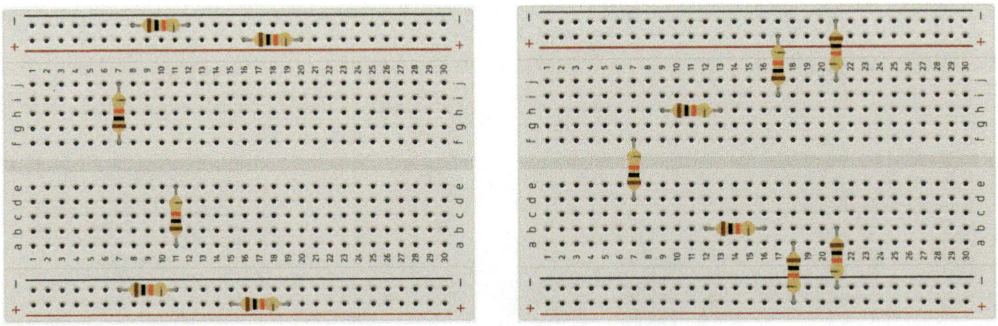

(a) 잘못된 배치 (b) 올바른 배치

[그림 2-8] 브레드보드에 저항을 배치한 잘못된 예와 올바른 예

2) Tinkercad의 활용

(1) Tinkercad란?

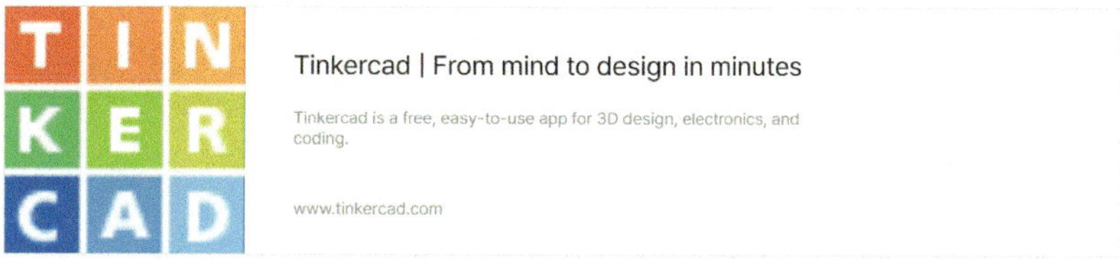

[그림 2-9] 팅커캐드 웹사이트

Tinkercad(이하, 팅커캐드라 칭함)는 Autodesk사에서 무료로 제공하는 3D 모델링 프로그램으로서, 인터넷 연결만 되면 별도의 프로그램 설치 없이 언제, 어디서든 사용 가능하다. 또한, 클라우드 컴퓨팅 방식을 사용하기 때문에 파일을 기업의 서버 컴퓨터에 작업을 저장해 두고 로그인만 하면 그 동안 작업해왔던 내용을 확인하거나 추가 작업을 할수 있다. 팅커캐드에서는 웹 기반으로 하여 3D 모델링은 물론이고 아두이노와 전기 · 전자회로를 직접 구성하여 전기적인 특성을 시뮬레이션을 통해 자신이 만든 회로를 확인해 볼 수도 있다.

팅커캐드를 사용하기 위해서는 팅커캐드 사이트(http://www.tinkercad.com)에 접속해서 회원가입을 한 후 본인의 아이디로 로그인을 해서 사용하면 된다.

(2) 회원가입 방법

먼저, Chrome를 사용해 팅커캐드 사이트(http://www.tinkercad.com)에 접속을 한다. 위의 사이트를 접속하면 아래와 같은 초기화면을 볼 수 있다.

[그림 2-10] 팅커캐드 웹사이트 초기 화면

위와 같은 화면이 나타나면 오른쪽 위에 있는 [등록]을 눌러 회원가입을 한다.

[등록]을 누르면 그림 2-11 (a)와 같은 화면이 나타난다. 여기에서 국가 란에 대한민국을 클릭하고 생년월일을 설정하고, [다음] 버튼을 클릭하면 그림 2-11 (b)와 같은 화면이 나온다.

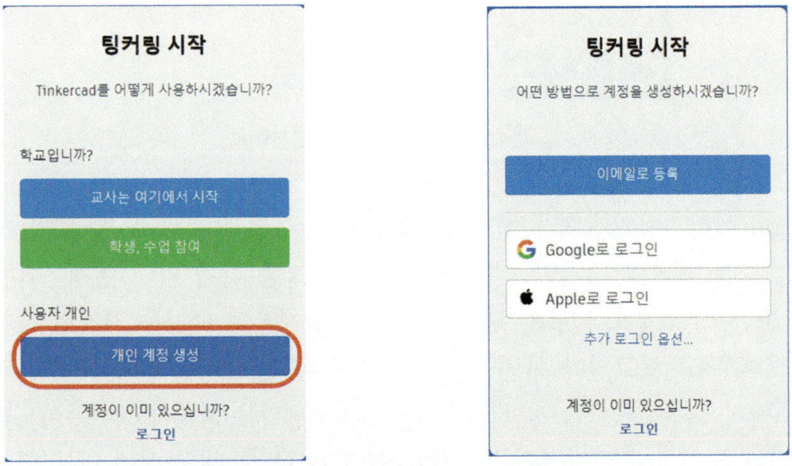

[그림 2-11] 팅커캐드 시작 화면

여기에서 개인 계정 생성 버튼을 클릭한다.

그리고 이메일로 계정등록을 하면 회원 가입은 완료된다.

(3) 기본적인 사용법

① 팅커캐드에 로그인한 후 "만들기"를 누른 후 "회로" 메뉴를 선택하고, 구성요소에서 "모두"를 선택한다.

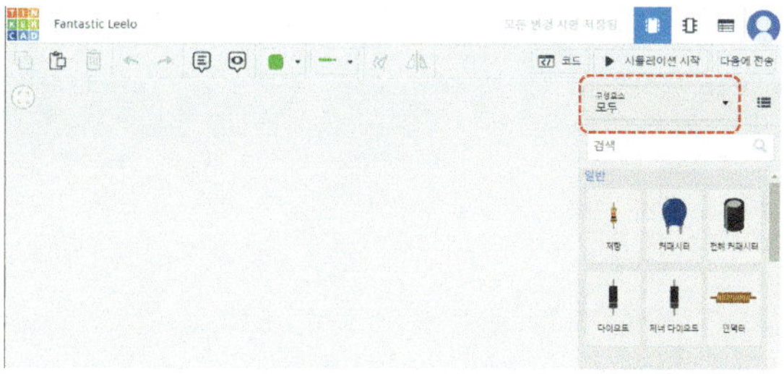

[그림 2-12] 팅커캐드 회로 구성 시작하기

② 회로도에 따라 우측에 있는 구성요소 중에서 부품 및 전원 등을 이용하여 결선한다. 이후 상세한 사용법에 대해서는 단원별로 진행하기로 한다.

3) Multisim의 활용

(1) Multisim이란?

Multisim(이하 멀티심이라 칭함)은 NI에서 개발한 어플리케이션 소프트웨어로서, 아날로그, 디지털, 전력전자 강의 및 실험에 적합하게 개발되었으며 시뮬레이션 인스트루먼트, 고급 분석 및 수천 개의 대화형 구성요소를 사용하여 회로를 시각화하고 이론을 보강할 수 있다.

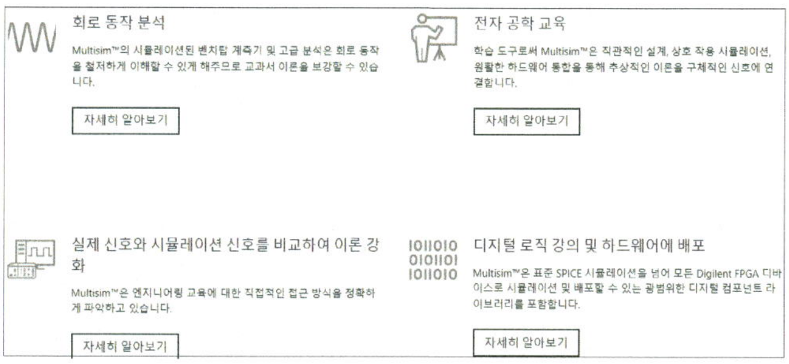

[그림 2-13] 멀티심 소개 화면 [참조 : www.ni.com]

(2) 멀티심 기본 사용법

멀티심을 실행하면 그림 2-14와 같은 화면이 나타난다.

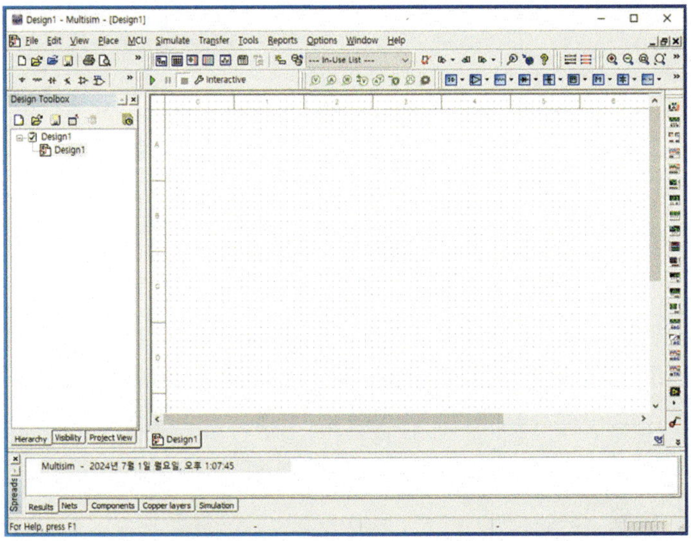

[그림 2-14] 멀티심 작업창 화면(1)

멀티심의 상단부에는 그림 2-15와 같이 메뉴 바 이외에, 부품도구모음, 시뮬레이션도구모음이 있고, 우측면에 계측기도구모음 등과 같이 다양한 툴바가 나타나 있다.

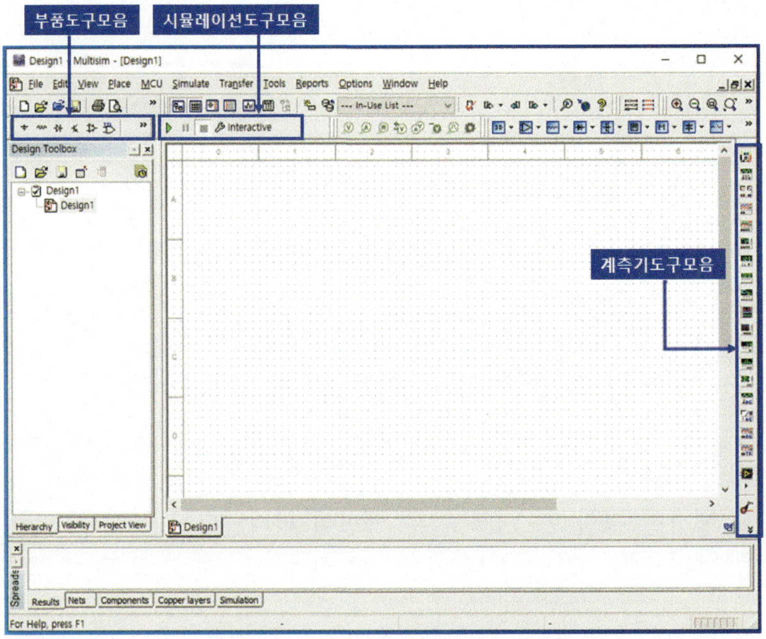

[그림 2-15] 멀티심 작업창 화면(2)

여기에서, 메뉴 바 외에 부품도구모음은 소스 라이브러리, 기본 소자 라이브러리, 다이오드, 트랜지스터, 아날로그 라이브러리 등과 같이 다양한 전기전자 부품 관련 라이브를 제공하고 있다.

시뮬레이션도구모음은 실행, 일시정지 및 정지 버튼을 제공하고 있다.
계측기도구모음은 멀티미터(Multimeter), 함수발생기(Function Generator), 전력측정기(Wattmeter), 오실로스코프(Oscilloscope), 전류 프루브(Current Probe) 등과 같은 다양한 계측기를 제공하고 있다.

자세한 사용 방법에 대해서는 각 단원별로 회로와 함께 설명한다.

4. 실험 순서

1) 저항들을 이용하여 브레드보드의 구조를 이해한다.
   ① 브레드보드와 여러 저항들을 이용하여 결선하여 올바른 결선 방법을 숙지한다.
2) 팅커캐드 가입을 완료하고 초기 사용법을 숙지한다.
3) 멀티심 구조를 이해하고 초기 사용법을 숙지한다.

실험 보고서 (　　주차)

실험 제목			
실험조	조	소　속	
실험일자		제출자	

1. 실험 목적

2. 실험에 사용된 부품 및 장비명

3. 실험 결과

4. 고찰

CHAPTER 03

전기회로와 부품

1. 실험 목적

전압, 전류 및 저항을 정의할 수 있으며, 도체와 부도체와 같은 다양한 용어를 설명할 수 있다. 또한 전기 전자 부품의 기호(심벌)과 작도 기호를 판독할 수 있다.

2. 실험 준비물

① 브레드보드, 리드선 적당량
② 저항 (100[Ω], 1[kΩ], 2[kΩ], 3[kΩ] 1/4[W]) 4개
③ 회로시험기(멀디미터) 1대
④ 직류 전압계 (0~30[V]) 1대
⑤ 직류 전류계 (0~100[mA] 1대

3. 관련 이론

1) 전기회로, 전압, 전류 그리고 저항

(1) 전기(Electricity)의 정의

원자의 궤도를 돌고 있던 전자의 일부가 이탈하여 무리지어 모여 있거나 연속하여 흐르는 현상을 전기라 한다. 유전체에 전하가 모여 있는 상태를 정전기, 건전지나 발전기와 같이 끊임없이 전하의 흐름이 있는 전기를 동전기라 부른다.

우리가 에너지로 활용하며 '전기' 라 부르는 것은 동전기를 의미한다.

전기를 다시 분류하면, 한 쪽 방향으로 일정한 크기로 흐르는 전기를 직류전기(DC)와 흐름의 방향과 크기가 주기적으로 변하는 전기를 교류전기(AC)가 있다.

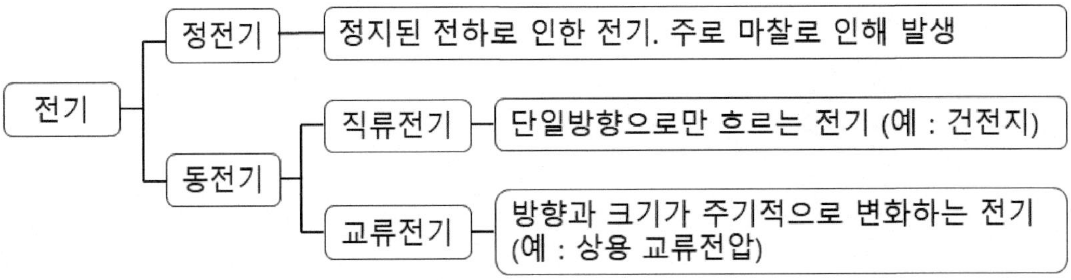

보충 설명

물질을 구성하는 원자 속에는 양자, 중성자 그리고 전자 등이 있는데, 양자의 수와 전자의 수, 그리고 그들의 양전하와 음전하 크기가 같아 원자는 중성이다.

전자 1개는 -1.602×10^{-19}[C]의 전하를 가지며, 양자에 비해 1/1840배의 질량을 가진 우주에서 가장 작은 입자 중의 하나이다.

궤도를 돌고 있는 전자는 화학적 또는 물리적 자극을 받으면 이탈하기 쉬운 성질이 있다. 만약 원자에서 전자 1개가 이탈한다면, 전자 스스로는 음전하를 가지고 구속을 벗어나지만 원자 몸통은 같은 크기의 양전하를 띠게 된다. 이 두 개체의 질량과 부피는 엄청난 차이가 있으나 전하의 크기는 동일한 하나의 대전 쌍(Charged couple)이다.

미소한 전하라도 수천 억 개가 모여 흐르면 활용 가능한 에너지가 된다. 자연의 현상과 비교한다면, 동네를 지나는 도랑(creek)물은 보잘 것이 없으나 이들이 모여 시냇물(Stream)이 되고, 또 큰 강(River)이 되면 엄청난 힘이 되는 것과 같은 이치이다.

(2) 전기회로(Electric Circuit)

전기가 흐르는 통로를 전기회로라 한다. 전원의 (+) 단자에서 출발한 양자와 (−) 단자에서 출발한 전자가 전기회로를 경유하여 원래의 자리로 돌아오면 전기의 흐름은 완성된다. 그림 3-1은 건전지와 램프가 연결(a)된 가장 간단한 전기회로(b)의 예를 보여준다.

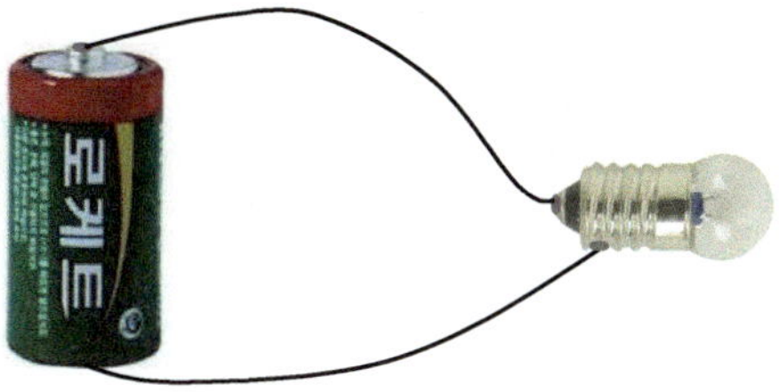

(a) 회로도1(실물도면)

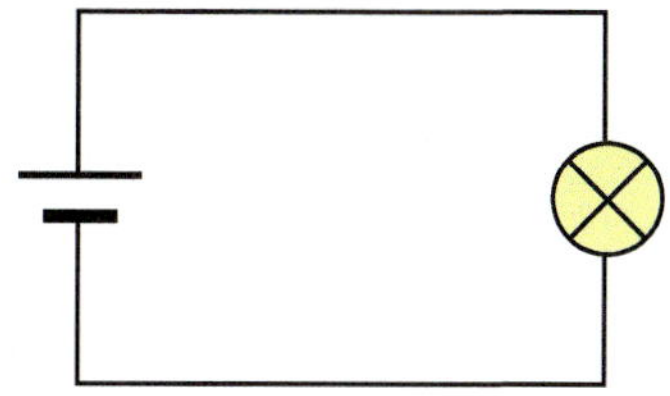

(b) 회로도2(기호도면)

[그림 3-1] 간단한 전기 회로도

(3) 전류(Electric Current)

전류는 전하의 연속적인 흐름이다. 수도의 본질은 물인 것처럼 전기의 본질은 전류로서, 전구에 전류가 흐르면 전력이 소비되면서 열과 빛을 발생시킨다.
전류의 기호는 I 또는 i이고, 전류 세기의 단위는 암페어(A, ampere)이다.
전자기학에서 전류의 정의는 단위시간 동안 단위면적을 통과한 전하량이다.

$$I[A] = \frac{Q[C]}{t\,[\mathrm{sec}]}$$

즉, 1[A]의 전류는 1초 동안 도체의 단면을 통과하는 전하량이 1[C]일 때를 의미한다.

(4) 전압(Voltage, Potential Difference)

전류를 흐르게 하는 힘으로서 두 점들이 가진 전위(Potential)의 차이(Potential Difference)를 나타낸다. 수압이 세어야 물이 잘 흐를 수 있는 것처럼 전기회로에서 전류를 많이 흘리기 위해서는 전압이 세어야 한다.

전자기학에서 전압의 정의는 1쿨롬(Coulomb)의 전하가 이동하여 1줄(Joule)의 일을 할 때 이동지점 간의 전위차는 1[V]이다.

$$V[V] = \frac{W[J]}{Q[C]}$$

전압을 나타내는 기호는 E, V 또는 v이고, 전압의 단위는 볼트(V, volt)이다.
전압과 전류에는 직류(DC, Direct Current)와 교류(AC, Alternative Current)가 있다.

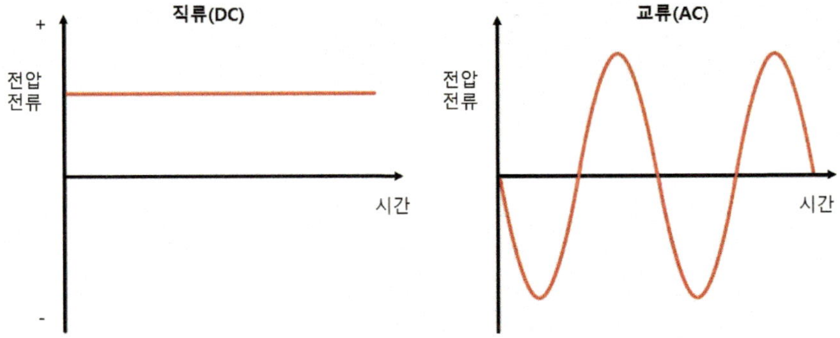

[그림 3-2] 직류와 교류

직류는 시간에 관계없이 일정한 크기와 방향을 나타내는 전압과 전류를 말하며, 대표적인 예는 건전지이다. 교류는 시간에 따라 크기와 방향이 변화하는 전압과 전류를 말하며, 대표적인 예는 우리가 사용하는 가정용 전원인 220[V], 60[Hz]를 들 수 있다.

(5) 저항(Resistance)

전류의 흐름을 방해하는 성질을 저항이라 하고 그 비율을 비저항(Resistivity)이라 한다. 반대로 전류를 잘 통하는 정도를 전도도(Conductivity)라 한다.

모든 물질은 그 물질 고유의 비저항을 가진다. 그리고 금속이든 나무든 물체의 형태가 고정되면 저항의 크기도 정해진다. 구리는 전도도가 높아서(비저항이 작아서) 전류를 흘리는 전선으로 사용한다. 가장 전도도가 높은 금속은 은(Silver)이지만 가격이 비싸서 실용적이지 못하고, 금은 구리보다 전도도가 낮지만 녹이 슬지 않고 화학적으로 안정되어 집적회로 등에 사용한다.

짧은 구간의 전기회로에서는 전선이 가지는 저항은 무시할 수 있을 만큼 작고, 부하가 가지는 저항이 전류를 결정하는 변수가 된다.

저항을 표시하는 기호는 R 또는 r을 사용하며, 단위는 [Ω]으로 쓰고 Ohm으로 읽는다.

$$R[\Omega] = \frac{V\,[V\,]}{I\,[A\,]}$$

그림 3-3은 일반적으로 회로 실험에서 많이 사용하는 탄소피막 저항(1/4[W]급)을 보여주고 있다.

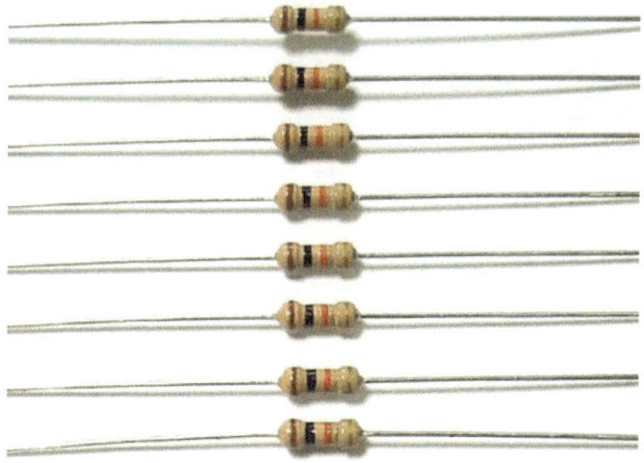

[그림 3-3] 탄소피막저항 (1/4[W]급)

(6) 부하(Load)

전기 램프, 냉장고, TV, 에어콘, 모터 등과 같이 전기 에너지를 사용하는 장치를 전기부하 또는 부하라고 부른다. 예를 들어 우리가 냉장고를 사용할 경우 이 부하, 즉 냉장고에서 전류가 소비되고 우리는 전기요금으로 대가를 지불한다.

앞서 설명한 저항도 일종의 부하로서 작용한다. 그리고 "부하 vs 전류 vs 저항"의 관계를 살펴보면

- 부하가 크면 소비전류는 많고 저항은 작다. 또는
- 부하가 작으면 소비전류는 작고 저항은 크다.

'부하 대 저항' 의 관계를 보면, 서술적인 표현은 서로 반대이지만 기능적으로 동일한 역할임을 알 수 있다. 따라서 그림 3-4와 같이 전구 회로도를 이론적으로 동일한 저항 회로도로 바꾸어 나타낼 수 있다.

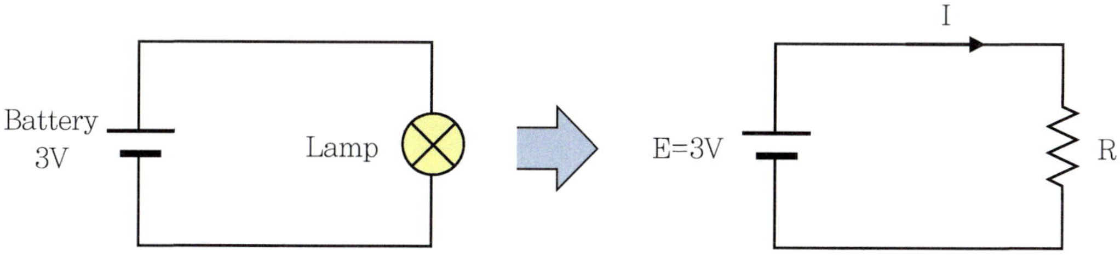

(a) 전등 회로도　　(b) 저항 회로도

[그림 3-4] 같은 회로 다른 표현

앞서 언급한 바와 같이, 전기회로는 물 회로와 비교할 수 있다. 물이 높은 곳에서 낮은 곳으로 흐르는 것처럼 전기도 전위가 높은 지점에서 전위가 낮은 지점으로 흐른다. 표 3-1은 물 회로와 전기 회로를 비교한 것으로서, 물의 흐름은 전류의 흐름, 수압은 전압, 수도꼭지는 저항 그리고 파이프는 도선과 같은 역할을 한다.

[표 3-1] 전기회로와 물 회로의 비교

물 회로	물	수압	수도꼭지(밸브)	파이프
전기 회로	**전류**	**전압**	**저항**	**도선**
■ 공학용어 및 ▸동의어	■ Electric current ▸Current	■ Voltage ▸Electric potential ▸Difference of electric potential ▸Electro motive force	■ Resistance ▸Electric Load	■ Wire ▸Cable
문자기호 [단위]	I [A]	V [V]	R [Ω]	–

표 3-2는 물질의 비저항과 전도도를 비교한 것이다.

[표 3-2] 물질의 비저항과 전도도(@20℃)

전선의 재질	비저항(ρ)		전도도	전도도 비율
	[Ω·m]	[Ω·mm^2/m]	[S/m]	%
은	0.0173×10^{-6}	0.0173	61.4×10^{6}	100
구리	0.0179×10^{-6}	0.0179	59×10^{6}	96.1
금	0.0220×10^{-6}	0.0220	45.5×10^{6}	74.1
알루미늄	0.0267×10^{-6}	0.0267	37.4×10^{6}	60.9
철	0.101×10^{-6}	1.010	9.9×10^{6}	17.1
니크롬(합금)	1×10^{-6}	1.000	1×10^{6}	1.63

비저항 단위 [Ω·mm^2/m]는 단면적 1[mm^2], 길이 1[m]의 전선이 가지는 저항이라는 뜻이다.

◆ 도선의 저항을 계산하는 법

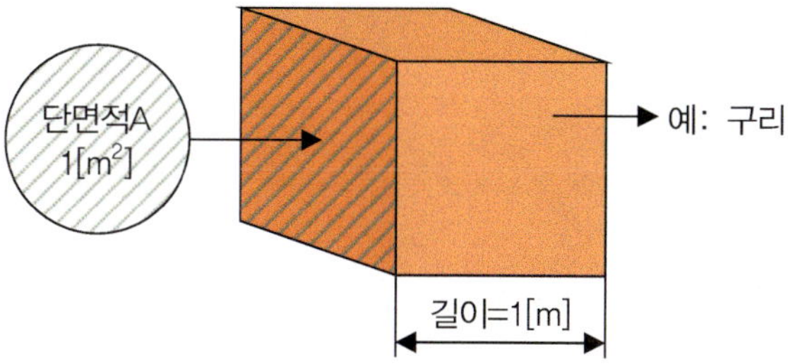

A=단면적 $[m^2]$
l=길이 [m]
ρ=비저항 [Ω·m]
비저항은 가로·세로·높이가 각 1m인 도선의 저항

도선의 단면적을 $A[m^2]$, 길이를 l[m], 그리고 도선금속의 비저항을 ρ[Ω ·m]라고 할 때, 이 전선의 저항(R)은 다음의 식으로 계산할 수 있다.

$$R = \rho \frac{l}{A} \ [\Omega]$$

(7) 도체와 부도체 (Conductor and Nonconductor)

도체는 은(Ag), 구리(Cu), 알루미늄(Al) 등과 같은 금속물질들로서, 비저항이 매우 낮고 전도도는 아주 크다. 이와는 반대로 부도체는 전기를 전달하지 못하는 물체이다. 부도체는 원자나 분자구조가 안정되어서 전자가 이동할 수 없는데, 비저항의 크기가 1010[Ω ·m] 이상인 물질들이다. 예를 들면 플라스틱, 유리, 고무, 세라믹, 에폭시수지 등이다.

그림 3-5와 같이 PCB 기판의 경우, 기판 재료로서는 부도체인 에폭시 기판을 사용하고 회로 패턴은 도체 물질을 사용한다.

[그림 3-5] 도체와 부도체로 이루어진 PCB 기판

(8) 절연체(Insulator)

전기를 잘 통하지 않는 모든 물질을 부도체 또는 절연체라고 부른다. 일반적으로 안전이 중요한 전기기기에서 도체를 제외한 물질로는 높은 전압과 온도에 잘 견디고, 기계적 강도가 높고, 경년변화가 작은 물질들을 사용하는데 이런 물질을 절연체라고 부른다. 낮은 전압의 절연에는 플라스틱을 사용하지만, 수십만 볼트의 고전압을 견디는 절연체로는 세라믹이 으뜸이다. 그림 3-6과 같이 송전탑의 절연애자는 세라믹으로 이루어져 있다.

[그림 3-6] 송전탑의 절연 애자

(9) 반도체(Semiconductor)

반도체는 도체와 부도체의 중간 성질을 가진 물질들로서, 공유결합을 하는 4가 원소(Si, Ge 등)들이 이에 해당된다. 집적회로의 원료 물질로 사용하는 게르마늄(Ge)이나 실리콘(Si) 외에도 탄화규소(SiC), 황화카드뮴(CdS) 등의 화합물 반도체가 있다.

[표 3-3] 다양한 물질들의 비저항

물질	비저항 $[\Omega \cdot m]$ @20℃	비고
은, 구리, 금, 알루미늄, 납 등	$10^{-8} \sim 10^{-5}$	도체
게르마늄(Ge)	0.49	반도체
실리콘(Si)	640	
유리, 에폭시, 고무, PVC 등	$10^{10} \sim 10^{20}$	부도체

탄화규소(SiC)는 절대저온에서는 부도체에 가깝지만 온도가 높아질수록 전기 전도도가 급격히 높아지는 성질이 있어 온도센서로 적합하다. 그리고 황화카드뮴(CdS)은 빛을 받으면 전기전도도가 증가하는 성질이 있어 광센서로 사용된다. 그 밖에 GaAs 등과 같은 화합물 반도체는 전류가 흐를 때 빛을 발생하기 때문에 발광다이오드(LED)로 사용되고 있다.

그림 3-7은 실리콘 반도체 제품이 만들어지는 과정을 보여주고 있다. 트랜지스터와

같은 IC 반도체 제품은 여러 번 정제된 실리콘(Si)을 이용하여 실리콘(Si) 잉곳이 만들어지고 이를 가공 및 여러 공정을 통하여 IC 반도체 제품이 만들어진다.

실리콘(Si)은 자원이 풍부해 가격이 저렴할 뿐만 아니라 독성이 없어 환경이나 인체에 무해한 원소로서, 불순물을 도핑(doping)하여 전기전도나 전도 형태를 변형할 수 있다. 또한 실리콘(Si)은 게르마늄(Ge)보다 순도 및 결정 구조에서 우수하고 고온에서 안정한 산화막을 형성하는 등의 장점이 있어 현재 반도체 소자의 90% 이상은 실리콘 웨이퍼를 원료로 사용하고 있다.

반도체는 도핑에 사용되는 불순물에 따라 N형 반도체(N-type semiconductor)와 P형 반도체(P-type semiconductor)로 분류한다. 최외각전자가 4개인 실리콘(Si)에 인(P), 비소(As)와 같이 최외각전자가 5개인 5가 원소를 주입하면, 5개 전자 중 4개는 실리콘 원자들과 공유되고, 나머지 1개의 전자는 결합을 이탈해 결정 안을 자유롭게 움직이는 자유전자가 된다. 자유전자는 음(Negative, N)의 전하량을 운반하므로 다수의 자유전자와 소수의 정공을 포함하는 반도체가 되는데 이를 N형 반도체라고 한다. 반대로 최외각전자가 4개인 실리콘(Si)에 붕소(B), 알루미늄(Al)과 같은 3가 원소를 주입하면 정공이 생성되는데, 정공은 양(Positive, P)의 전하량을 운반하기 때문에 다수의 정공, 소수의 자유전자를 포함하는 P형 반도체가 된다.

(a) 산화규소(자갈) (b) 1차 정련된 실리콘 (c) 실리콘 잉곳 (d) IC 제품

[그림 3-7] 실리콘 반도체 제품의 제조과정

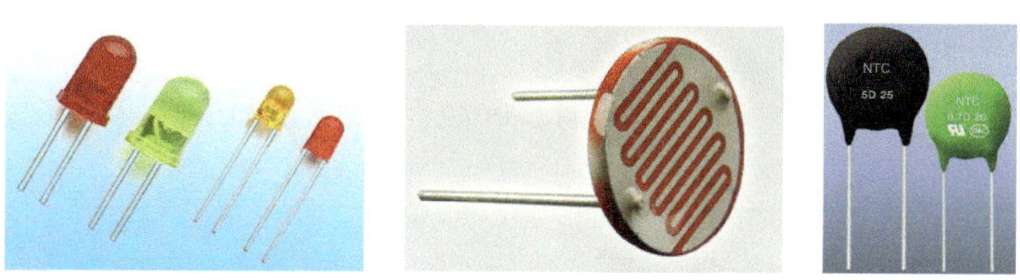

(a) 발광다이오드 (b) CdS 광센서 (c) NTC

[그림 3-8] 화합물 반도체로 만든 전자부품들

2) 전기/전자 부품과 기호

전기 또는 전자회로를 구성하는 요소들을 부품(Parts or Devices)이라고 한다. 우리 주변에서 전기회로를 살펴보고 어떤 부품들이 있는지 떠올려 보고 메모지에 적어 보자. 일반적으로 이런 부품들을 회로도에 그릴 때 원래의 모양 그대로 그리지 않고 기호(심벌, Symbol)를 사용한다. 기호란 부품이나 장치들의 특징을 잘 표현하는 간단한 도형이다. 표 3-4와 표 3-5는 전기/전자 부품들과 그들의 기호를 나타낸 것이다.

[표 3-4] 전기/전자 부품의 명칭과 기호(1)

부품	실물 그림	기호 (Symbols)
전지 Cell or Battery		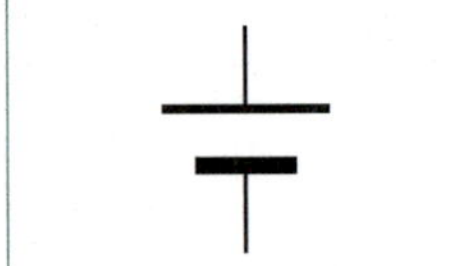
스위치 Switch	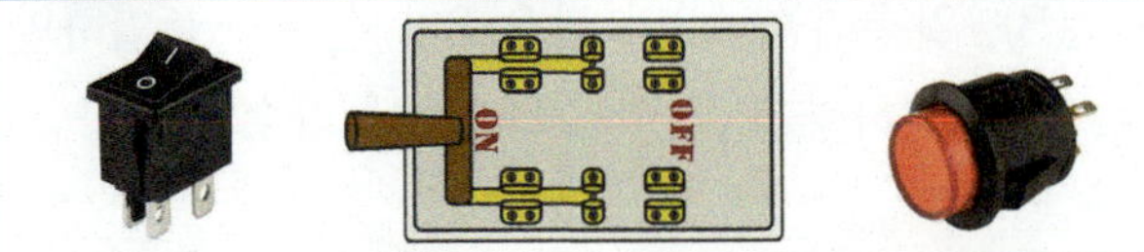	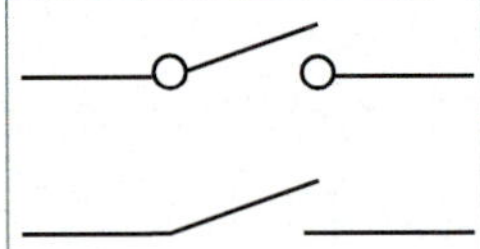
램프 Lamp		
저항기 Resistor		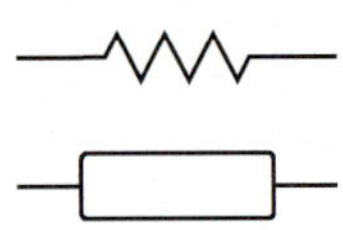
가변 저항기 Variable- Resistor		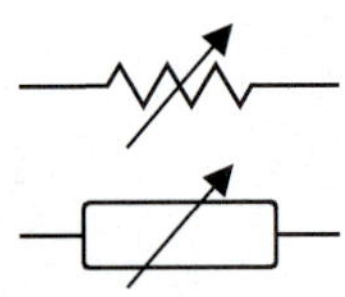
인덕터 Inductor	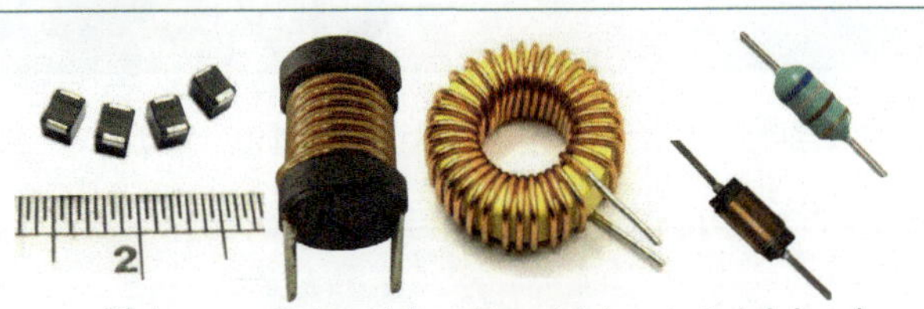	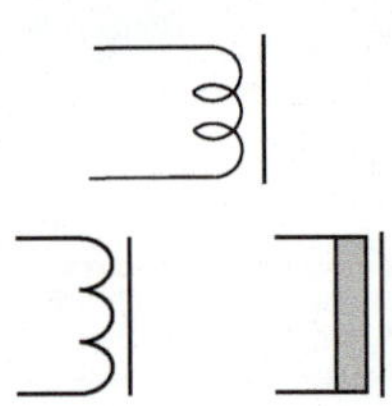

[표 3.5] 전기/전자 부품의 명칭과 기호(2)

부품	실물 그림	기호 (Symbols)
캐패시터 Capacitor	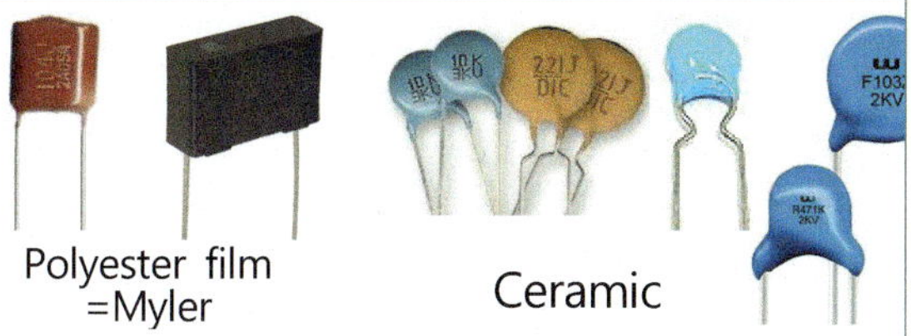	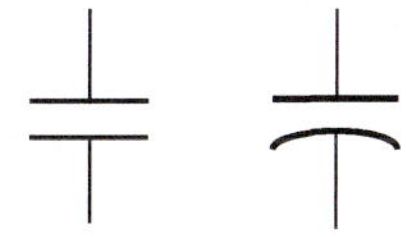
전해캐패시터 Chemical-Capacitor	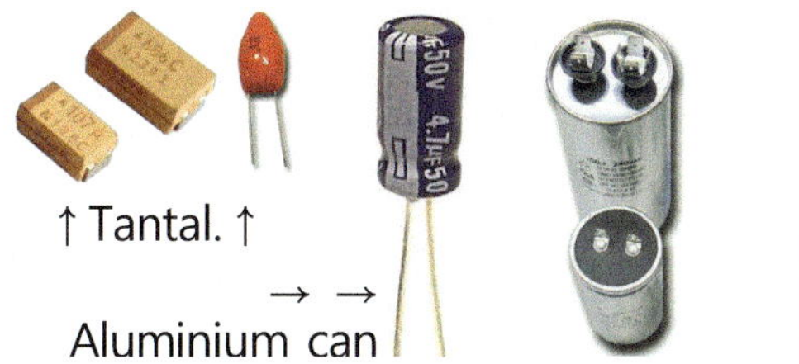	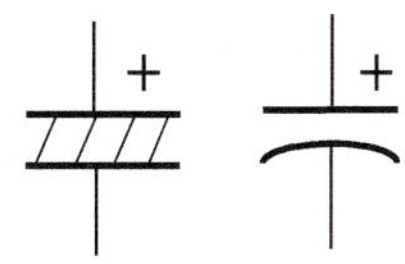
트랜스포머 Transformer		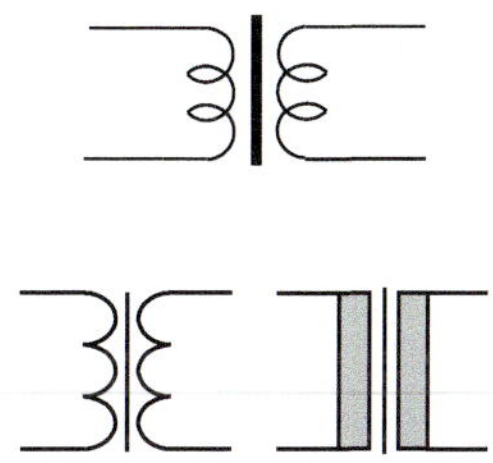
스위치 Tactile Switch		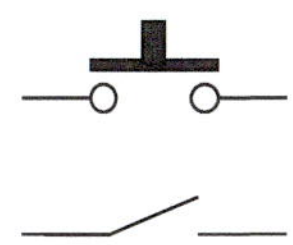
진공관 Vacuum Tube	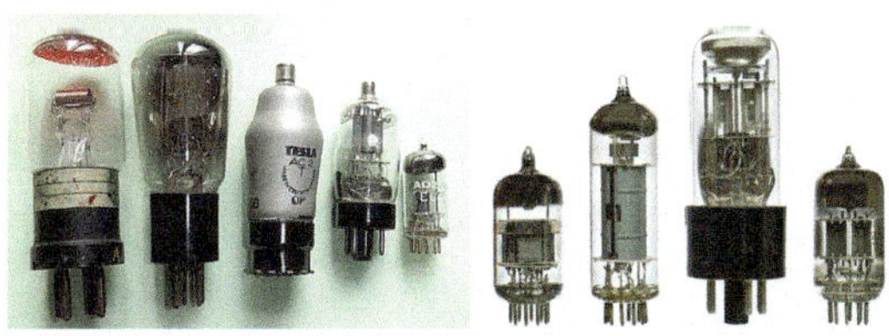	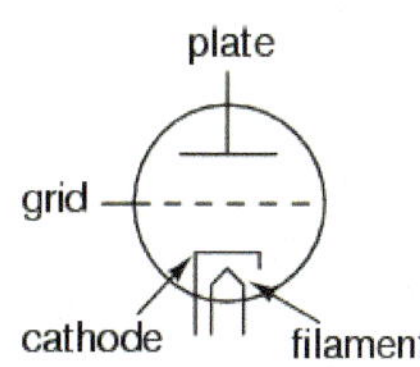
트랜지스터 Transistor		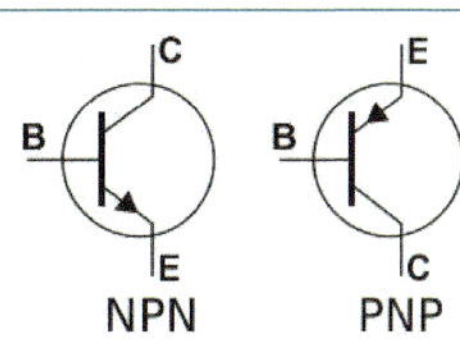
다이오드 Diode	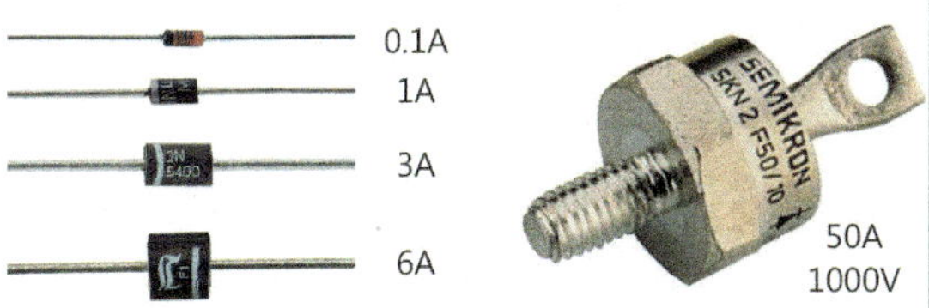	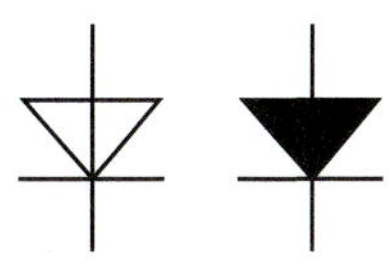

3) 작도 기호

회로도를 그리기 위해서는 부품뿐만 아니라 선(Wire)들도 모두 기호로 표시해야 하기 때문에 이들에 대한 기호도 알아야 한다. 표 3-6은 도면 작도에 필요한 IEC 기호이다.

[표 3-6] 전기/전자 부품의 작도 기호

명칭	도면 기호	명칭	도면 기호
도선 (Wire)		복수 도선 (multiple Wires)	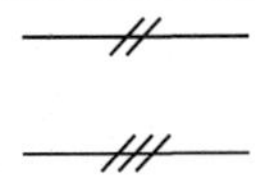
도선의 분기 (Wire branch)		속선 (Tied Wire)	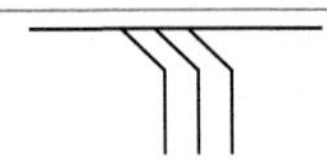
도선의 교차 (wire cross)	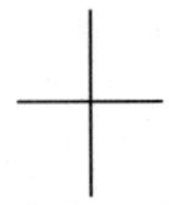	단자 (Terminal)	
도선의 교차 (wire connection)		이상 전압원 (Ideal Voltage Source)	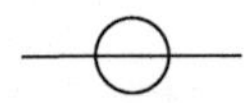
접지 (Earth)	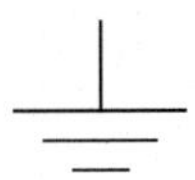	이상 전류원 (Ideal Current Source)	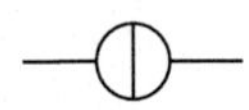
외적에 접속 (Grounding)	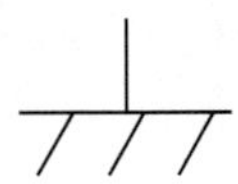	정전압원 (Constant Voltage Source)	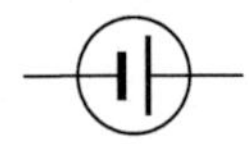
직류 Direct Current (ex. DC Ammeter)	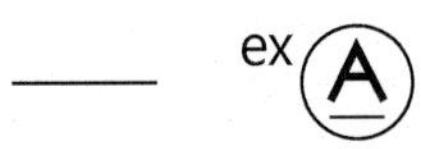	정전류원 (Constant Current Source)	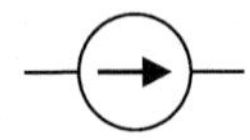
맥류포함 직류 Direct Current with pulse (ex. DC/AC Inverter)	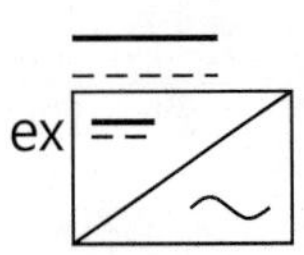	교류 전원 (AC Source) (ex. RF Generator)	
단상 교류 Single Phase AC (ex. AC Voltmeter)	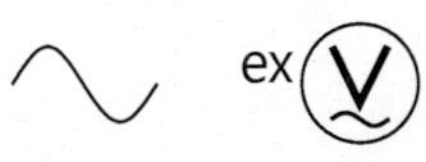	회전기기 (Rotating Machine) (ex. Motor)	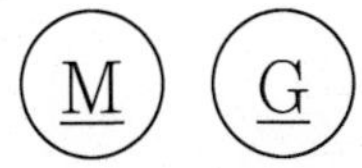
3상 교류 3 Phase AC (ex. 3Phase Motor)	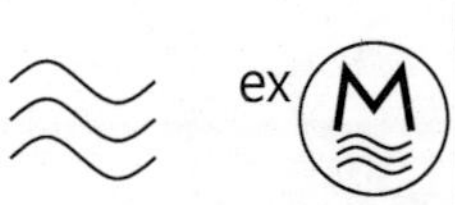	퓨즈 (Fuse)	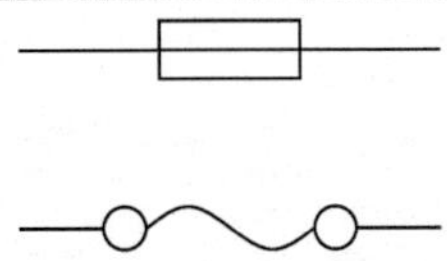

4. 실험 순서

1) 건전지 2개, LED, 저항 100Ω 및 스위치를 사용한 LED 점등회로를 방안지에 그려보시오.

(1) 그림 3-9(a)에는 실물모양 그대로를 프리핸드 접속도로 그리고,

(2) 그림 3-9(b)에는 기호를 사용한 회로도를 그리시오.

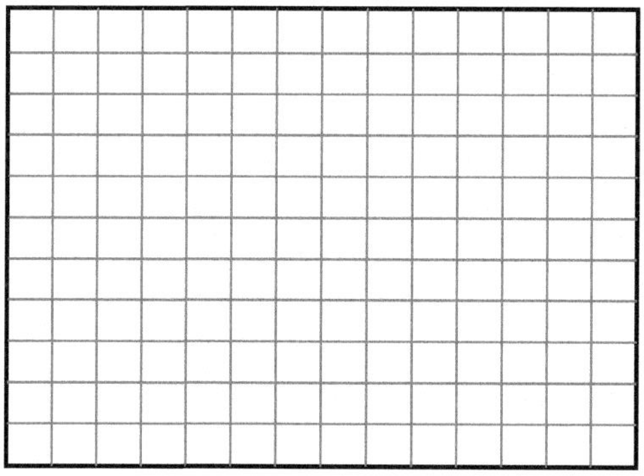

(a) 프리핸드 실체배선도

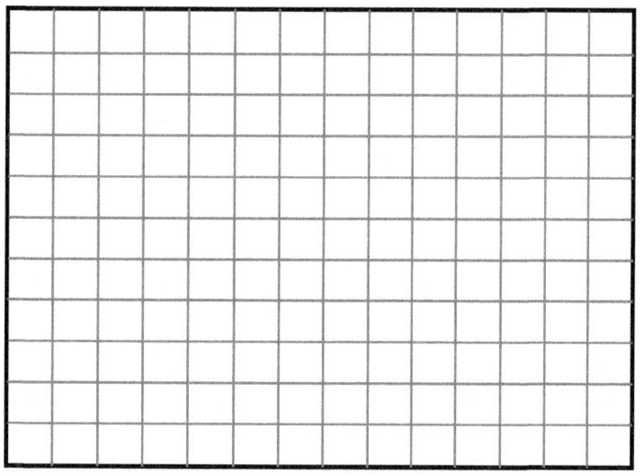

(b) 기호를 사용한 회로도

[그림 3-9] 회로도/배선도 그리기

2) 다음에 열거하는 부품의 기호를 조사하여 다음의 표 3-7에 기입하시오.

① 다이오드 ② 발광다이오드 ③ 푸시·버턴·스위치(PBS) ④ 전해콘덴서 ⑤ 코일 또는 인덕터 ⑥ 가변저항기 또는 퍼텐쇼미터 ⑦ 전압계 ⑧ 전류계 ⑨ 퓨즈 ⑩ 직류 모터

[표 3-7] 부품의 명칭과 기호 기록표

번호	부품 명칭	기호	번호	부품 명칭	기호
(1)	Diode	 또는 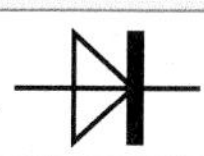	(6)		
(2)			(7)		
(3)			(8)		
(4)			(9)		
(5)			(10)		

실험 보고서 (　　주차)

실험 제목			
실험조	조	소　속	
실험일자		제출자	

1. 실험 목적

2. 실험에 사용된 부품 및 장비명

3. 실험 결과

4. 고찰

CHAPTER 04

전압, 전류 및 저항의 측정

1. 실험 목적

전압계, 전류계 및 멀티미터를 사용하여 전압, 전류 및 저항을 측정할 수 있다.

2. 실험 준비물

① 브레드보드, 리드선 적당량
② 저항(1[kΩ], 2[kΩ], 3[kΩ], 1/4[W]) 3개
③ 회로시험기(멀티미터) 1대
④ 직류 진입계 (0~30[V]) 1대
⑤ 직류 전류계 (0~100[mA]) 1대
⑥ 직류전원공급장치 1대
⑦ 컴퓨터 1대

3. 관련 이론

기본적인 측정기에는 전압계, 전류계, 저항계, 주파수계, 전력계, 오실로스코프 등이 있다. 그러나 엔지니어들이 휴대하면서 전압, 전류, 저항 등을 하나의 장치로 모두 측정할 수 있게 만든 멀티미터가 보편화되어 있다.

1) 전압계(Voltmeter)

회로 속 두 지점에 병렬로 접속하여 전압을 측정하는 장치로 측정대상에 따라 직류전압계와 교류전압계로 구분한다. 장치에 부착하는 고정식 전압계와 휴대용 전압계가 있다.

	직류 전압계	교류 전압계
기호		

전압 측정법:

(1) 측정할 전압보다 전압계의 측정레인지(또는 FS)가 높은지 확인한다.

(2) 측정할 개체의 양단에 전압계 단자를 병렬로 연결한다.

(3) 디지털 자동식 전압계는 극성과 레인지 선택이 필요 없이 자동으로 측정된다.

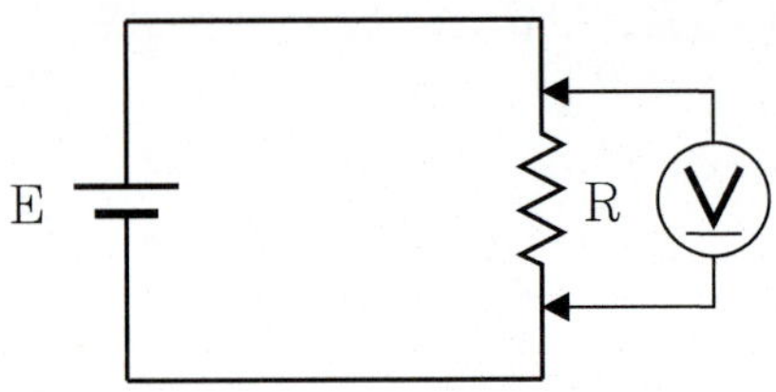

(a) 저항에서 측정하기

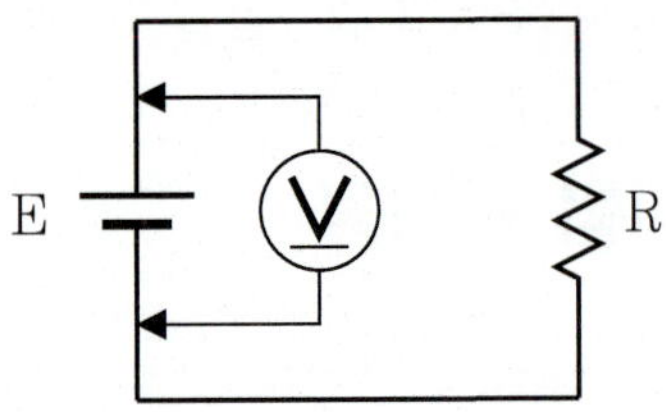

(b) 전원 쪽에서 측정하기

[그림 4-1] 전압 측정법 - 두 측정의 결과는 같다.

(4) 그림 4-2와 4-3과 같은 회로에서 두 곳의 전압(V1, V2)을 측정한다고 가정한다면, 전압계의 연결법은 오른쪽 그림과 같다.

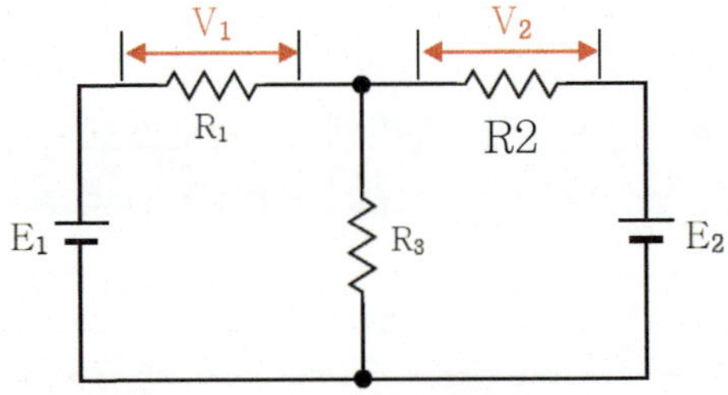

[그림 4-2] 전압 측정할 위치

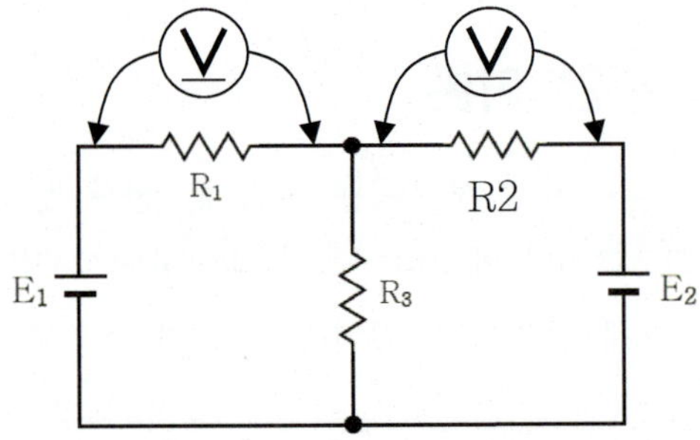

[그림 4-3] 전압계 연결법

그림 4-4는 다양한 아날로그 방식의 전압계를 보여주고 있다.

[그림 4-4] 아날로그 방식 전압계들

2) 전류계(Ammeter)

전류계는 회로 속에 직렬로 연결하여 전류를 측정하는 장치이다. 원래의 전류 흐름을 방해하지 않아야 하기 때문에 내부저항이 매우 작아야 한다.

회로방식에 따라 아날로그식과 디지털식으로 구분하고, 측정대상에 따라 직류 및 교류 전류계로 구분한다. 또 장치에 부착하는 고정(또는 패널)형 전류계와 휴대용 전류계가 있다.

	직류 전류계	교류 전류계
기호	$\underline{A}$	$\underset{\sim}{A}$

전류 측정법:

(1) 측정할 전압보다 전류계의 측정범위(FS) 또는 레인지가 높은지 확인한다.

(2) 측정할 회로의 한 지점을 끊고, 잘려진 두 선과 전류계를 연결한다.

(3) 디지털 멀티미터인 경우에는 극성과 레인지 선택 없이 자동으로 측정된다.

(4) 그림 4-5와 같은 회로에서 전류(I)를 측정할 때는 회로의 한 지점(X)을 끊고 전류계를 삽입하여 측정한다. 전류 I가 흐르는 곳이면 어디를 끊어도 결과는 같다.

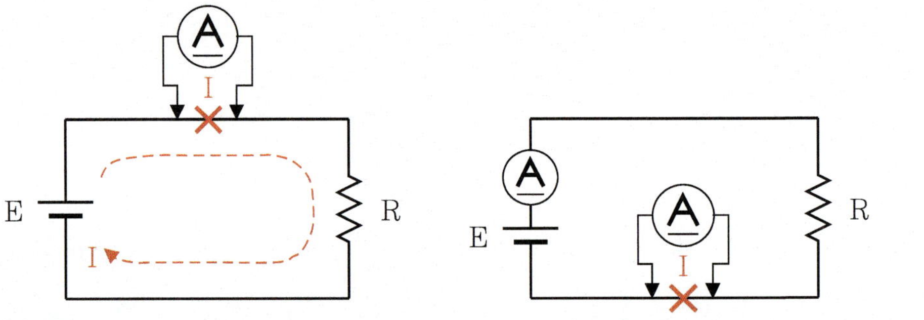

[그림 4-5] 전류 측정법-측정 위치가 달라도 결과는 같다

(5) 그림 4-6과 같은 회로망에서 전류 I_1을 측정하는 경우, I_1이 흐르는 경로 중 임의의 한 곳을 끊고 전류계를 삽입하여 측정한다.(그림 4-7의 실선 또는 파선으로 표시된 경로 속에 삽입된 각각의 전류계의 측정결과는 같다.)

I_2 측정의 경우, 점선으로 표시된 경로에 설치된 두 전류계의 측정결과는 같다.

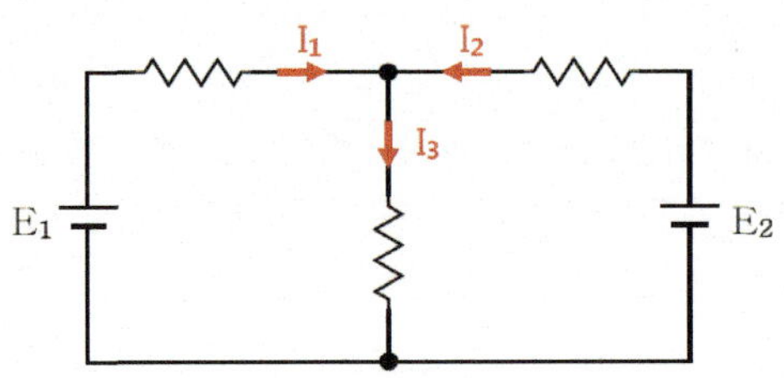

[그림 4-6] 측정할 전류의 선택

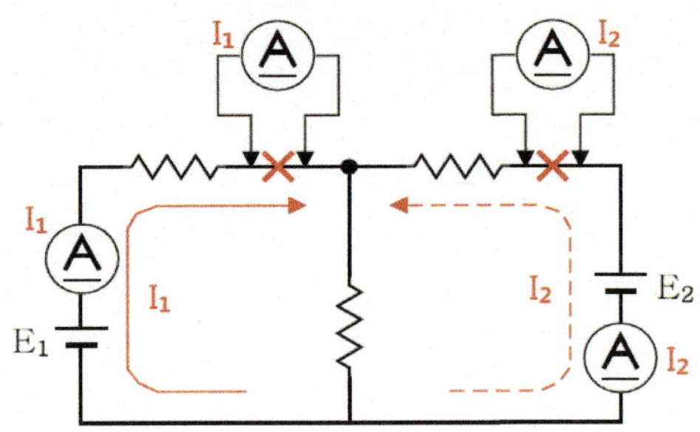

[그림 4-7] 전류계 연결하기

〈예제 4.1〉

I_2를 측정하기 위해 회로에서 끊어야 할 위치(×)를 ⓐ~ⓓ중에서 고르시오.

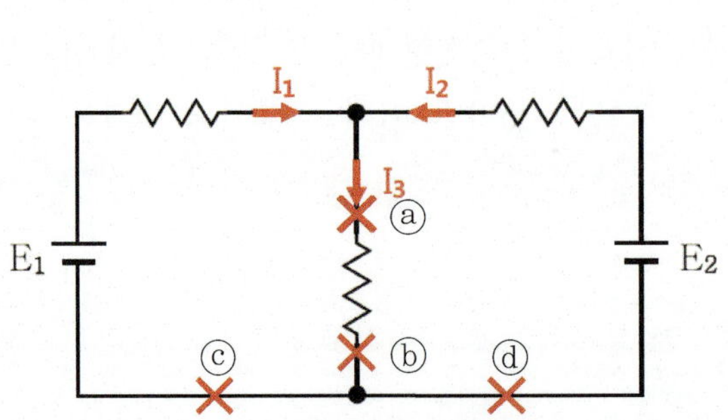

[그림 4-8] 전류 측정 회로도

3) 저항계(Ohmmeter)

저항계는 저항을 측정하는 장치이다. 누전 시험과 같은 매우 큰 저항을 측정하는 장치는 절연저항계(Megger, Insulation Tester)로 측정하고, 1[Ω] 이하의 매우 작은 저항은 미소 저항계(Milliohm meter)를 사용하여 측정한다.

1[Ω]에서 10[MΩ] 이하의 일반적인 저항은 멀티테스터를 이용해서 측정한다.

[그림 4-9] 절연 저항계와 미소 저항계(우측 끝)

4) 멀티미터 (Multimeter, Multi Tester, Digital Multi Meter)

회로 시험기로 부르는 멀티미터는 전압(Volt), 전류(Ampere), 저항(Resistance) 등을 측정할 수 있도록 만든 장치로서, 회로시험기, 테스터, 멀티미터 또는 DMM(Digital Multi Meter) 이라고 불린다.

회로 방식에 따라 아날로그 방식과 디지털방식으로 구분하고, 220[V]를 사용하는 탁상형과 전지 전원을 사용하는 휴대형이 있다.

가격과 등급에 따라서 온도, 주파수 및 정전용량 측정기능도 있다 (표 4-1).

그림 4-10은 다양한 멀티미터를 보여주고 있다. 그 중에서 왼쪽 제품은 온도측정 기능이 있는 고급형이고 중간 제품은 기본측정 기능의 일반형, 우측은 아마추어용 저가형이다.

[표 4-1] 멀티테스터의 측정 기능

<table>
<tr><td rowspan="5">기본 측정 기능</td><td>직류 전압(DC Volt)</td><td>최대 눈금 1000[V]까지</td></tr>
<tr><td>교류 전압(AC Volt)</td><td>최대 눈금 1000[V]까지</td></tr>
<tr><td>직류 전류(DC mA)</td><td>최대 눈금 200[mA]까지, 별도의 10[A]단자 있음</td></tr>
<tr><td>교류 전류(AC mA)</td><td>고급제품은 측정기능 있음</td></tr>
<tr><td>저항(Ω , kΩ)</td><td>배율: ×10⁴까지(측정범위: 1[Ω]~10[MΩ])</td></tr>
<tr><td rowspan="2">추가 기능</td><td>온도</td><td>‘온도 프로브’ 를 사용하면 800[℃]까지 측정 가능.</td></tr>
<tr><td colspan="2">주파수(Hz), 정전용량(μF) 등의 측정기능이 있는 제품이 있음.</td></tr>
</table>

[그림 4-10] 디지털 멀티미터 제품들

(1) 그림 4-11은 범용 디지털 멀티미터(XL830L)를 보여주고 있다.

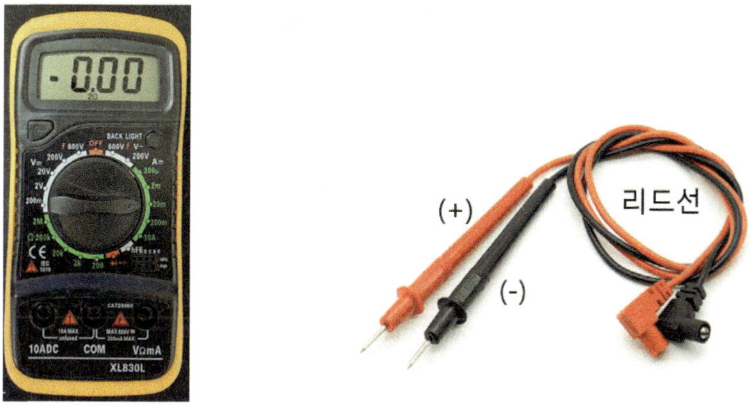

(a) 디지털 멀티미터(XL830L) (b) 리드선

[그림 4-11] 디지털 멀티미터(XL830L)과 리드선

① 디지털 멀티미터(XL830L)의 아래 부분에 있는 단자(①, ②, ③)의 구조를 이해한다.

[그림 4-12] 디지털 멀티미터(XL830L)의 단자

가) COM : 공통접지(Ground) 단자를 의미하며, 항상 검은색 리드선을 연결한다.

나) VΩmA : 전압(V), 저항(Ω), 전류(밀리암페아(mA)) 측정할 때 사용하는 단자이며, 항상 빨간색 리드선을 연결한다.

다) 10ADC : 0~10[A] 범위의 대전류를 측정할 때 사용하는 단자이며, 항상 빨간색 리드선을 연결한다.

② 저항 측정하기

[그림 4-13] 디지털 멀티미터(XL830L)의 노브 위치(저항측정)

가) 로터리 스위치(노브)를 "Ω" 영역 (좌측 하단, 녹색부)으로 이동시킨다.
나) 리드선을 저항의 양쪽 다리와 접촉시켜 측정한다.
다) 저항 측정시, 범위에 주의한다.
10[Ω] 저항을 측정할 경우, 로터리 스위치(노브)는 200에 놓는 것이 적당하다.
300[Ω] 저항을 측정할 경우, 로터리 스위치(노브)는 2k에 놓는 것이 적당하다.

③ 전압 측정하기

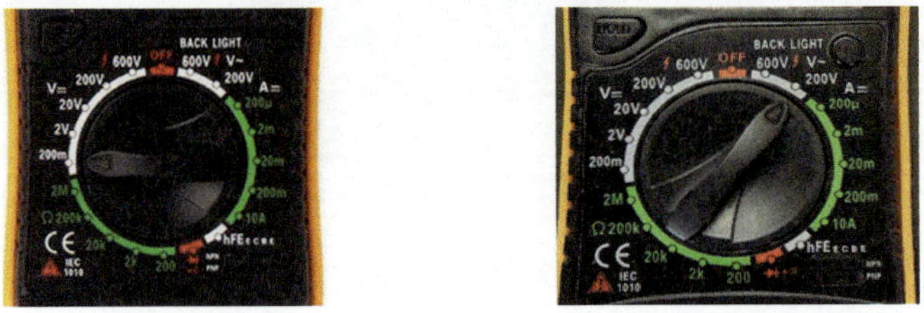

(a) 직류 전압 측정 (b) 교류 전압 측정

[그림 4-14] 디지털 멀티미터(XL830L)의 노브 위치 (전압측정)

가) 직류 전압을 측정 시,
로터리 스위치를 "V-" 영역 (좌측 상단, 백색부)으로 이동시킨 후 측정한다.
나) 교류 전압을 측정 시,
로터리 스위치를 "V~" 영역 (우측 상단, 백색부)으로 이동시킨 후 측정한다.
다) 전압 측정시, 범위에 주의한다.
10[mV] 전압을 측정할 경우, 로터리 스위치는 200[m]에 놓는 것이 적당하다.
3[V] 전압을 측정할 경우, 로터리 스위치는 20[V]에 놓는 것이 적당하다.

④ 전류 측정하기

[그림 4-17] 디지털 멀티미터(XL830L)의 노브(전류측정)

가) 직류 전류만 측정 가능하다.

나) 직류 전류를 측정 시,
로터리 스위치를 "A-" 영역 (우측 하단, 녹색부)으로 이동시킨다.

다) 전류 측정 시, 회로 상에서 측정하고자 하는 도선을 전기적으로 끊어야 한다.

라) 전류 측정 시, 멀티미터의 내부저항이 거의 "0[Ω]"이 되므로 로터리 스위치의 범위 설정에 주의해야 한다.

⑤ 그림 4-18과 같은 회로가 주어진 경우, 팅커캐드와 멀티심을 이용하여 전압 및 전류를 측정하는 방법은 다음 그림과 같다. (전원전압 5[V], 저항 1[kΩ] 사용)

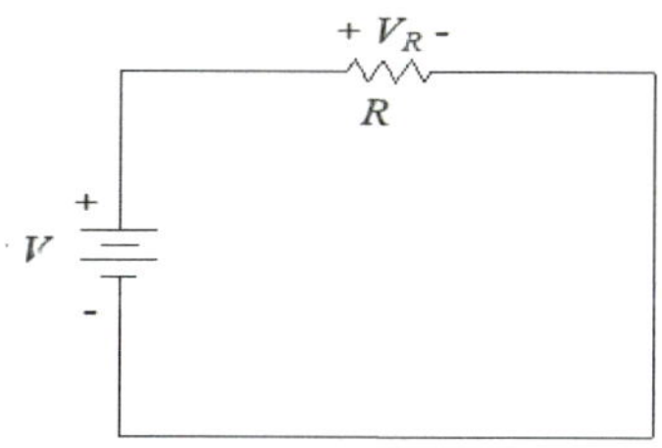

[그림 4-18] 전압과 저항 회로

가) 팅커캐드를 이용하여 전압 및 전류 측정하기.

- 팅커캐드에 로그인한 후 “회로” 메뉴를 선택하고, 구성요소에서 “모두” 를 선택한다.
- 작업창에서 브레드보드, 저항 및 전원공급장치를 이용하여 회로를 구성한다. 인가전압은 5[V], 저항은 1[kΩ] (갈색, 흑색, 적색)으로 연결한다.
- 우측 구성요소에서 “기기 ⇨ 멀티미터” 를 찾아 그림 4-19와 같이 멀티미터를 연결한다.

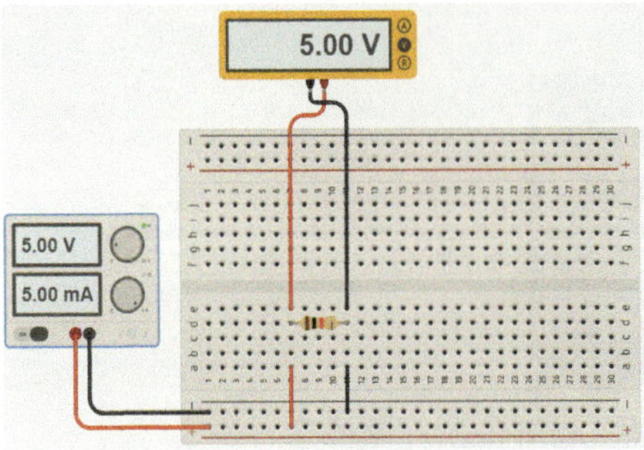

(a) 전압 측정하기

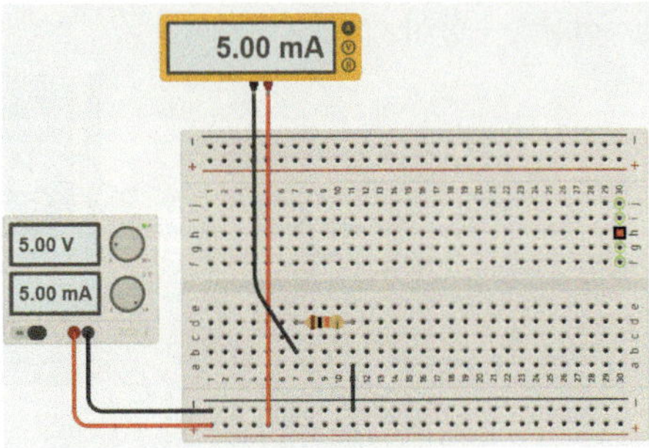

(b) 전류 측정하기

[그림 4-19] 전압 및 전류 측정을 위한 팅커캐드 결선도

나) 멀티심을 이용하여 전압 및 전류 측정하기.

- 멀티심에 로그인한 후 메뉴 바에서 "Place"를 선택한 후 "Component"를 클릭하고 Group에서 DC 전원, 저항 그리고 접지 등 필요한 부품들을 찾아 연결한다.

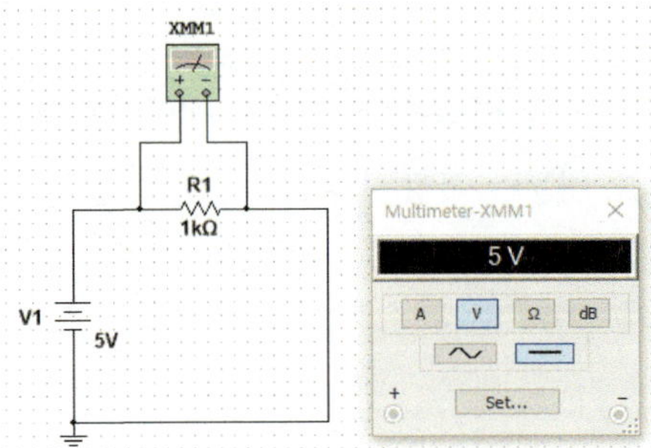

(a) 전압 측정하기

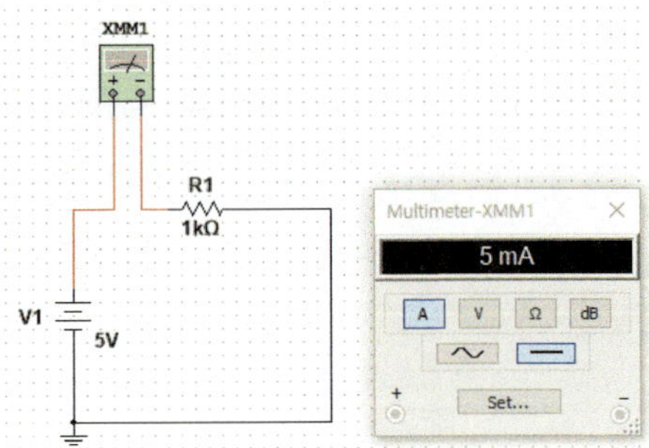

(b) 전류 측정하기

[그림 4-20] 전압 및 전류 측정을 위한 멀티심 결선도

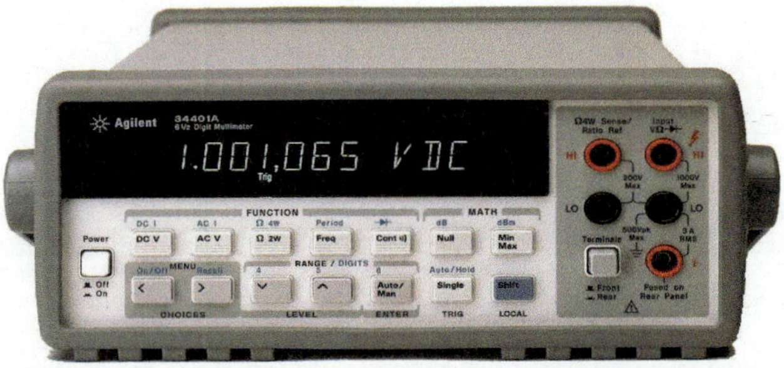

[그림 4-21] 탁상형 디지털 멀티미터

〈Good to Know〉

1) 디지털식 멀티미터를 DMM, 아날로그식 멀티미터를 VOM이라고 부른다.
   DMM=Digital Multimeter, VOM=Volt-Ohm-Milliammeter
2) 아날로그 전압계로 디지털회로를 측정하면 큰 오차가 생긴다. 상대적으로 낮은 내부저항으로 높은 임피던스를 가진 C-MOS회로에 접속하면 최대 100%의 이상의 오차가 생기기도 한다. 전류측정에는 이런 문제가 없다.
3) 반도체의 도통테스터나 동작시험에는 아날로그 멀티미터가 더 적합하다.
   (저항측정 시에 흘려주는 큰 바이어스전류로 Threshold level을 확인할 수 있다.)

5) 아날로그 멀티미터 눈금 읽기

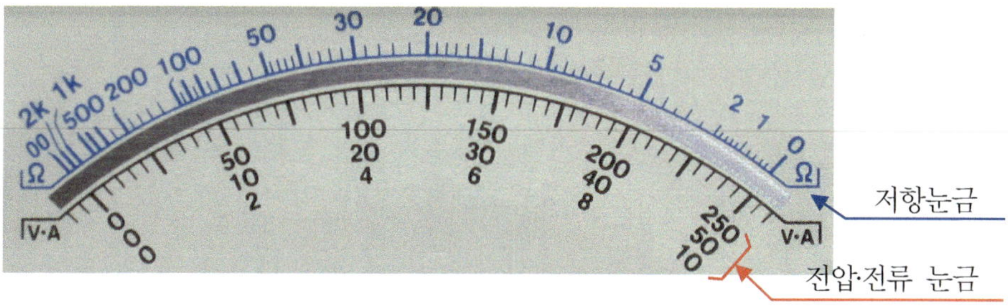

[그림 4-22] 아날로그 멀티미터의 눈금판

아날로그 방식 멀티미터는 많은 측정기능과 다양한 측정범위(레인지)가 있어 눈금판이 다소 복잡하다. 전압과 전류 눈금은 평등눈금으로 10등분 되어있고 바늘이 오른쪽으로 가면 전압(전류)값은 커진다.

최대눈금(Full scale: FS) '10'은 10[V], 100[V], 1000[V] 레인지를 선택할 때 읽어야 하는 눈금이고, 최대눈금 50은 50[V] 레인지의 눈금이며, 최대눈금 250은 2.5[V] 레인지와 250[V] 레인지를 선택할 때 보는 눈금이다.

〈예제 4.2〉

측정레인지 2.5V에서 전압의 측정결과가 아래와 같을 때 전압값은 얼마인가?

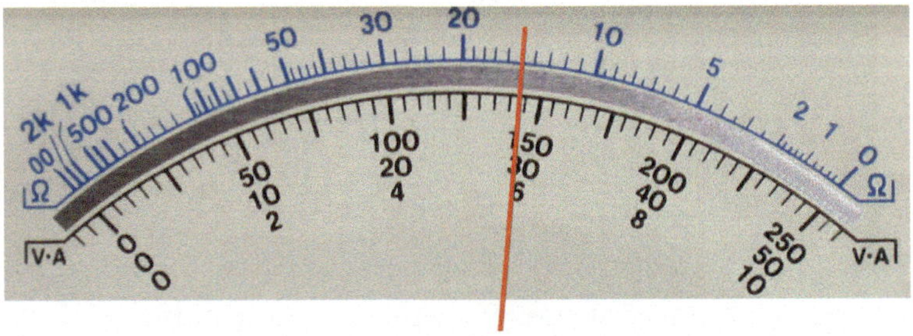

[그림 4-23] 아날로그 멀티미터의 눈금판

〈풀이〉

눈금판의 지시값은 143[V]이다. 그런데 눈금판의 최대눈금은 250[V]이고, 측정 레인지는 2.5[V]이므로 눈금판이 실제값보다 100배 크게 설정되어있다. 따라서 눈금 지시값을 100으로 나누면 측정값이 되므로 측정결과는 143/100=1.43[V]이다.

저항계 눈금 읽기

저항계 눈금은 불평등하며 왼쪽으로 갈수록 촘촘해지고 저항 값은 커진다.
저항계의 측정 레인지는 ×1, ×10, ×100, ×1㏀, ×10㏀ 등 배율로 되어있다. 저항값의 판독은 바늘이 지시하는 눈금 크기에 레인지 배율을 곱하여 얻을 수 있다.
예를 들면, 저항 레인지가 ×1kΩ 을 선택한 상태에서 눈금판의 바늘이 50을 가리키고 있다면 저항값 $R = 50 \times 1[\mathrm{k\Omega}] = 50\,[\mathrm{k\Omega}]$ 이 된다.

〈예제 4.3〉

위의 눈금판 그림과 같이 바늘이 저항눈금을 지시한다면 저항 값은 얼마인가?
(단, 저항 레인지는 ×100을 선택하였다.)

〈풀이〉

눈금판의 지시 값은 15, 배율 레인지=×100, 측정값=15×100=1,500[Ω]
답: 1.5 [kΩ]

4. 실험 순서

1) 전압측정 하기

(1) 그림 4-24와 같은 저항 회로망을 구성하고 각 저항에 걸리는 전압을 측정한다.

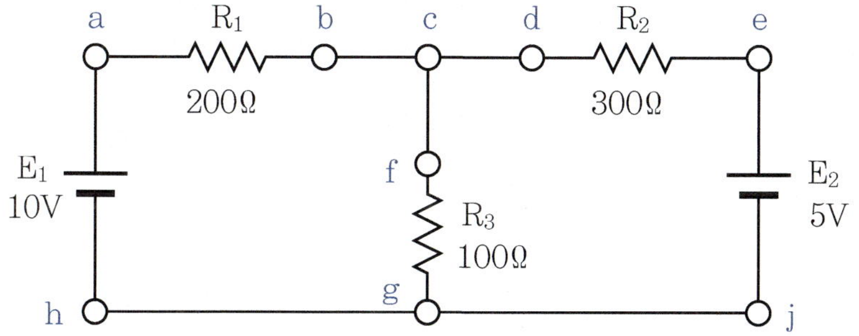

[그림 4-24] 전압측정 회로 (낮은 저항 회로)

① 팅커캐드를 이용하여 결선한 후 각 저항에 걸리는 전압을 측정한다.

- 팅커캐드에 로그인한 후 "회로" 메뉴를 선택하고, 구성요소에서 "모두" 를 선택한다.
- 우측 구성요소의 "일반" 에서 저항을, "브레드보드" 에서 작은 브레드보드를 그리고 "기기" 에서 전원공급장치를 클릭하여 회로를 구성한다. 저항은 100[Ω](갈색, 흑색, 갈색), 200[Ω](적색, 흑색, 갈색), 300[Ω](등색, 흑색, 갈색)으로 입력하고 그림 4-24에 나와 있는 회로와 같이 연결한다.
- 전원공급장치에 각각 인가전압 3.3[V]와 5[V]를 인가한다.
- 그림 4-25는 팅커캐드를 이용하여 결선한 모습을 보여준다.

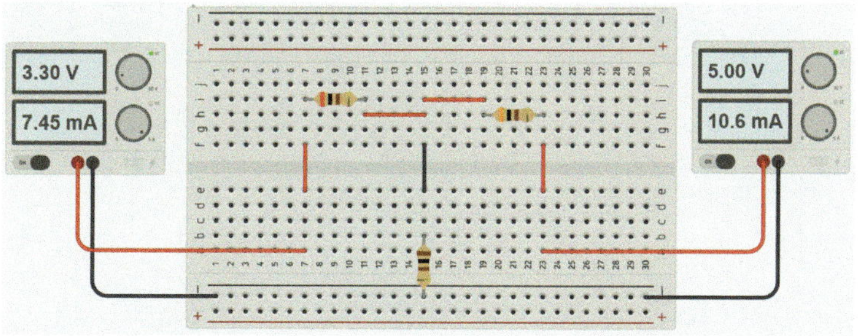

[그림 4-25] 팅커캐드를 이용한 결선

- 우측 구성요소에서 "기기" 를 찾아 그림 4-26과 같이 멀티미터를 연결하여 각 저항에 인가되는 전압을 측정한다.

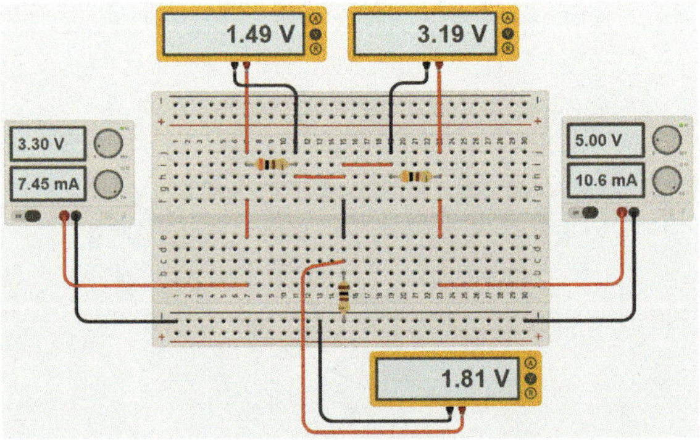

[그림 4-26] 팅커캐드를 이용한 결선 후 전압 측정

② 멀티심을 이용하여 결선한 후 각 저항에 걸리는 전압을 측정한다.

- 멀티심에 로그인한 후 메뉴 바에서 'Place "를 선택한 후 " Component" 를 클릭하고 Group에서 Source를 눌러 POWER SOURCE에서 DC POWER를 선택한 후 GROUND를 선택한다.
- 다시 Group에서 Basic을 눌러 RESISTOR를 클릭한다. 필요한 경우, 하나의 RESISTOR를 복사하여 사용할 수 있다.
- 작업창에서 그림 4-27과 같이 결선하여 회로를 구성한 후 RESISTOR 및 DC POWER에 값을 입력한다.
- 그림 4-27은 결선 및 필요한 값들을 입력한 회로도를 보여주고 있다.
- 결선이 완료된 회로에, 우측 툴 바에서 Multimeter를 선택하여 저항과 병렬로 연결한 후 각 저항에 인가되는 전압을 측정한다.
- 그림 4-28은, 멀티심을 이용하여 전압 측정을 위한 회로도를 보여주고 있다.

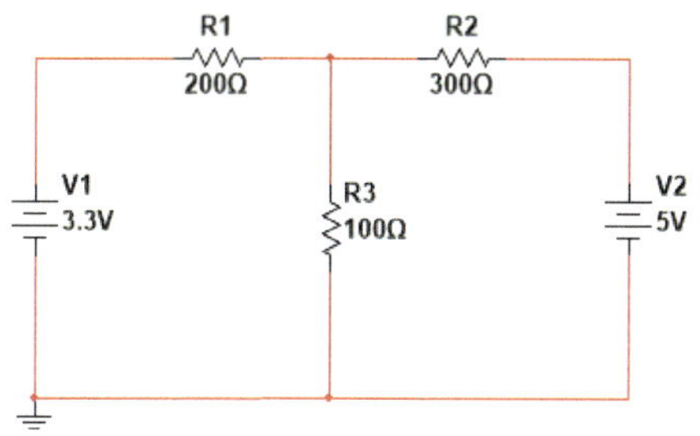

[그림 4-27] 멀티심을 이용한 결선

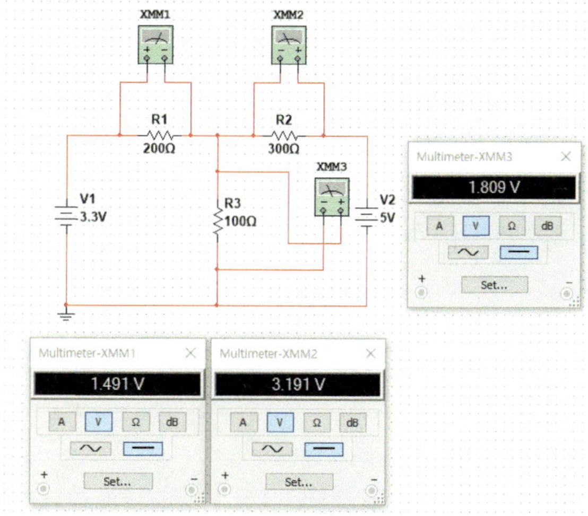

[그림 4-28] 멀티심을 이용한 결선 후 전압 측정

③ 브레드보드와 저항을 이용하여 그림 4-29와 같이 결선한다. 결선한 회로를 이용하여 디지털 멀티미터로 각 저항 양단의 전압을 그림 4-25와 4-26을 참고하여 측정한다.

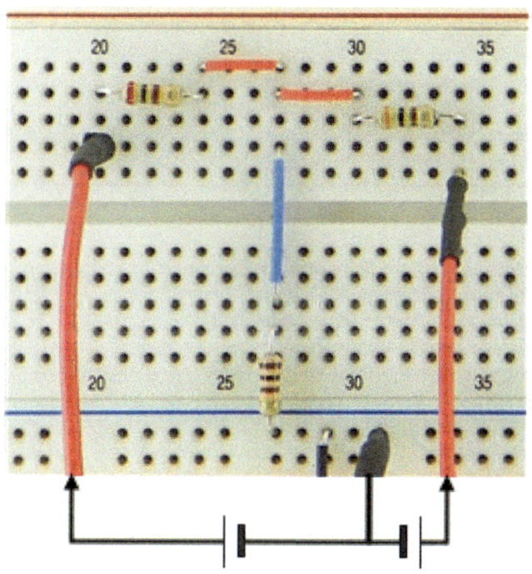

[그림 4-29] 브레드보드 결선도

④ 이상과 같이, 팅커캐드와 멀티심 그리고 브레드보드를 이용하여 측정한 결과를 아래 표 4-2에 각각 기입한다.

[표 4-2] 낮은 저항 회로의 전압 측정 결과

항목		VR1	VR2	VR3
이론값 [V]				
측정값 [V]	팅커캐드 이용			
	멀티심 이용			
	브레드보드 이용			
오차 [V] (이론값-브레드보드이용)				

(2) 그림 4-30과 같이 저항의 크기를 큰 값으로 바꾸고 디지털 멀티미터로 각 저항에 걸리는 전압을 측정한다.

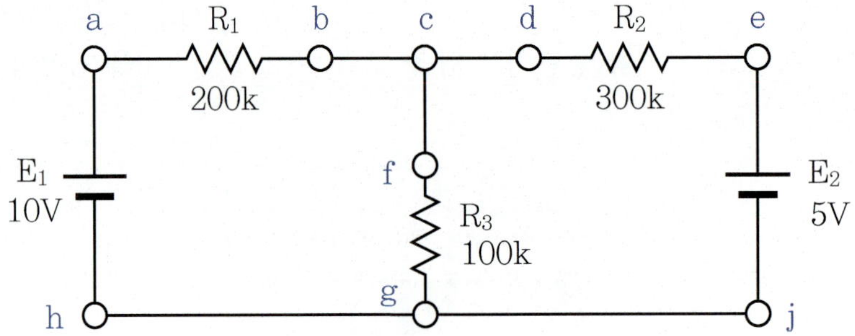

[그림 4-30] 전압측정 회로 (높은 저항 회로)

① 앞서 학습한 내용을 참고하여, 팅커캐드를 이용하여 결선한 후 각 저항에 걸리는 전압과 전류를 측정한다.

② 앞서 학습한 내용을 참고하여, 멀티심을 이용하여 결선한 후 각 저항에 걸리는 전압을 측정한다.

③ 앞서 학습한 내용을 참고하여, 브레드보드와 저항을 이용하여 결선한 회로를 이용하여 디지털 멀티미터로 저항 양단의 전압을 측정한다.

④ 앞서 학습한 내용을 참고하여, 팅커캐드와 멀티심 그리고 브레드보드를 이용하여 측정한 결과를 아래 표 4-3에 각각 기입한다.

[표 4-3] 높은 저항 회로의 전압 측정 결과

항목		VR1	VR2	VR3
이론값 [V]				
측정값 [V]	팅커캐드 이용			
	멀티심 이용			
	브레드보드 이용			
오차 [V] (이론값-브레드보드이용)				

(3) 측정결과에서 전압측정의 측정값이 이론값과 다르게 나타나는 이유는 무엇인가?

2) 전류 측정하기

그림 4-31과 같은 회로에서 각 저항을 통과하는 전류를 측정한다.

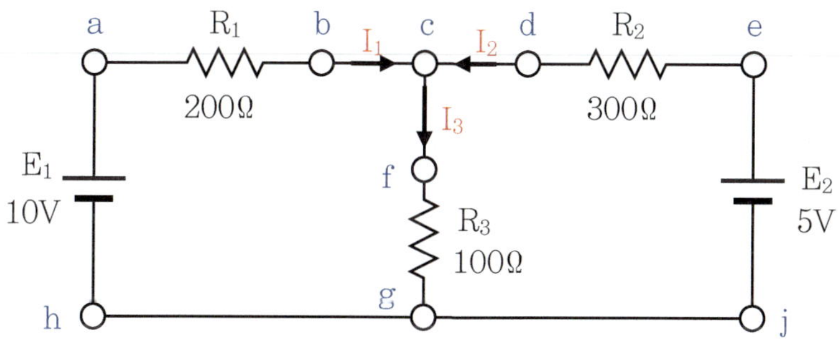

[그림 4-31] 전류 측정을 위한 회로

① 팅커캐드를 이용하여 결선한 후 각 저항에 흐르는 전류를 측정한다.

- 팅커캐드에 로그인한 후 "회로" 메뉴를 선택하고, 구성요소에서 "모두"를 선택한다.
- 우측 구성요소의 "일반"에서 저항을, "브레드보드"에서 작은 브레드보드를, 그리고 "기기"에서 전원공급장치를 클릭하여 회로를 구성한다. 저항은 100[Ω](갈색, 흑색, 갈색), 200[Ω](적색, 흑색, 갈색), 300[Ω](등색, 흑색, 갈색)으로 입력하고 그림 4-24에 나와 있는 회로와 같이 연결한다.
- 전원공급장치에 각각 인가전압 3.3[V]와 5[V]를 인가한다.

- 그림 4-32는 팅커캐드를 이용하여 결선한 모습을 보여준다.

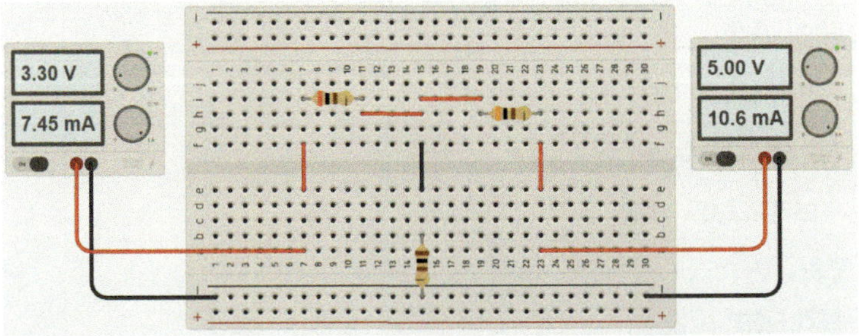

[그림 4-32] 팅커캐드를 이용한 결선

- 우측 구성요소에서 "기기" 를 찾아 그림 4-33과 같이 멀티미터를 연결하여 각 저항에 흐르는 전류를 측정한다. 전류 측정시, 측정하고자 하는 위치에서 선을 끊고 그 사이에 멀티미터를 삽입하여 측정한다.

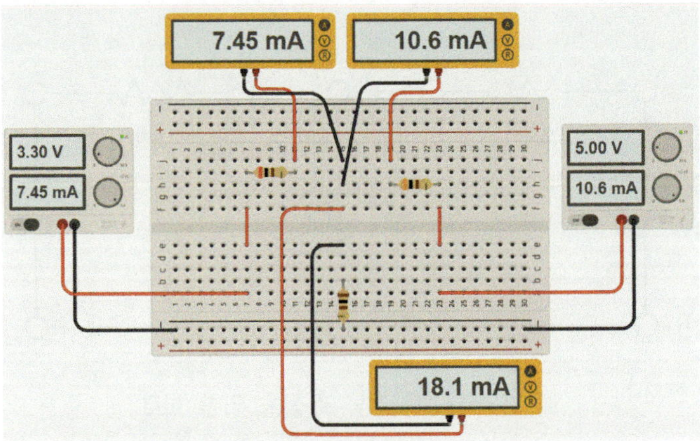

[그림 4-33] 팅커캐드를 이용하여 결선 후 전류 측정

② 멀티심을 이용하여 결선한 후 각 저항에 흐르는 전류를 측정한다.

- 멀티심에 로그인한 후 메뉴 바에서 'Place "를 선택한 후 " Component" 를 클릭하고 Group에서 Source를 눌러 POWER SOURCE에서 DC POWER를 선택한 후 GROUND를 선택한다.
- 다시 Group에서 Basic을 눌러 RESISTOR를 클릭한다. 필요한 경우, 하나의 RESISTOR를 복사하여 사용할 수 있다.
- 작업창에서 그림 4-34와 같이 결선하여 회로를 구성한 후 RESISTOR 및 DC POWER

에 값을 입력한다.

- 그림 4-34은 결선 및 필요한 값들을 입력한 회로도를 보여주고 있다.
- 결선이 완료된 회로에, 우측 툴바에서 Multimeter를 선택하여 저항과 직렬로 연결한 후 각 저항에 흐르는 전류를 측정한다.
- 그림 4-35는 멀티심을 이용하여 전류 측정을 위한 회로도를 보여주고 있다.

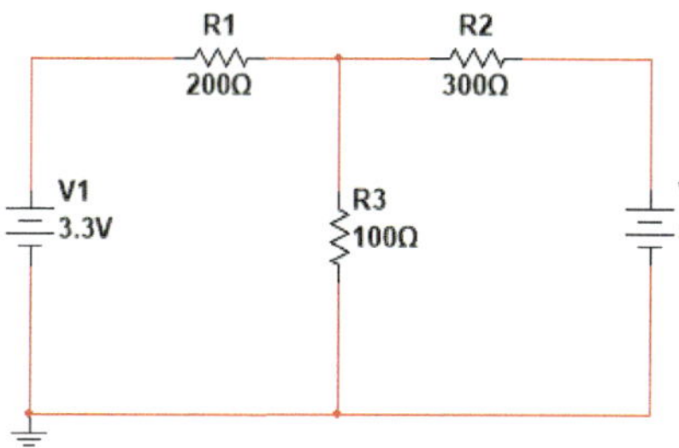

[그림 4-34] 멀티심을 이용한 결선

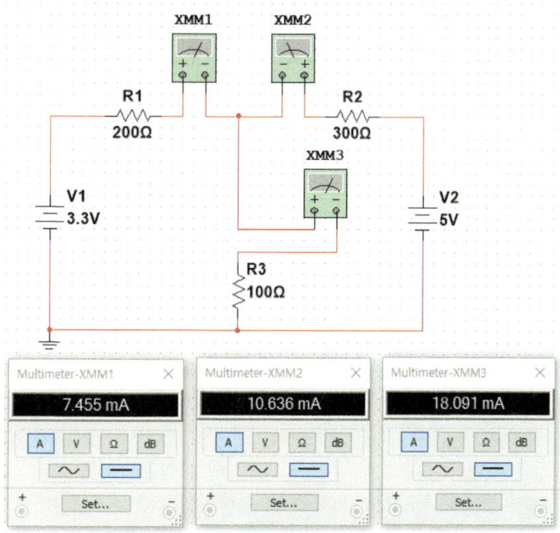

[그림 4-35] 멀티심을 이용하여 결선 후 전류 측정

③ 브레드보드를 이용하여 회로를 결선한 후 디지털 멀티미터로 저항 양단에 흐르는 전류를 측정한다. (그림 4-25와 4-26 참고)

④ 이상과 같이, 팅커캐드, 멀티심 및 브레드보드를 이용하여 측정한 결과를 아래 표 4-4에 각각 기입한다.

[표 4-4] 높은 저항 회로의 전압 측정 결과

항목		IR1	IR2	IR3
이론값 [V]				
측정값 [A]	팅커캐드 이용			
	멀티심 이용			
	브레드보드 이용			
오차 [V] (이론값-브레드보드이용)				

3) 저항 측정하기

(1) 표 4-5의 5개 저항을 멀티미터로 측정할 때 적합한 레인지를 선택하시오.

[표 4-5] 저항기 측정 연습

번호	컬러코드		저항값	선택 레인지	측정값 (디지털 멀티미터 이용)
1	적/흑/흑/금				
2	황/자/갈/금				
3	청/회/적/금				
4	갈/회/황/금				
5	등/흑/록/금				

(2) 위와 같은 선택으로 저항을 측정하고 그 결과를 표 4-5에 기록하시오.

(3) 질문: 아날로그 저항계의 눈금판은 불평등 눈금이다. 선택된 레인지가 ×100R일 때 저항값은 얼마인가?

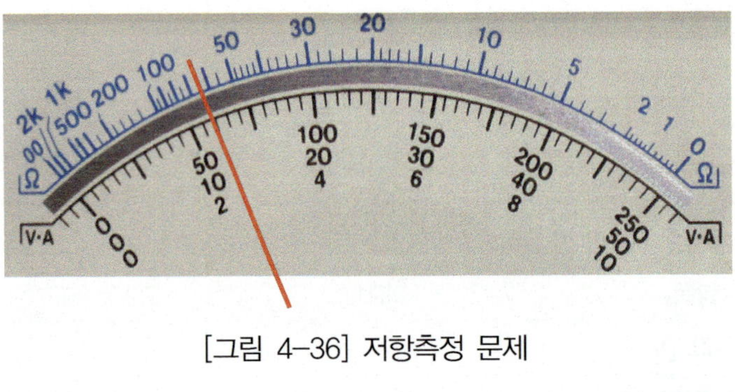

[그림 4-36] 저항측정 문제

(4) 두 명이 한 팀이 되어 임의의 저항들을 측정하는 연습을 진행하시오.

실험 보고서 (　　주차)

실험 제목			
실험조	조	소　속	
실험일자		제출자	

1. 실험 목적

2. 실험에 사용된 부품 및 장비명

3. 실험 결과

4. 고찰

CHAPTER 05

저항기와 표시법

1. 실험 목적

컬러 코드와 숫자 및 문자로 표기된 저항기의 값을 판독할 수 있다.

2. 실험 준비물

① 브레드보드, 리드선 적당량

② 저항(100[Ω], 300[Ω], 1[kΩ], 2[kΩ], 3[kΩ] 1/4[W]) 4개

③ 회로시험기(멀티미터) 1대

3. 관련 이론

저항기는 전류의 흐름을 제한하는 부품으로 전자회로에서 가장 널리 사용되며 그 종류와 크기 및 규격이 다양하다.

1) 저항기의 종류

(1) 탄소 피막저항(Carbon Resistor)

세라믹 막대표면에 탄소피막을 증착시켜 만들며 탄소의 두께와 홈의 길이를 조절하여 저항크기를 조절한다. 가격이 싸지만 온도계수가 비교적 높다. 주로 오차 ±5% 내외의 제품이 많다. 그림 5-1은 탄소 피막저항의 구조를 보여주고 있다.

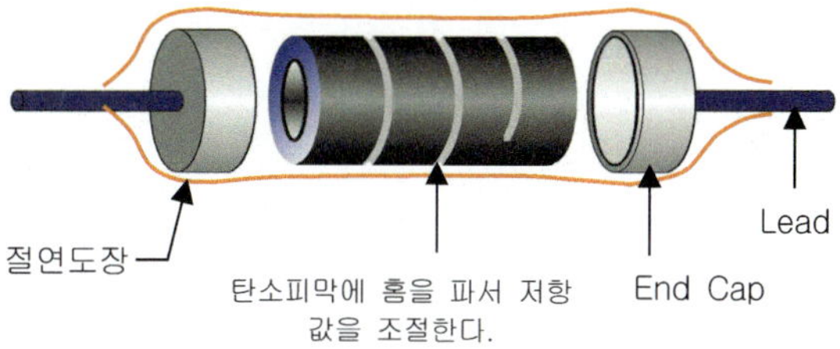

[그림 5-1] 탄소(금속) 피막저항기의 구조

(2) 금속피막 저항기

금속 또는 산화물 금속피막을 소재로 사용하는 것만 다르고 나머지는 탄소피막 저항기와 같은 방법으로 만든다. 금속피막 저항은 가격이 비싸지만 온도계수가 낮고 잡음특성이 우수하며 오차 2% 이하의 정밀급 제품을 만들 때 사용한다.

(3) 권선 저항기

10~50[mm] 정도의 도자기관에 니크롬 저항선을 감아 만들며, 내열성이 우수하기 때문에 발열용량 2~100[W] 정도의 대용량이 많다.

(4) 몰드 저항기(Mould Resistor)

합성수지 원통 속에 저항재질을 압축해 넣고 양쪽 단자를 뽑은 저항으로 탄소 피막형보다 약간 크고, 오차는 5~10%, 용량은 $\frac{1}{8}$[W]~최대 2[W]까지 제품이 있다.

(5) 시멘트 저항

단단한 사각형 시멘트관속에 권선저항 또는 금속저항 재질을 압축해 넣어 만든 저항기로서 2~10[W] 정도의 중간 용량형이며, 오차는 ±5% 제품이 많다. 그러나 저항기 외피에 알루미늄 방열기를 달면 10~50[W]의 대용량 제품도 만들 수 있다.

(6) 칩 저항기

기존의 탄소피막 저항이나 금속피막 저항기 대신 판상형태의 세라믹 기판에 산화물 저항재질을 입혀서 만든 저항기이다. 칩 저항기의 특징이 작고 가볍고 전기적 특성이 우수하기 때문에 최근의 소형화 전자제품 추세에 따라 그 수요가 급격하게 증가하고 있다.

(7) 어레이(Array) 저항

디지털회로에는 버스 드라이버나 입출력 인터페이스에 8~17개의 저항이 사용되는 경우가 많다. 이러한 경우를 위하여 다수의 저항을 하나의 패키지에 넣어 만든 것을 어레이 저항 또는 네트워크(Network) 저항이라 한다.

(a) 8열 어레이저항의 외관

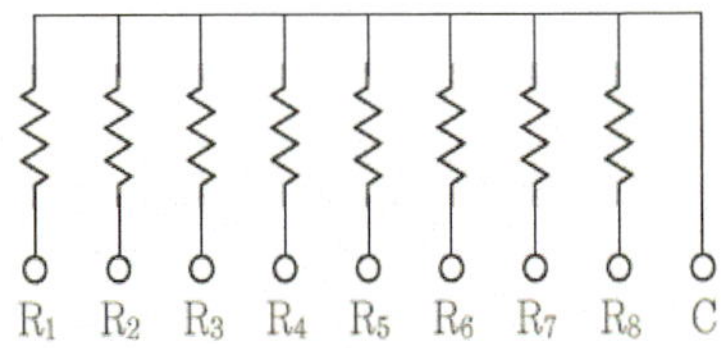

(b) 내부 접속도

[그림 5-2] 어레이 저항기

[표 5-1] 저항의 종류

저항 종류	탄소피막	금속피막	모울드	권선	시멘트	칩(Chip)
외관	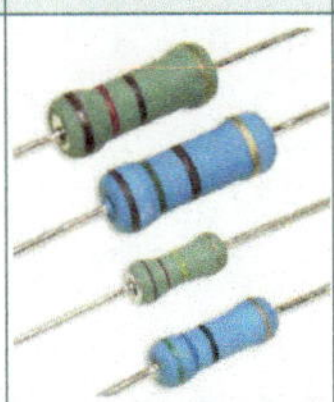		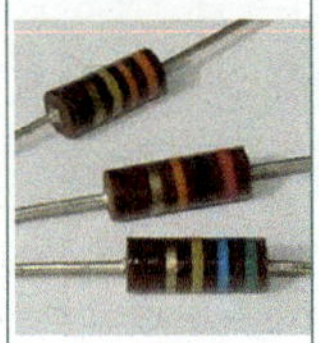			
특징	±5%(4색)	1~2%(5색)	±5~10%	대용량	중용량	소용량/ SMD

2) 저항의 컬러코드 표시법

탄소 피막형과 같은 소형 저항기는 워낙 그 크기가 작아 값을 인쇄하기 곤란하므로 원형의 컬러 띠를 페인트로 칠해서 값을 표시한다. 이러한 표시법에는 표 5-2와 같은 IEC에서 정한 컬러코드 규칙이 적용된다.

[표 5-2] 4색 컬러 코드 규정

Example for
4 Band Color Resistor →

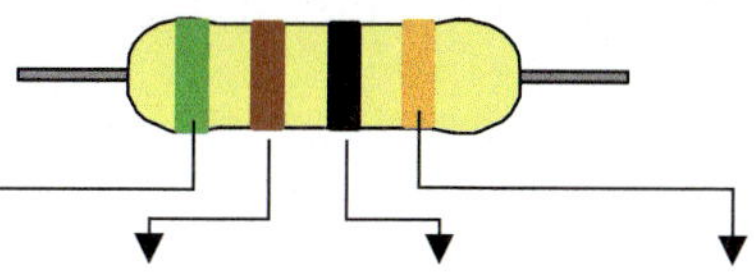

색 Color			제1숫자 1st digit	제2숫자 2nd digit	배율 multiplier	오차(%) tolerance
	Black	흑(黑)	–	0	$\times10^{0}(=1)$	
	Brown	갈(葛)	1	1	$\times10^{1}$	±1
	Red	적(赤)	2	2	$\times10^{2}$	±2
	Orange	등(橙)	3	3	$\times10^{3}$	
	Yellow	황(黃)	4	4	$\times10^{4}$	
	Green	록(綠)	5	5	$\times10^{5}$	±0.5
	Blue	청(靑)	6	6	$\times10^{6}$	±0.25
	Violet	자(紫)	7	7		±0.1
	Gray	회(灰)	8	8		±0.05
	White	백(白)	9	9		
	Gold	금(金)	–	–	×10–1	±5
	Silver	은(銀)	–	–	×10–2	±10

(1) 4색 컬러 코드 저항기의 판독법

아래의 보기와 같은 방법으로 컬러코드를 판독한다.

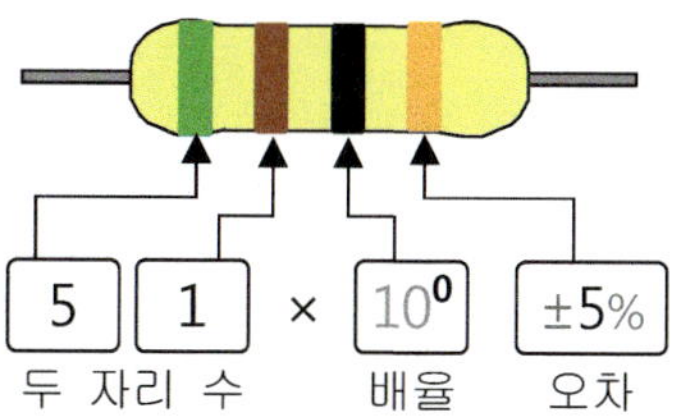

① 제1색 띠와 제2색 띠에 해당하는 숫자를 읽어낸다. 초록, 갈색 = 51

② '두 수' 에 제 3색 띠의 배율(10^{0}=1)을 곱하여 저항값을 얻는다. 51×10^{0}=51[Ω]

③ 제 4색 띠, 금색의 오차를 적용한다. ±5%

∴컬러코드 판독결과: 저항 값과 허용오차=51[Ω] ±5%

〈예제 5-1〉

아래와 같은 컬러 저항기의 저항값과 오차를 판독하시오.

적갈등금

〈풀이〉

① 제1, 제2 숫자를 판독한다. ----→ 27

② 제3의 색 띠는 등색이므로 배율 : 10^3 또는 1,000 또는 k

③ 제4색 띠는 금색이므로 허용오차 : ±5%

④ 답: 저항 값과 오차 : 27[kΩ] ±5%

(2) 정밀급 저항의 컬러코드 표시법

일반적으로 널리 사용하는 탄소피막 저항기는 허용오차가 ±5%이다. 그러나 우주 항공기 회로나 계측기 등에는 정밀도가 높은 금속 피막형 저항기를 사용할 때가 많다. 이런 저항기들은 5색 띠 또는 6색 띠 컬러코드를 사용한다.

표 5-3 5색띠 및 6색띠 컬러코드 규정

Example for 5/6 Band Color Resistor

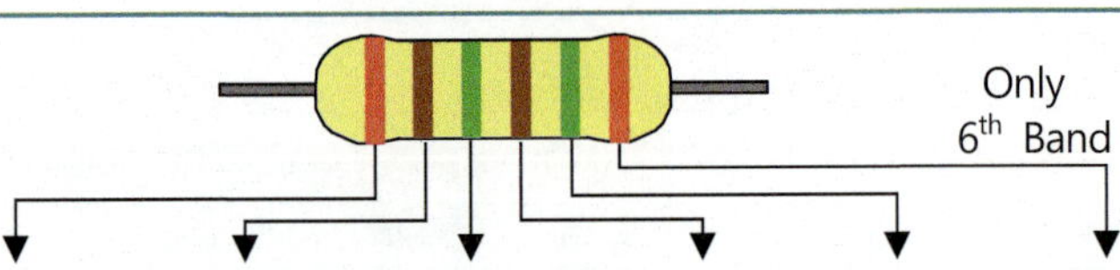

색 Color			제1숫자 1st digit	제2숫자 2nd digit	제3숫자 3rd digit	배율 multiplier	오차(%) tolerance	Tempco1) ppm/℃
	Black	흑	–	0	0	×1(=10^0)		
	Brown	갈	1	1	1	×10^1	±1	100
	Red	적	2	2	2	×10^2	±2	50
	Orange	등	3	3	3	×10^3		17
	Yellow	황	4	4	4	×10^4		25
	Green	록	5	5	5	×10^5	±0.5	–
	Blue	청	6	6	6	×10^6	±0.25	10
	Violet	자	7	7	7		±0.1	5
	Gray	회	8	8	8		±0.05	
	White	백	9	9	9			
	Gold	금	–	–		×10_1	±5	
	Silver	은	–	–		×10_2	±10	

◎ 5색 띠 컬러코드 판독법
① 제1, 제2, 제3의 색을 숫자로 바꾼다.
② 세 자리 수에 제4색 띠의 배율을 곱한다.
③ 제5색 띠의 허용오차를 적용한다.

◎ 6색띠 컬러코드 판독법
① 제1, 제2, 제3의 색을 숫자로 바꾼다.
② 세 자리 수에 제4색 띠의 배율을 곱한다.
③ 제5색 띠의 허용오차를 적용한다.
④ 제6색 띠의 온도계수를 적용한다.

〈예제 5-2〉
다음 저항기의 5색 컬러 코드를 판독하시오.

색의 배열: 등·등·백·흑·갈

〈풀이〉
1) 세 색 띠 = 등/등/백 = 339
2) 네 번째 색 띠 = 배율 = 흑색 = 10^0 = ×1
3) 다섯 번째 색 띠 = 허용오차 = 갈색 = ±1%
∴ 답 : 339[Ω] ±1%

〈예제 5-3〉
다음 저항기의 6색 컬러 코드를 판독하시오.

색의 배열: 황.갈.적.등.갈.자

〈풀이〉
1) 1st, 2nd, 3rd 색 띠 = 황/갈/적 = 412
2) 네 번째 색 띠 = 배율 = 등색 = $\times 10^3$ 또는 ×1,000 또는 k
3) 다섯 번째 색 띠 = 허용오차 = 갈색 = ±1%
4) 여섯 번 째 색 띠 = 온도계수 = 자색 = 5ppm/℃ 또는 5×10^{-6}/℃
∴ 답 : 412[kΩ] ±1%, 온도계수 = 5[ppm/℃]

1) Temco = Temperature coefficient = 온도계수, 부품의 온도가 1℃상승할 때마다 변동되는 저항값의 비율
ppm = parts per million = 10^{-6}, 예) 5[ppm/℃] = 5×10^{-6}/℃

〈요점정리〉

① 4색 컬러코드는 허용오차가 5%인 저항에서 사용하는 방법이다.

② 5색 컬러코드는 정밀급 저항, 예를 들면 금속피막저항에서 사용한다.

③ 6색 컬러코드는 5색 컬러코드와 저항값 및 오차 표시법은 같고, 마지막 색띠의 온도계수를 추가한 것만 다르다.

④ 온도계수가 낮을수록 안정도가 높은 제품이다.

4. 실험 순서

1) 아래 표 5-5에 나타나 있는 색 저항기의 컬러 코드 표시값을 판독하고 멀티미터를 이용하여 실제의 저항값을 측정한 후 표 5-5를 완성하시오.

[표 5-5] 색 저항기의 저항 측정결과 기록표

문제 번호	저항 샘플	컬러코드 판독 값	멀티미터 측정값	오차범위 판정
1.1				
1.2				
1.3				
1.4	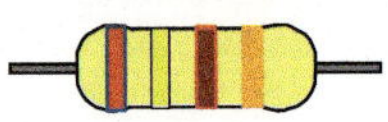			
1.5				
1.6				
1.7				

2) 4색 컬러코드 연습문제

다음 4색 저항의 컬러코드를 보고 저항값과 오차를 판독하여 기입하시오.

문제
번호
↓

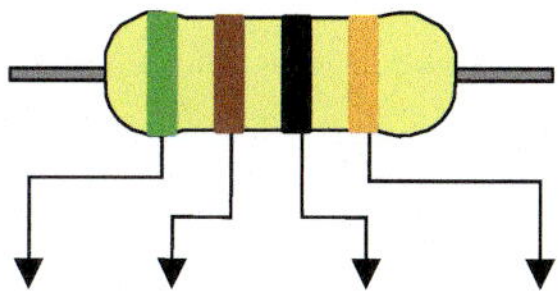

					컬러코드 판독	측정값
2.1	갈	흑	등	금	10kΩ±5%	
2.2	황	자	흑	금		
2.3	등	백	적	금		
2.4	회	적	갈	금		
2.5	록	갈	황	금		
2.6	적	흑	적	은		
2.7	갈	록	록	금		

3) 5색 컬러코드 연습문제

다음 5색 저항기의 컬러코드를 보고 저항값과 오차를 판독하여 기입하시오.

문제
번호
↓

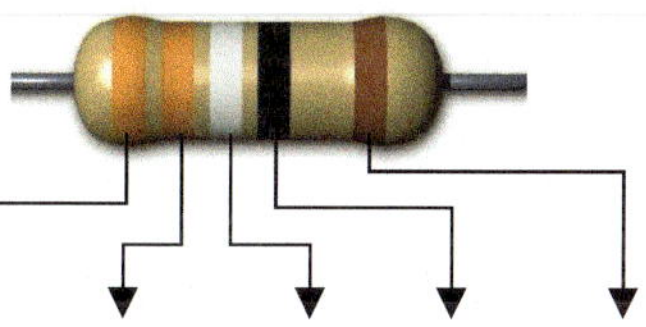

						컬러코드 판독	측정값
3.1	갈	흑	록	갈	적		
3.2	적	록	록	적	갈		
3.3	황	자	록	흑	갈		
3.4	등	청	록	등	록		
3.5	록	갈	갈	금	적		
3.6	자	록	흑	황	갈		

4) 6색 컬러코드 연습문제 풀기

다음 6색 저항기의 컬러코드를 보고 저항값과 허용오차 및 온도계수를 판독하여 기입하시오.

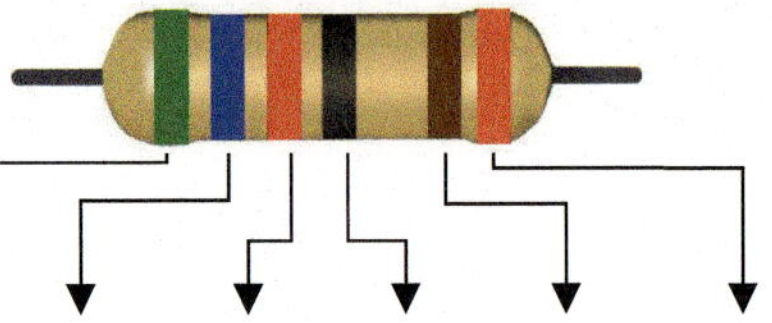

문제 번호 ↓							컬러코드 판독	측정값	온도계수 ppm/℃
4.1	록	청	적	흑	갈	적			
4.2	적	등	적	갈	갈	황			
4.3	황	록	등	적	록	적			
4.4	등	백	적	등	적	청			
4.5	록	갈	갈	금	적	갈			
4.6	적	갈	록	황	갈	등			

5) 온도계수 및 저항의 변동값 계산하기

6색 컬러코드 저항의 표시가 아래와 같다. 온도계수 및 50℃ 온도상승 시 저항의 변동값을 계산하시오.

문제	컬러 밴드	1st	2nd	3rd	4th	5th	6th
	Color	적	흑	흑	갈	갈	적

풀이	저항값	허용오차	온도계수	온도 50℃상승 시 저항의 변동값

6) 4색 컬러코드 및 5색 컬러코드 저항기로 만들 수 있는 가장 작은 크기의 저항값은 각각 얼마인가?

(1) 4색 저항기의 최소 표시 값 =

(2) 5색 저항기의 최소 표시 값 =

실험 보고서 (주차)

실험 제목			
실험조	조	소 속	
실험일자		제출자	

1. 실험 목적

2. 실험에 사용된 부품 및 장비명

3. 실험 결과

4. 고찰

CHAPTER 06

옴의 법칙

1. 실험 목적

옴의 법칙을 설명할 수 있으며 전압/전류 및 저항과의 관계를 이해하고 설명할 수 있다.

2. 실험 준비물

① 브레드보드, 리드선 적당량
② 저항(100[Ω], 200[Ω], 510[Ω], 1[kΩ], 2[kΩ], 1/4[W]) 각 1개
③ 직류전원공급장치 1대
④ 멀티미터 1대
⑤ 컴퓨터 1대

3. 관련 이론

옴의 법칙은 전기회로에서 전압과 전류 및 저항의 관계를 설명하는 법칙으로 1927년 독일의 물리학자 Ohm의 연구로 완성되었다.

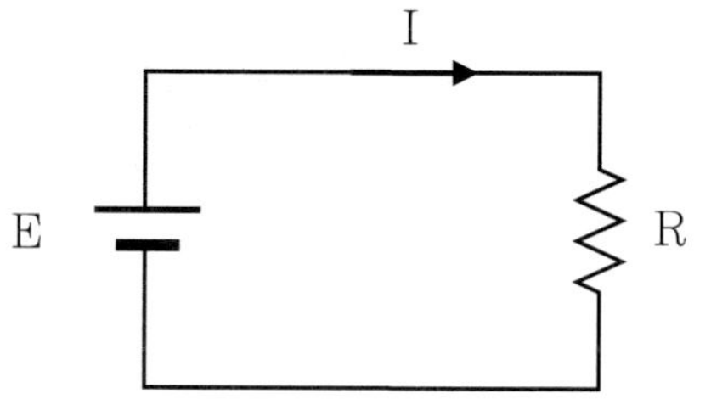

[그림 6-1] 기본 전기회로

그림 6-1과 같은 전기회로를 참고하여 옴의 법칙을 정의하면 다음과 같다.

"회로를 흐르는 전류(I)는 전압(E)에 비례하고 저항(R)에 반비례한다."

옴(Ohm)은 전기회로를 실험할 때 다음과 같은 방법을 사용하였다.

저항(R)이 임의 크기로 고정된 상태에서 전압(E)을 일정한 비율로 높여주면 전류(I)도 같은 비율로 증가하는 것을 발견하였다.

즉, "임의의 전압과 전류에서 항상 그 비율은 일정하며, 그것이 저항이다."

$$R = \frac{E}{I}$$

여기서 얻은 관계식을 전류(I)에 관해서 정리하면

$$I = \frac{E}{R}$$

이 된다. 즉, 전류의 세기는 전압에 비례하고 저항 크기에 반비례한다. 그리고 전원 전압은 저항의 양단에 나타난 전압강하의 크기와 같다는 것도 알 수 있다. 즉,

$$E = IR$$

여기서 전류의 단위는 [A], 전압의 단위는 [V] 그리고 저항의 단위는 [Ω]이다.

요약

(1) 옴의 법칙 : 전기회로를 흐르는 전류는 전압에 비례하고 저항에 반비례한다.

(2) 옴의 법칙을 변형하면 전압과 저항의 크기를 구할 수 있다.

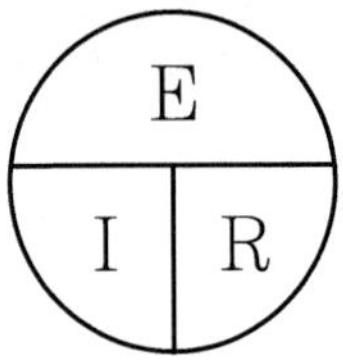

저항의 크기가 미지수일 때 $R = \frac{E}{I}$

전압이 미지수일 때는 $E = IR$

(3) 전압의 단위는 V, 작은 단위에는 mV, μ V, 큰 단위에는 kV 등이 있다.
(4) 전류의 단위는 A, 작은 단위에는 mA, μ A, 큰 단위에는 kA 등이 있다.
(5) 저항의 단위는 Ω , 작은 단위는 mΩ , 큰 단위에는 kΩ , MΩ 등이 있다.

4. 실험 순서

(1) 다음 그림과 같이 실험회로를 구성한다.

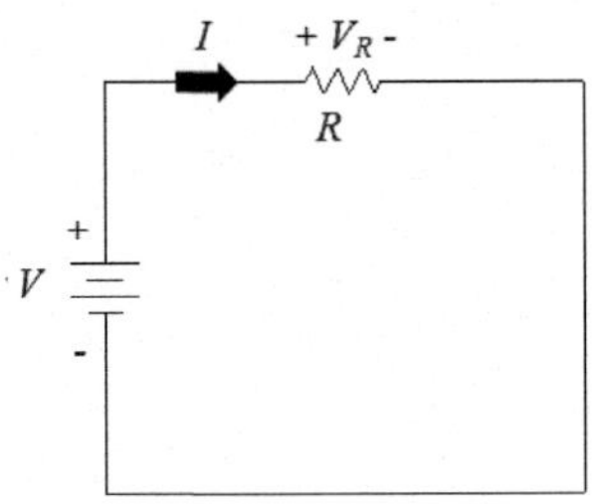

[그림 6-2] 전압 및 전류를 측정하기 위한 전기 회로

(2) 브레드보드를 이용하여 실험회로를 구성하기 전에, 먼저 팅커캐드를 이용하여 회로를 구성하고 결과를 시뮬레이션한다.

① 팅커캐드에 로그인한 후 "회로" 메뉴를 선택하고, 구성요소에서 "모두"를 선택한다.
② 작업창에서 아래 그림과 같이 결선하여 회로를 구성한다. 인가전압은 5[V], 저항은 1[kΩ] (갈색, 흑색, 적색)으로 연결하였다.

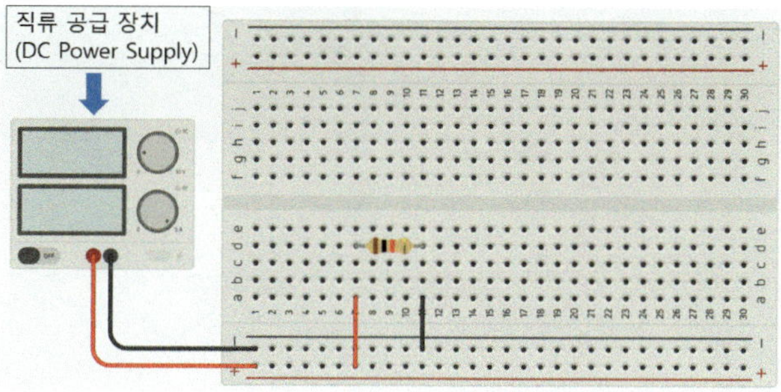

[그림 6-3] 팅커캐드를 이용한 회로 결선도

③ 이후 직류 공급 장치에 전압을 인가하고 멀티미터를 연결하여 회로에 흐르는 전류를 측정한다.

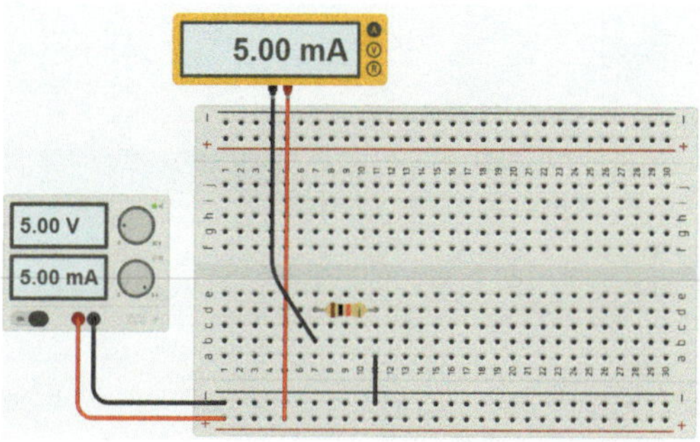

[그림 6-4] 팅커캐드를 이용한 전류계 결선 및 전류 측정

④ 전원전압을 단계별로 높여 갈 때마다 전류의 세기를 측정하여 표 6-1에 기록한다.

(3) 멀티심을 이용하여 회로를 구성하고 결과를 시뮬레이션한다.

① 멀티심에 로그인한 후 메뉴 바에서 "Place"를 선택한 후 "Component"를 클릭하고 Group에서 Source를 눌러 POWER SOURCE에서 DC POWER를 선택하고, 그리고 GROUND를 선택한다.

② 다시 Group에서 Basic를 눌러 RESISTOR를 클릭하여 저항 1[kΩ]을 선택한다.

③ 작업창에서 그림 6-5와 같이 결선하여 회로를 구성한다. 인가전압은 5[V], 저항은 1[kΩ](갈색, 흑색, 적색)으로 연결하였다.

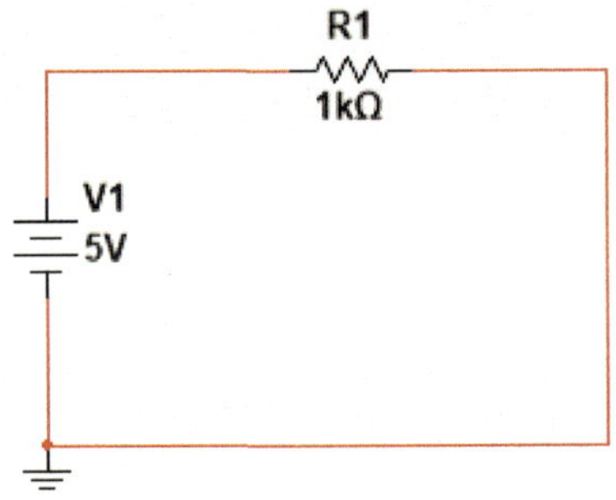

[그림 6-5] 멀티심을 이용한 회로 결선도

④ 툴바에서 멀티미터를 선택하고 회로에 연결하여 회로에 흐르는 전류를 측정한다.

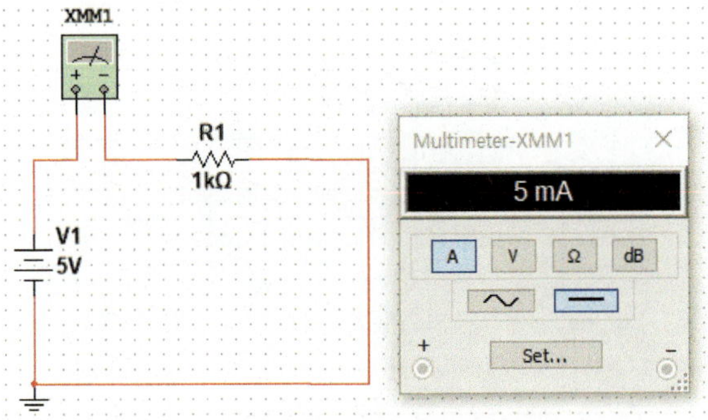

[그림 6-6] 팅커캐드를 이용한 전류계 결선 및 전류 측정

(4) 이후 직류전원공급장치, 브레드보드 및 저항을 이용하여 회로를 실제로 결선한 후 측정을 실시한다.

(5) 팅커캐드와 멀티심을 사용하여, 전원전압을 단계별로 높여갈 때마다 전류의 세기를 측정하여 표 6-1에 각각 기록하고, 브레드보드를 이용하여 실제로 측정한 값도 별도로 표 6-1에 기록한다.

[표 6-1] 전압과 전류의 관계를 측정한 결과표

공급 전압(E_n)	0	2	4	6	8	10	[V]
측정된 전류(I_n)							[mA]
$\frac{E_n}{I_n}$ 값 계산							[Ω]
검토 확인							

(6) 전압과 전류의 측정값을 바탕으로 저항을 산출한다.

표 6-1에 기록된 측정결과를 이용하여 각각의 전압에서 $\frac{E_n}{I_n}$ 관계를 계산하고 그 결과를 표 6-1에 기입한다. 예를 들면, 공급전압이 2[V]일 때 측정된 전류가 20[mA]라면, $E_n = 2V$, $I_n = 20mA$ 로 표시할 수 있으므로 $R_n = \frac{E_n}{I_n} = \frac{2V}{20mA} = 100\Omega$ 의 방식으로 저항을 계산할 수 있을 것이다.

(7) 측정결과를 그래프로 그린다.

팅커캐드와 멀티심 그리고 브레드보드를 이용하여 측정한 결과인 표 6-1의 측정결과를 바탕으로 그림 6-7의 그래프(3가지)를 각각 완성한다.

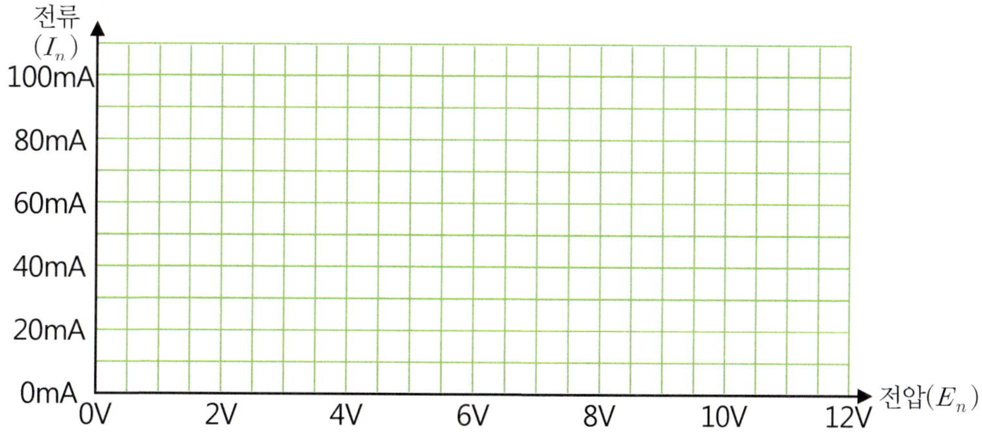

[그림 6-7] 전압과 전류의 관계

(8) 결과를 검토한다.

이상의 실험 결과,

① 곡선의 기울기가 직선을 나타내는지 확인한다.

⇨ 직선은 비례 관계임을 증명한다.

② 기록표의 마지막 줄에서 얻은 저항값이 모두 동일한지 확인한다. 예를 들면, 각 측정단계에서 E_n/I_n 값이 100[Ω]±5% 이내로 일치한다면 옴의 법칙실험은 성공적이다.

③ 위의 실험결과가 긍정이면 우리는 다음과 같은 결과를 확인할 수 있다.

$$\frac{E}{I} = R$$

④ 위의 식을 대수적으로 전류 I에 관한 식으로 변형하면 다음과 같다.

$$I = \frac{E}{R}$$

⑤ 또, 공급전압(E)과 저항의 전압강하($I \cdot R$)이 같음을 확인할 수 있다.

$$E = IR$$

실험 보고서 (　　주차)

실험 제목			
실험조	조	소　속	
실험일자		제출자	

1. 실험 목적

2. 실험에 사용된 부품 및 장비명

3. 실험 결과

4. 고찰

CHAPTER 07

저항의 직렬 연결

1. 실험 목적

저항을 직렬로 연결하였을 때 멀티미터를 이용하여 합성 저항을 측정하고, 이론적으로 계산된 값과 비교하여 일치하는가를 확인하는데 있다. 또한 직렬 연결된 저항 회로의 전압과 전류값을 계산하고 측정할 수 있다.

2. 실험 준비물

① 브레드보드, 리드선 적당량
② 저항(100[Ω], 1[kΩ], 2[kΩ], 3[kΩ] 1/4[W]) 4개
③ 회로시험기(멀티미터) 1대
④ 직류 전압계 (0~30[V]) 1대
⑤ 직류 전류계 (0~100[mA]) 1대
⑥ 직류전원공급장치 1대
⑦ 컴퓨터 1대

3. 관련 이론

두 개 이상의 저항을 직렬로 접속할 때 합성저항은 각 저항을 더해 준 것과 같다.
아래 그림과 같이 저항 3개가 직렬 접속된 회로에서 키르히호프의 법칙을 이용하여 전압식을 만들 수 있다.

$$E = IR_1 + IR_2 + IR_3 = I(R_1 + R_2 + R_3)$$

$$I = \frac{E}{R_1 + R_2 + R_3} = \frac{E}{R_T}$$

$$\therefore \text{합성저항}\ R_T = R_1 + R_2 + R_3$$

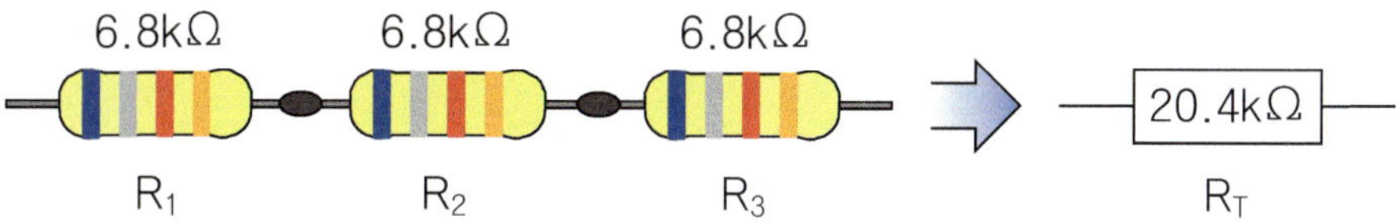

그리고 직렬회로에서 각 저항에 걸리는 전압은 저항의 크기에 비례한다.

$$\text{저항 R1에 걸리는 전압}\ V_{R1} = \left(\frac{R_1}{R_T}\right)E = \left(\frac{R_1}{R_1 + R_2 + R_3}\right)\cdot E$$

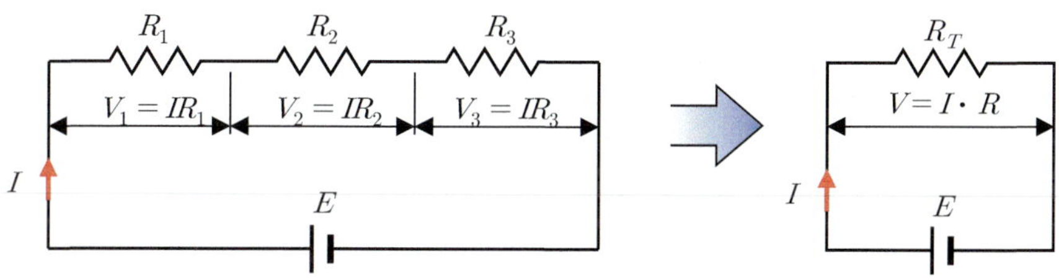

[그림 7-1] 저항의 직렬접속회로와 그 등가회로

〈예제 7-1〉

2[Ω], 4[Ω], 6[Ω]이 직렬 접속된 회로에 6[V]의 전압을 인가할 때 ① 합성저항, ② 전류 ③ 각 저항에 걸리는 전압을 각각 구하시오.

〈풀이〉

① 합성저항은 $R_T = R_1 + R_2 + R_3 = 2 + 4 + 6 = 12\Omega$

② 전류 $I = E/R_T = 6/12 = 0.5\,[A]$

③ 각 저항의 전압강하(V_n)는 (전류×저항)으로 구한다.

$V_1 = IR_1 = 0.5 \times 2 = 1\,[V]$

$V_2 = IR_2 = 0.5 \times 4 = 2\,[V]$

$V_3 = IR_3 = 0.5 \times 6 = 3\,[V]$

④ 분압비율(R_n/R_T)로 저항에 걸리는 전압을 구할 수 있다.

$$V_1 = \frac{R_1}{R_T} \times 6\,V = \frac{2}{12} \times 6\,V = 1\,[V],$$

$$V_2 = \frac{4}{12} \times 6\,V = 2\,[V], \quad V_3 = \frac{6}{12} \times 6\,V = 3\,[V]$$

이상의 결과를 종합하여 나타내면 그림 7-2와 같다.

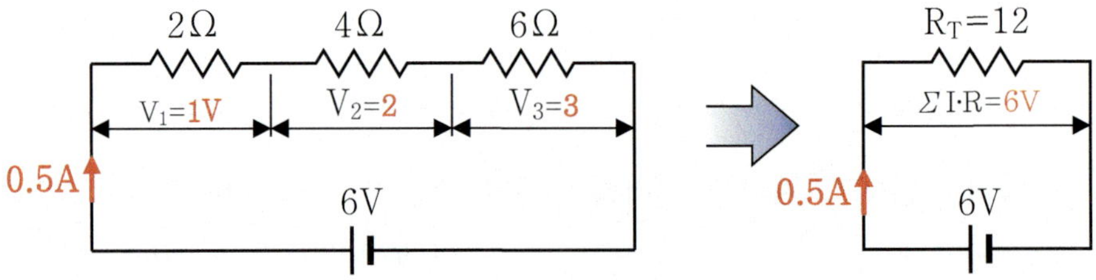

[그림 7-2] 저항의 직렬접속의 예

〈예제 7-2〉

그림 7-3에서 18[Ω]에 걸리는 전압은 몇 [V]인가?

〈Hint〉

전류를 이용하여 전압강하를 구하는 방법과 저항의 비율로 구하는 방법이 있는데, 전압만 구한다면 후자가 더 빠르다.

〈풀이〉

$$V_2 = \frac{18}{12+18+30} \times 12\,V = \frac{18}{60} \times 12\,V = 3.6\,[V]$$

∴18[Ω]에 걸리는 전압(V_2)=18[V]

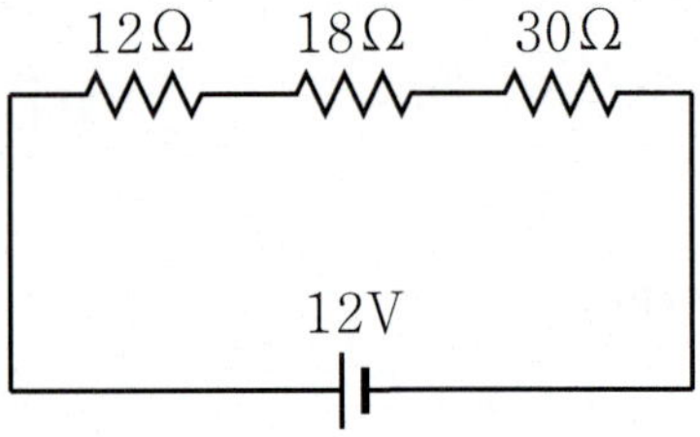

[그림 7-3] 문제도: 직렬저항

가변저항기와 퍼텐쇼미터

그림 7-4와 같은 저항의 직렬회로에서 각 단자의 전압출력은 기준점(0V)과 출력 단자들 간의 저항에 비례한다. 전원 전압은 12[V]이고, 총저항(R_T)은 3[kΩ]이다. 따라서 각 단자에 걸리는 전압은 총저항에 대한 각저항의 비율만큼 전압이 걸리기 때문에 계산해 보면,

$$V_1 = \frac{1\text{k}\Omega}{3\text{k}\Omega} \times 12\,V = 4\,[V], \quad V_2 = \frac{2\text{k}\Omega}{3\text{k}\Omega} \times 12\,V = 8\,[V], \quad V_3 = \frac{3\text{k}\Omega}{3\text{k}\Omega} \times 12\,V = 12\,[V]$$

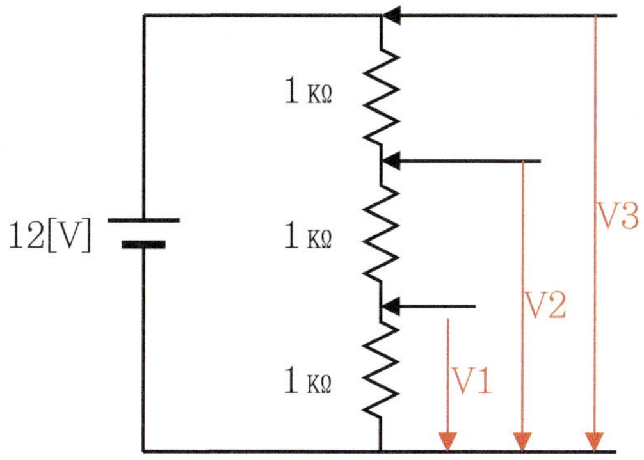

[그림 7-4] 직렬저항회로의 전압 분배

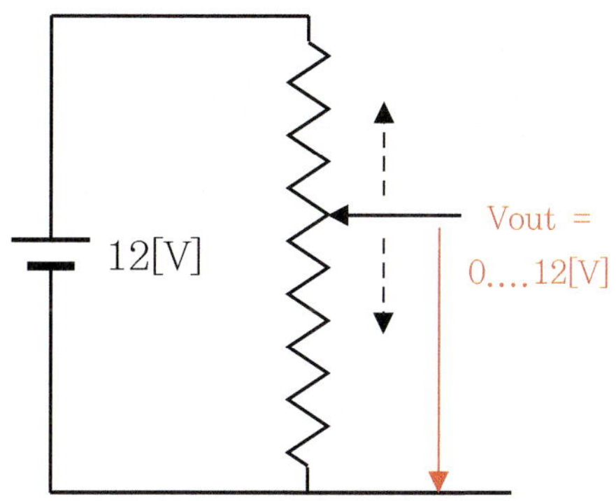

[그림 7-5] 가변저항기의 전압 출력

이와 같은 회로의 출력은 4[V], 8[V], 12[V] 등으로 계단모양의 전압출력이다. 만약 계단 없이 연속적으로 변화되는 출력전압을 원한다면 오른쪽과 같이 저항을 매끄럽게 조절할 수 있는 회로를 사용하면 된다. 이런 목적의 저항기를 가변저항기 또는 퍼텐쇼미터라고 부른다.

가변저항기는 라디오의 볼륨조절기와 같은 용도로 사용한다. 손잡이의 회전각도는 270° 정도이고 회전각도에 저항값이 정확하게 비례하지는 않는다.

각도와 저항은 비례하지 않는다.

(a) 가변저항기

360° ×10회전하며 각도와 저항이 비례한다.

(b) 퍼텐쇼미터(오른쪽은 다이얼손잡이)

[그림 7-6] 가변저항기와 퍼텐쇼미터의 비교

예를 들면 그림 7-7과 같이 손잡이를 시계방향의 각도에 정비례하여 저항이 변하는 가변저항은 B형, 지수함수처럼 처음엔 조금씩 변하다가 나중에 크게 변하는 가변저항은 A형, 대수함수처럼 변하는 가변저항은 C형이라 부른다. 소리의 크기를 조절하는 곳에 A형이 사용되는 이유는 인간의 청감특성이 이와 비슷하기 때문이다. 이에 비하여 B형 가변저항기나 퍼텐쇼미터는 회전각도에 비례하여 저항과 출력전압이 변한다. 특히 고급형

퍼텐셔미터는 손잡이 내부에 기어가 달려있어 전체 저항을 10회전 눈금 다이얼로 조절할 수 있도록 되어있다.

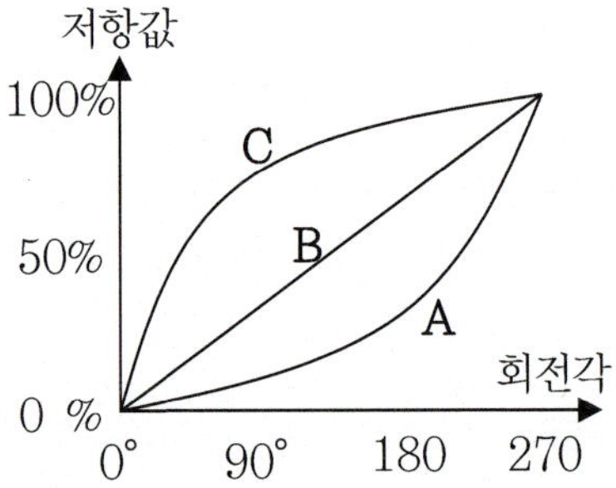

[그림 7-7] 가변저항의 저항변화

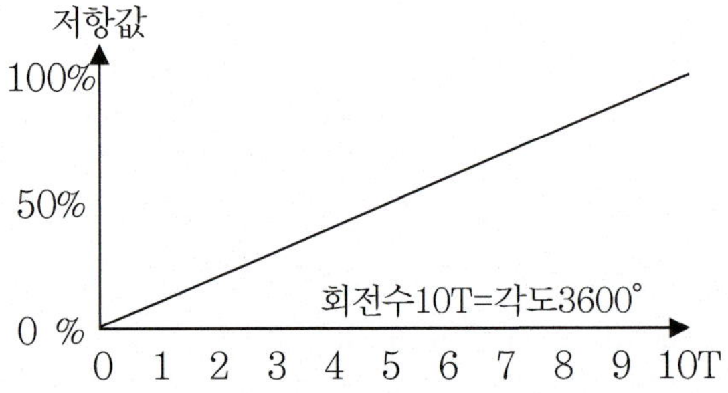

[그림 7-8] 퍼텐쇼미터의 저항변화

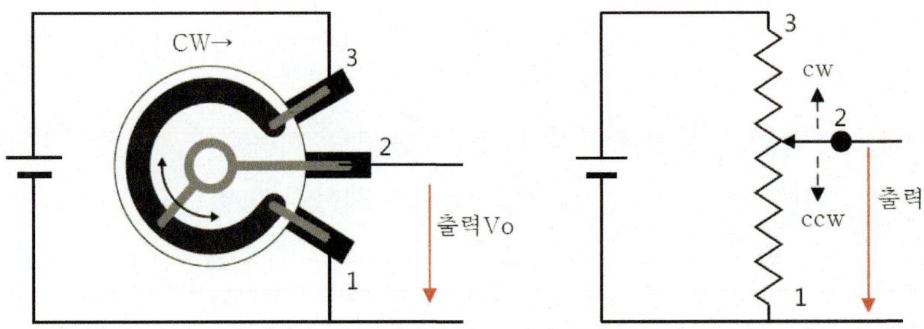

[그림 7-9] 퍼텐쇼미터의 원리도

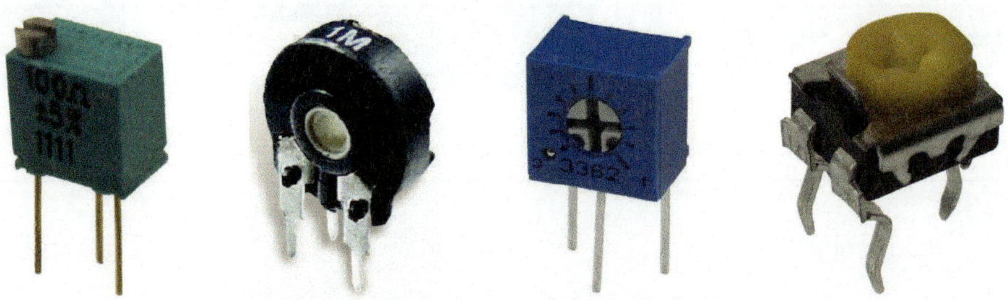

[그림 7-10] 여러 모양의 트리머 저항기들

4. 실험 순서

그림 7-11에서 각 저항에 인가되는 전압 및 회로에 흐르는 전류를 측정하시오.

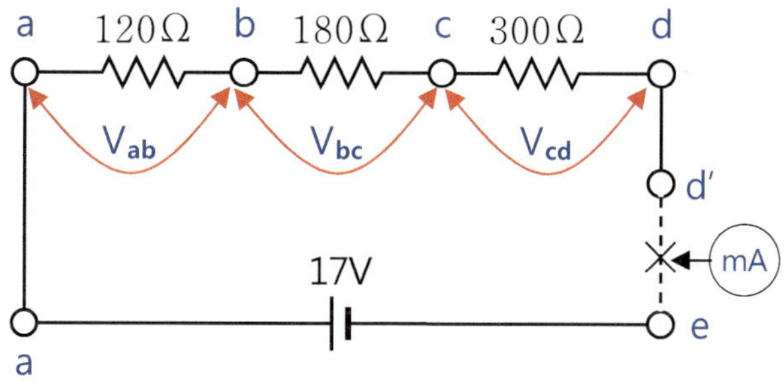

[그림 7-11] 문제도: 저항의 직렬연결

(1) 브레드보드를 이용하여 실험회로를 구성하기 전에, 먼저 팅커캐드를 이용하여 회로를 구성하고 결과를 시뮬레이션한다.

① 팅커캐드에 로그인한 후 "회로" 메뉴를 선택하고, 구성요소에서 "모두" 를 선택한다.

② 작업창에서 아래 그림 7-12와 같이 결선하여 회로를 구성한다. 저항은 120[Ω] (갈색, 적색, 갈색), 180[Ω] (갈색, 회색, 갈색), 300[Ω] (등색, 흑색, 갈색)으로 입력한다.

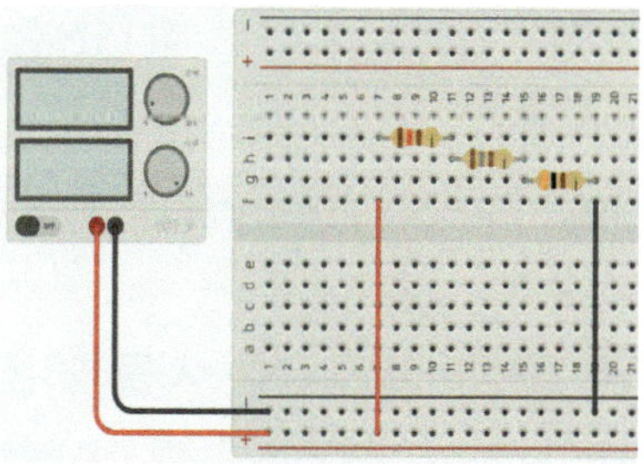

[그림 7-12] 팅커캐드를 이용하여 저항의 직렬연결

③ 이후 직류 공급 장치에 전압 17[V]을 인가하고 멀티미터를 연결하여 회로에 인가되는 전압을 측정한다. 전압 측정은, 앞서 설명한 바와 같이, 측정하고자 하는 저항과 병렬로 멀티미터를 연결하여 측정한다.

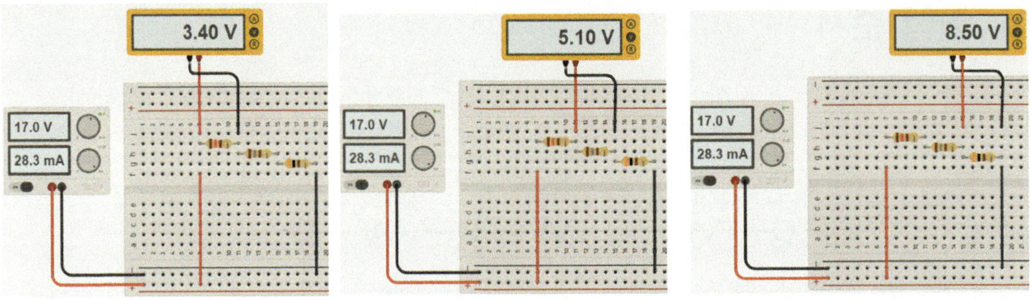

[그림 7-13] 팅커캐드를 이용하여 저항 120[Ω], 180[Ω], 300[Ω]에 인가되는 전압측정

④ 전류 측정을 하기 위해서는, 앞서 설명한 바와 같이, 측정하고자 하는 위치에서 연결선을 끊고 그 사이에 전류계를 삽입하면 된다. 그림 7-14와 같이 멀티미터의 모드를 "암페어 수" 로 변경한 후 측정한다.

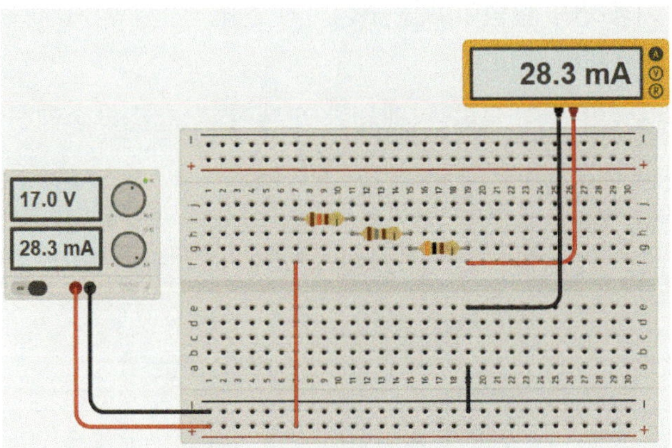

[그림 7-14] 팅커캐드를 이용하여 저항 120[Ω], 180[Ω], 300[Ω]이 직렬연결된 회로의 전류측정

(2) 멀티심을 이용하여 회로를 구성하고 결과를 시뮬레이션한다.

① 멀티심에 로그인한 후 메뉴 바에서 "Place" 를 선택한 후 "Component" 를 클릭하고 Group에서 Source를 눌러 POWER SOURCE에서 DC POWER를 선택하고, 그리고 GROUND를 선택한다.

② 다시 Group에서 Basic를 눌러 RESISTOR를 클릭하여 저항 1[kΩ]을 선택한다.

③ 작업창에서 그림 7-15와 같이 결선하여 회로를 구성한다. 인가전압은 17[V], 저항은 120[Ω], 180[Ω], 300[Ω]으로 입력한다.

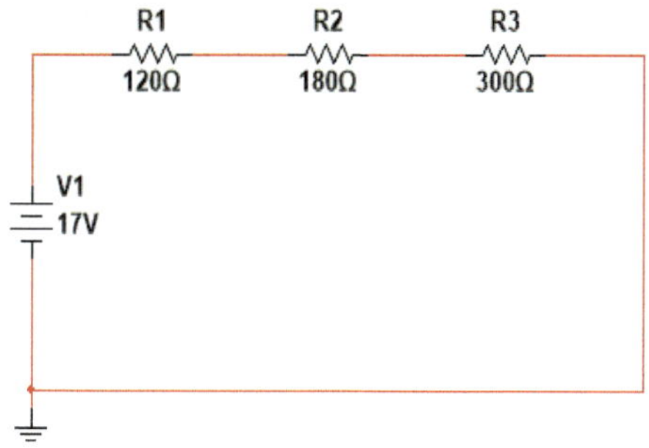

[그림 7-15] 멀티심을 이용하여 저항의 직렬연결

④ 툴바에서 멀티미터를 선택하고 그림 7-16과 같이 멀티미터를 회로에 연결하여 회로에 흐르는 전압을 측정한다.

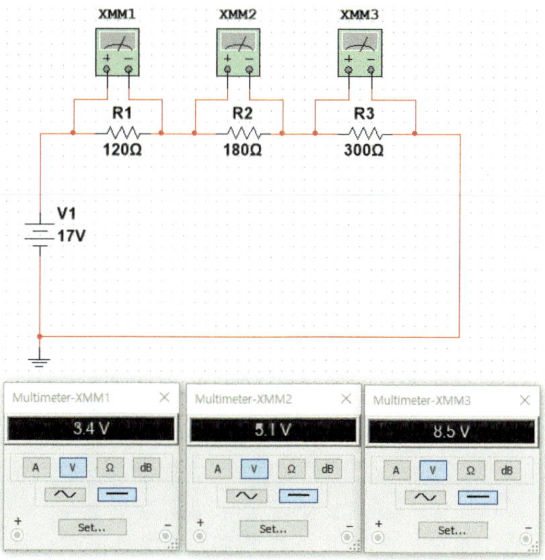

[그림 7-16] 멀티심을 이용하여 저항 120[Ω], 180[Ω], 300[Ω]에 인가되는 전압측정

⑤ 툴바에서 멀티미터를 선택하고 그림 7-17과 같이 멀티미터를 직렬 연결하여 회로에 흐르는 전류를 측정한다.

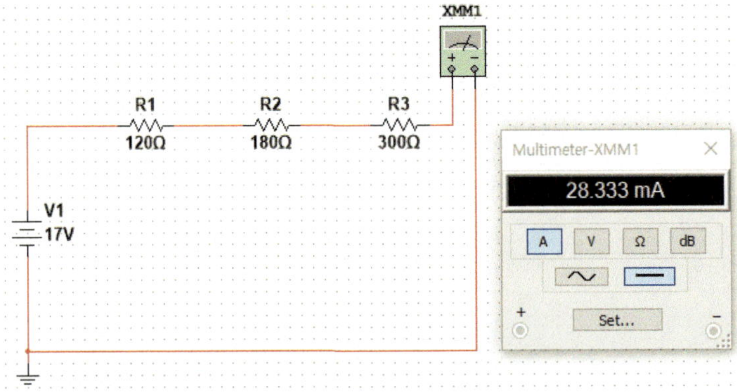

[그림 7-17] 멀티심을 이용하여 저항 120[Ω], 180[Ω], 300[Ω]이 직렬연결된 회로의 전류측정

(3) 직류전원공급장치, 브레드보드 및 저항을 이용하여 그림 7-11과 같이 회로를 구성한다. 회로를 구성한 후, 멀티미터에서 전압측정으로 노브를 조정한 후 단자 ⓐ와 ⓑ 사이, 단자 ⓑ와 ⓒ 사이 그리고 단자 ⓒ와 ⓓ를 병렬 연결한 후 그림 7-18과 같이 실제로 결선한 후 측정을 실시한다.

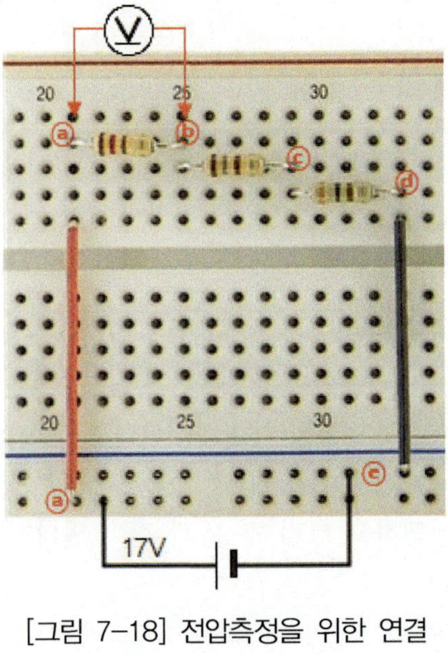

[그림 7-18] 전압측정을 위한 연결

Vab=(　　　　)[V],　Vbc=(　　　　)[V],　Vcd=(　　　　)[V]

(4) 직류전원공급장치, 브레드보드 및 저항을 이용하여 회로를 구성한다. 회로를 구성한 후, 멀티미터에서 전류측정으로 노브를 조정한 후 그림 7-19와 같이 단자 d-d' 사이에 전류계를 삽입하여 회로에 흐르는 전류를 측정한다.

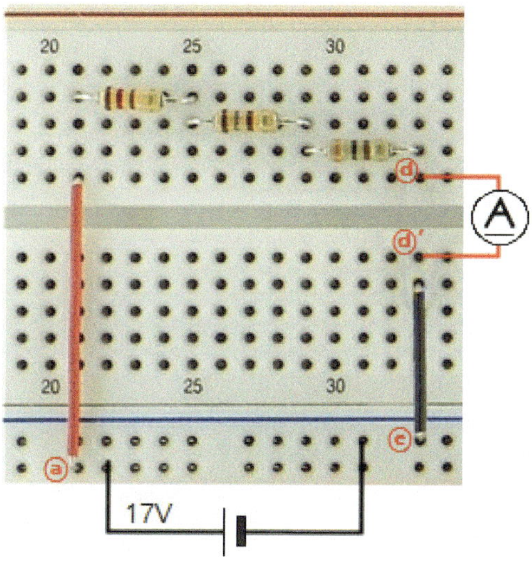

[그림 7-19] 전류측정을 위한 연결 전류 I=(   )[mA]

(5) 옴의 법칙을 이용하여 직렬 합성저항을 계산하시오.

$$\text{합성저항 } R_T = \frac{\text{공급전압}}{\text{전류}} = \frac{(\ 15\ )V}{(\qquad)A} = (\qquad)\Omega$$

(6) 전원을 제거하고 저항계를 이용하여 전체 저항과 각각의 저항값을 측정하시오.

R1=(   )Ω , R2=(   )Ω , R3=(   )Ω

직렬 합성저항=(   )Ω

(7) 옴의 법칙으로 계산한 합성저항과 저항계로 측정한 합성저항은 일치하는가?

☞ 단, 저항기의 오차를 감안하여 계산값과 측정값의 오차를 ±5%까지 허용한다.

(   ) 일치한다. (   ) 일치하지 않는다.

실험 보고서 (　　주차)

실험 제목			
실험조	조	소　속	
실험일자		제출자	

1. 실험 목적

2. 실험에 사용된 부품 및 장비명

3. 실험 결과

4. 고찰

CHAPTER 08

저항의 병렬 연결

1. 실험 목적

저항을 병렬로 연결하였을 때 멀티미터를 이용하여 합성 저항을 측정하고, 이론적으로 계산된 값과 비교하여 일치하는가를 확인하는데 있다. 또한 병렬 연결된 저항 회로의 전압과 전류값을 계산하고 측정할 수 있다.

2. 실험 준비물

① 브레드보드, 리드선 적당량
② 저항(100[Ω], 330[Ω], 2[kΩ], 3[kΩ] 1/4[W]) 4개
③ 회로시험기(멀티미터) 1대
④ 직류 전압계 (0~30[V]) 1대
⑤ 직류 전류계 (0~100[mA]) 1대
⑥ 직류전원공급장치 1대
⑦ 컴퓨터 1대

3. 관련 이론

두 개 또는 그 이상의 저항을 병렬로 접속할 때 합성저항은 각 저항의 역수(컨덕턴스)를 더한 다음 다시 한 번 역수로 만들어 주면 된다. 그 과정을 보자.

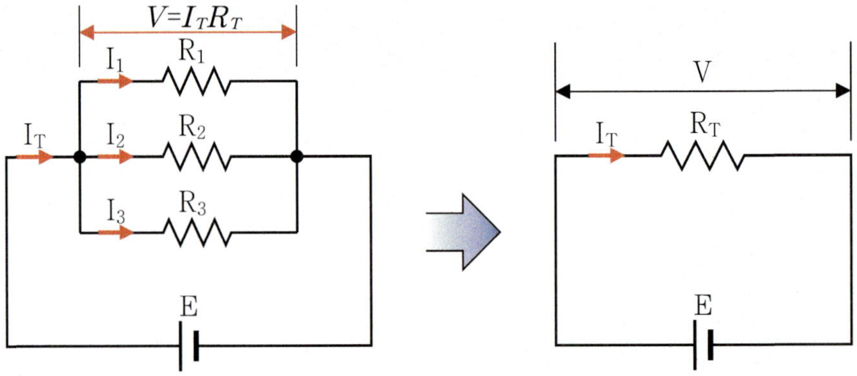

[그림 8-1] 저항의 병렬접속회로와 그 등가회로

왼쪽의 병렬접속회로에서 키르히호프의 법칙을 적용하면, 지로전류의 합은 전체전류 (I_T)와 같다.

$$I_T = I_1 + I_2 + I_3 = \frac{E}{R_1} + \frac{E}{R_2} + \frac{E}{R_3} = E\left(\frac{1}{R_1} + \frac{1}{R_2} + \frac{1}{R_3}\right) \quad \cdots\cdots (1)$$

오른쪽의 등가회로에서 전류를 정의하면

$$I_T = \frac{E}{R_T} = E\,\frac{1}{R_T} \quad \cdots\cdots (2)$$

$$(1)=(2), \quad \frac{1}{R_T} = \frac{1}{R_1} + \frac{1}{R_2} + \frac{1}{R_3}$$

$$\therefore \text{병렬 합성저항 } R_T = \frac{1}{\frac{1}{R_1} + \frac{1}{R_2} + \frac{1}{R_3}}$$

병렬회로에서는 저항의 역수를 컨덕턴스(Conductance: 기호:G 또는 g)로 대체하여 취급하는 것이 편리하다. 예를 들면 하나의 전원에 많은 부하(저항)가 연결된 경우의 합성 저항은 모든 부하의 컨덕턴스를 더한 다음 역수를 취하면 된다.

$$\text{병렬부하의 합성저항 } R_T = \frac{1}{g_1 + g_2 + g_3} = \frac{1}{G}$$

지로전류는 지로 저항(R_n)에 반비례한다. 또는 지로전류는 지로 컨덕턴스($g=\frac{1}{R_n}$)에 비례한다. 이를 이용하여 지로전류에 관한 식을 만들면 아래와 같다.(n은 지로번호이다)

$$I_n = \frac{g_n}{G} I_T = \frac{\frac{1}{R_n}}{(\frac{1}{R_1}+\frac{1}{R_2}+\frac{1}{R_3})} I_T$$

만약 2개의 저항, R1과 R2의 병렬일 경우에는 식을 단순화 할 수 있다.

$$I_1 = \frac{R_2}{R_1+R_2} I_T \qquad I_2 = \frac{R_1}{R_1+R_2} I_T$$

〈예제 8-1〉

아래와 같은 저항 2개의 병렬회로에서 ① 합성저항(R_T), ② 총전류(I_T), ③ 지로전류 I1, I2를 구하시오.

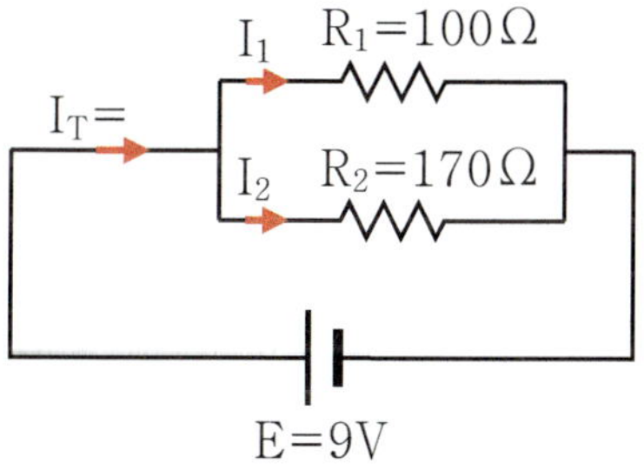

[그림 8-2] 문제도: 저항의 병렬연결

〈풀이〉

① 합성저항 $R_T = \frac{1}{\frac{1}{R_1}+\frac{1}{R_2}} = \frac{1}{\frac{1}{100}+\frac{1}{150}} = \frac{1}{\frac{3+2}{300}} = \frac{300}{5} = 60\,[\Omega]$

② 총 전류 $I_T = \frac{E}{R_T} = \frac{9}{600} = 0.15\,A = 150\,mA$

③ 지로전류 $I_1 = (\frac{R_2}{R_1+R_2}) I_T = (\frac{150}{100+150}) 150mA = 90mA$

$I_2 = (\frac{R_1}{R_1+R_2}) I_T = (\frac{100}{100+150}) 150mA = 60mA$

〈예제 8-2〉

아래와 같은 저항의 병렬회로에서 ① 지로전류(I_1, I_2), ② 총 전류(I_T) 및 ③ 합성저항(R_T)를 구하시오.

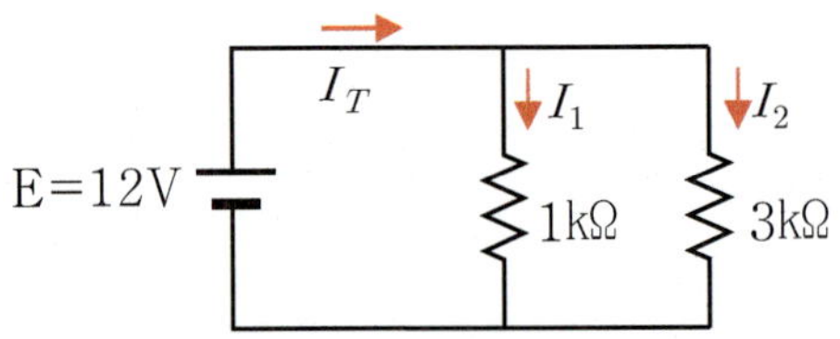

[그림 8-3] 문제도: 저항의 병렬연결

〈풀이1〉 지로전류를 먼저 구하는 방법

① 지로전류 $I_1 = E/R_1 = 12\,V/1k\Omega = 12\,mA$

② 지로전류 $I_2 = E/R_2 = 12\,V/3\,k\Omega = 4\,mA$

③ 합성전류 $I_T = I_1 + I_2 = 12 + 4 = 16\,mA$

④ 합성저항 $R_T = \dfrac{E}{I_T} = \dfrac{12\,V}{16\,mA} = 0.75\,[k\Omega] = 750\,[\Omega]$

〈풀이2〉 합성저항을 먼저 구하는 방법

① 합성저항 $R_T = \dfrac{R_1 \times R_2}{R_1 + R_2} = \dfrac{1k \times 3k}{1k + 3k} = \dfrac{3k}{4} = 0.75k\Omega = 750\Omega$

② 총전류 $I_T = \dfrac{E}{R_T} = \dfrac{12\,V}{750\Omega} = 0.016A = 16[mA]$

③ 지로전류 $I_1 = \dfrac{R_2}{R_1 + R_2} \times I = \dfrac{3k}{1k + 3k} \times 16mA = 12[mA]$

④ 지로전류 $I_2 = \dfrac{R_1}{R_1 + R_2} \times I = \dfrac{1k}{1k + 3k} \times 16mA = 4[mA]$

〈요점정리〉

(1) 직렬 저항회로의 공통인수는 전류이고, 각 저항에 걸리는 전압은 저항크기에 비례한다.
(2) 직렬 저항회로의 합성저항은 모든 저항을 합한 것과 같다.
(3) 동일한 저항을 n개를 직렬접속하면 저항 값과 열용량 모두 n배 증가한다.
(4) 병렬 저항회로의 공통인수는 전압이고, 지로에 흐르는 전류는 저항에 반비례한다.
(5) 병렬 저항회로의 합성저항은 모든 지로의 컨덕턴스를 합한 값의 역수이다.
(6) 다수의 저항을 병렬접속할 때의 합성저항은 각 저항 중 최소값 저항보다 더 작다.
(7) 동일한 저항을 m개를 병렬접속하면 저항 값은 $1/m$로 작아지고 열용량은 m배 증가한다.

4. 실험 순서

1) 그림 8-4와 같은 저항의 병렬회로에서 각 저항에 흐르는 지로 전류를 측정하고, 단자 a-c사이에서 전체 전류(I_T)를 측정하시오.

☞ X표 위치에 전류계를 삽입하면 지로 전류(I_1, I_2, I_3)를 측정할 수 있다.

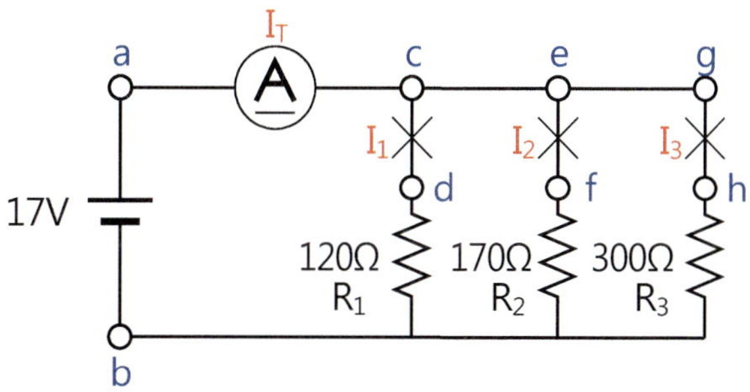

[그림 8-4] 저항의 병렬연결

(1) 팅커캐드를 이용하여 결선한 후 전체 전류와 각 저항에 흐르는 전류를 측정한다.

- 팅커캐드에 로그인한 후 "회로" 메뉴를 선택하고, 구성요소에서 "모두"를 선택한다.
- 우측 구성요소의 "일반"에서 저항을, "브레드보드"에서 작은 브레드보드를 그리고 "기기"에서 전원공급장치를 클릭하여 회로를 구성한다. 저항은 120Ω(갈색, 적색, 갈색), 170Ω(갈색, 자색, 갈색), 300Ω(등색, 흑색, 흑색)으로 입력하고 그림 8-5에 나와 있는 회로와 같이 연결한다.

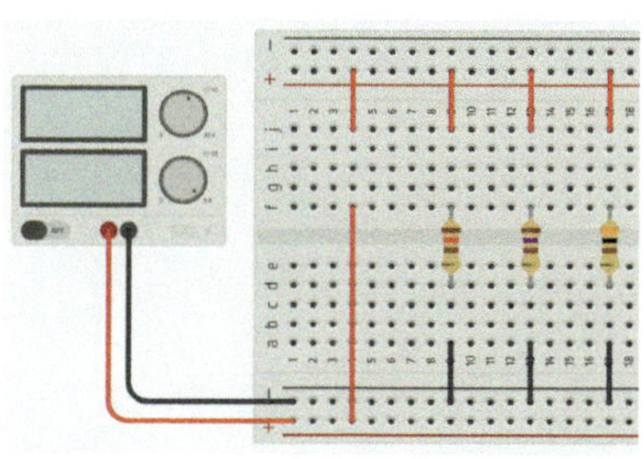

[그림 8-5] 팅커캐드를 이용하여 저항의 병렬연결

- 전체 전류를 측정할 경우, 그림 8-6(a)와 같이 전류계를 삽입하여 측정하고, 각 지로 전류(b-d)를 측정할 경우는 각 지로로 연결되는 선을 끊고 그 사이에 전류계를 삽입하여 측정한다.

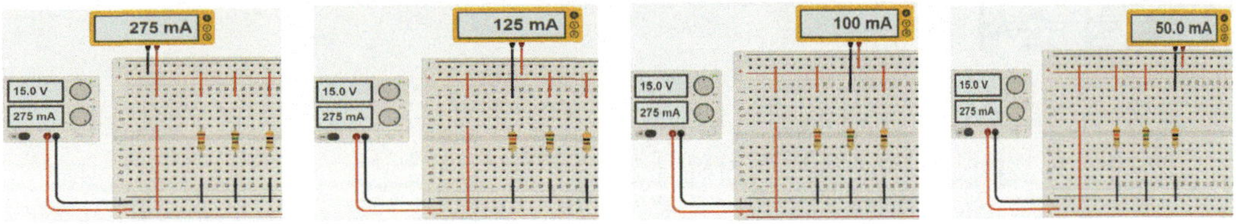

(a) (b) (c) (d)

[그림 8–6] 팅커캐드를 이용하여 전체 전류(a) 및 지로 전류(b–d) 측정

(2) 멀티심을 이용하여 결선한 후 전체 전류와 각 저항에 흐르는 전류를 측정한다.

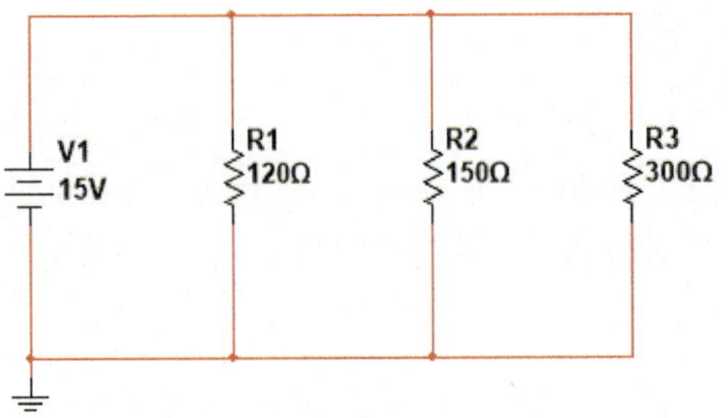

[그림 8–7] 멀티심을 이용하여 저항의 병렬연결

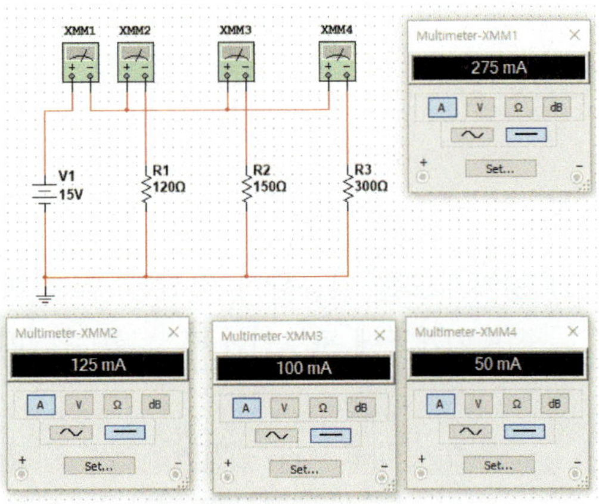

[그림 8–8] 멀티심을 이용하여 전체 전류 및 지로 전류 측정

(3) 브레드보드를 이용하여 결선한 경우, 디지털 멀티미터를 이용하여 저항에 흐르는 전류를 측정한다.

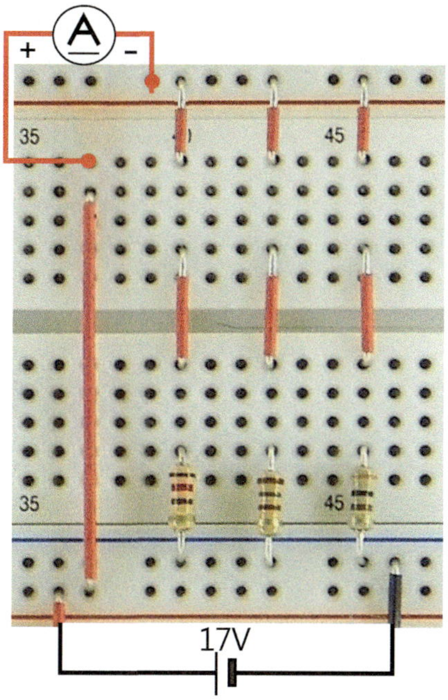

[그림 8-9] 전체 전류 측정하기

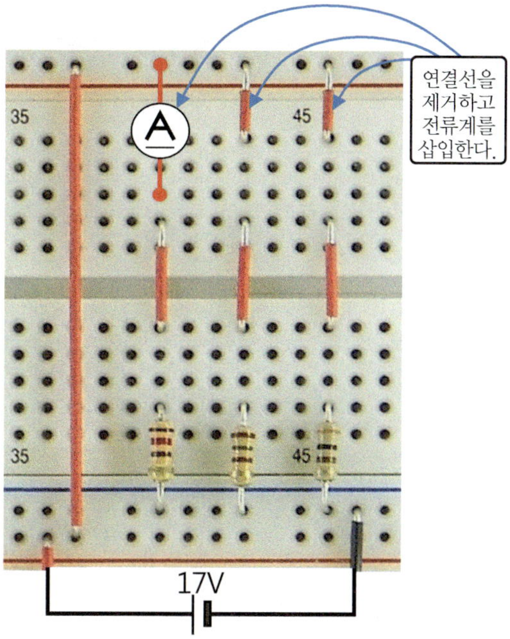

[그림 8-10] 지로 전류 측정하기

지로 전류: $I_1 =$ $[mA]$, $I_2 =$ $[mA]$, $I_3 =$ $[mA]$,

전체 전류: $I_T =$ $[mA]$

2) 합성저항을 계산하시오.

$$\text{합성저항 } R_T = \frac{\text{공급전압}}{\text{전체전류}} = \frac{(\ 15\ )V}{(\quad\ )A} = (\qquad)[\Omega]$$

3) 전원을 제거하고 저항계를 이용하여 전체 저항과 각각의 저항값을 측정하시오.

☞ 합성저항을 측정할 때는 X표시된 곳을 모두 연결하고 단자 c-b에서 측정한다.

☞ 각 지로 저항을 측정할 때는 X표시된 곳의 연결을 모두 끊어야 한다.

$R_1 = (\qquad)\Omega$, $R_2 = (\qquad)\Omega$, $R_3 = (\qquad)\Omega$

합성저항 $R_T = (\qquad)\Omega$, 계산식 $R_T = \dfrac{R_1 R_2 R_3}{R_1 R_2 + R_2 R_3 + R_3 R_1}$

4) 옴의 법칙으로 계산한 합성저항과 저항계로 측정한 합성저항은 일치하는가?

☞ 단, 저항기의 오차를 감안하여 계산값의 허용오차를 ±5%로 본다.

(　　) 일치한다.　　　　(　　) 일치하지 않는다.

실험 보고서 (주차)

실험 제목			
실험조	조	소 속	
실험일자		제출자	

1. 실험 목적

2. 실험에 사용된 부품 및 장비명

3. 실험 결과

4. 고찰

CHAPTER 09

오실로스코프 사용법

1. 실험 목적

오실로스코프의 구조와 동작원리 및 기능을 이해하고 작동 방법을 습득하는데 목적이 있다.

2. 실험 준비물

① 브레드보드, 리드선 적당량
② 오실로스코프 1대
③ 직류전원공급장치 1내
④ 교류전원공급장치 1대
⑤ 함수 발생기(Frequency Generator) 1대

3. 관련 이론

오실로스코프는 전압의 크기(파형)를 화면상에 표시해주는 장치이다. 옛날에는 진공관의 일종인 음극선관(CRT)로 만들어졌으나 요즘은 LCD방식의 디스플레이로 만들어지며, 회로방식도 아날로그 방식에서 디지털 방식으로 바뀌었다.

1) 회로방식

오실로스코프의 회로방식에는 아날로그 방식과 디지털 방식이 있다. 아날로그식은 트랜지스터와 연산 증폭기들로 회로가 구성되고 표시기도 진공관으로 된 정전편향식 CRT를 사용한다. 응답이 빠른 장점은 있으나 무겁고 부피가 크며 측정자료의 기록에는 불리하다. 디지털 방식은 입력신호를 증폭한 다음 AD 변환하여 처리하고 LCD 화면에 표시한다. 작고 가벼우며 메모리 기능이 있어 편리하다. 이후 디지털 방식의 오실로스코프에 대해 설명한다

2) 입력 채널수

몇 개의 신호 입력 단자를 가졌는지를 나타낸다. 2채널~4채널이 일반적이다.

3) 대역폭(Bandwidth)

입력신호를 감쇄없이 처리할 수 있는 증폭기의 주파수 대역폭을 말한다. 보통 하한 주파수가 0[Hz]이므로 대역폭 주파수는 상한 주파수를 의미하며 MHz단위로 나타낸다.

4) 수직 감도

측정 가능한 최소 입력전압(눈금). 수직단자에 입력이 가해지므로 수직감도라 한다.

5) 프로브(Probe)

오실로스코프 장치와 입력 신호원을 연결시켜 주는 결합장치. 신호가 강할 때는 1/10로 분압하기도 하고, 임피던스를 정합시켜주기도 한다.

☞ 그림 3.1-10과 같이 프로브 중간에 있는 트리머 커패시터를 조절하여 1[kHz] 교정신호가 정확한 구형파가 되게 하여야 한다.

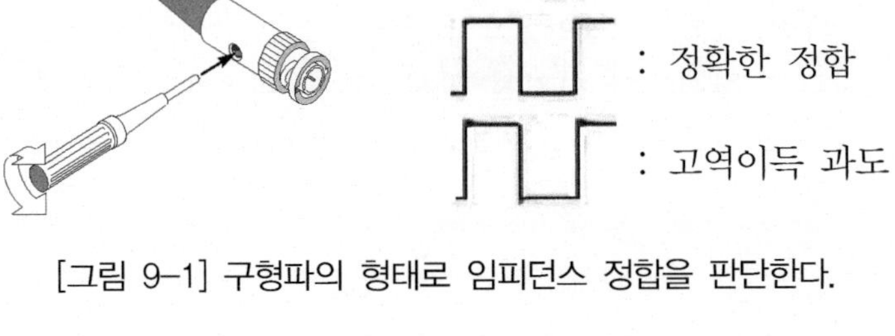

[그림 9-1] 구형파의 형태로 임피던스 정합을 판단한다.

6) 교류측정의 실제

오실로스코프의 한 채널에 직류전압을 입력하면 그림 9-2와 파형이, 교류신호를 입력하면 그림 9-3과 같은 사인파가 나타날 것이다. 이 때 기본적인 조정은 다음과 같다.

▶ 수직감도 조절 손잡이를 움직여 진폭이 화면 높이의 $\frac{1}{3}$~$\frac{2}{3}$ 내외가 되도록 한다.
▶ 수평소인시간 조절 손잡이를 움직여 〈그림 3.1-12〉처럼 화면에 2~3개 정도의 산이 표시되는 정도로 한다.
▶ 신호선택 모드는 DC를 선택한다.

그리고 아날로그 방식인 경우
▶ Sweep Mode는 Auto
▶ Vertical Mode는 ChA 또는 ChB 중에서 하나를 선택한다.(보통 ChA을 선택한다)
▶ Level 손잡이는 중앙↑ 방향으로 둔다.

이상과 같은 조정 후에 관측된 파형을 통해 전압크기, 주기, 주파수를 읽는 법은 다음과 같다.

(1) 직류전압의 크기(Vd)

신호 선택을 GND 위치에 놓고 수평선의 위치를 확인한 후 DC 모드로 전환하여 기준선과 휘선사이의 레벨을 측정한다. 직류전압은 다음과 같다.

직류전압 = 칸수 × 배율

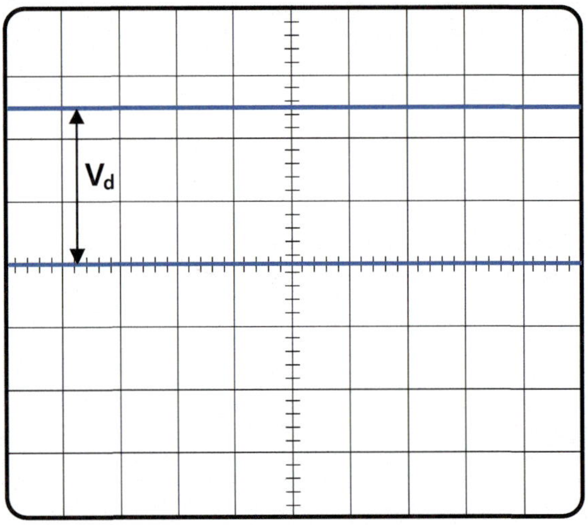

〈직류측정의 보기〉

오실로스코프의 수직감도가 2 [V/div]이고 직류전압의 측정 결과가 2.5칸일 때

V_d= 2[V/div] × 2.5[div]=5V

∴ 직류전압 V_d = 5V

[그림 9-2] 직류전압 레벨의 측정

(2) 교류전압의 첨두값 또는 진폭(VPP)

화면에 보이는 파형의 산과 골의 수평연장선을 긋고 그 간격을 측정한다.(그림 9-3)

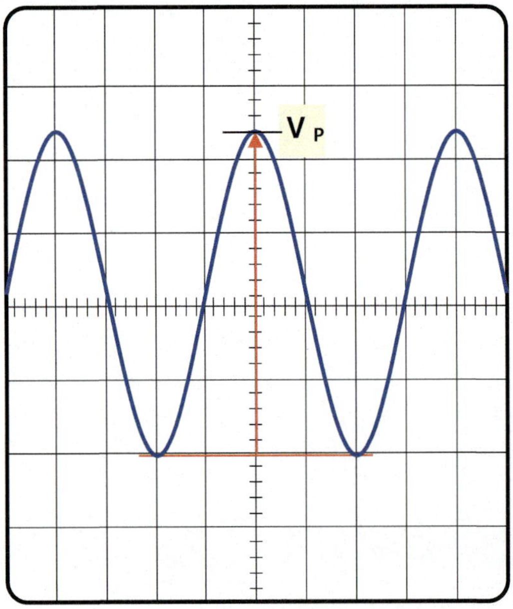

〈첨두값 측정법〉

1) '파형의 골' 이 수평선에 일치되도록 수직위치(Vertical Position)를 조절한다.

↕ Vertical. Pos.

2) 파형의 산이 중앙의 수직 눈금에 겹치도록 수평위치(Horizontal Position)를 조절한다.

↔ Horizontal Pos.

3) '골' 에서 '산' 까지의 길이를 읽는다.

4) 배율을 곱한다.

[그림 9-3] 교류의 첨두값(VPP) 측정

(3) 교류전압의 최대값(V_P)

교류의 첨두값을 측정한 후 2로 나누면 최대값이 된다.

$$V_P = V_{PP}/2$$

(4) 교류전압의 실효값(V_{rms})

실효값은 첨두값의 측정한 후 2.828로 나누거나 0.3535를 곱하여 구한다.

$$V_{rms} = \frac{V_{PP}}{2\sqrt{2}} = 0.3535\,V_{PP}$$

(5) 교류의 주기(T) 측정법

▶ 그림 9-3의 화면에서 '산과 산의 간격' 또는 '골과 골의 간격' 또는 '기준선 교차점과 다음 교차점간 간격' 등이 모두 주기에 해당한다.

▶ 이 중에서 가장 육안으로 판독하기 쉬운 것은 '교차점 간의 간격' 을 읽는 방법이며 그 측정순서는 다음과 같다.

① 가능한 파형이 크게 화면에 나타나도록 수직 감도 손잡이를 조절한다.

② 파형이 왼쪽에 위치한 세로선과 교차하도록 수평 위치조절 손잡이를 조절한다.

③ 같은 방향으로 움직이는 파형의 교차점까지 길이를 측정한다.

④ 측정한 수평 길이에 수평소인시간(Time/div.)을 곱한다.

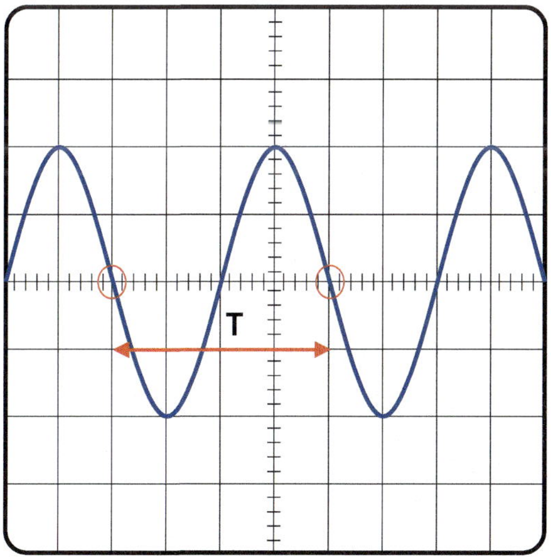

[그림 9-4] 교류의 주기(T) 측정

〈주기 측정법〉

가) '파형' 의 진폭이 화면의 $\frac{1}{3} \sim \frac{2}{3}$ 정도가 되도록 감도를 조절한다.

나) 파형이 수직선과 교차하도록 수평 위치(Horizontal Position)를 조절한다.

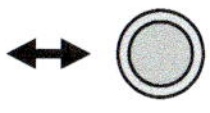

다) '교차점' 과 두 번째 '교차점' 까지의 길이를 읽는다.

〈예제 9-1〉

그림 9-5의 측정화면에서 수평소인시간 손잡이(Time/div.)는 2[ms/div]이다. 주기는 얼마인가? (주) 1칸 눈금=division(div.)

(풀이)

첫 번째 교차점에서 같은 방향으로 교차하는 다음번 교차점까지 길이는 4칸이다.

$$T = 2\,[ms/div] \times 4\,[div] = 8\,[ms]$$

∴ 측정 파형의 주기는 $8ms$이다.

(6) 주파수의 측정

먼저 주기를 측정한 다음 그 역수를 취하여 주파수를 구할 수 있다.

$$f = \frac{1}{T[\mathrm{sec}]}[Hz] \text{ 또는 } \frac{1}{T[ms]}[kHz] \text{ 또는 } \frac{1}{T[\mu s]}[MHz]$$

▶ 실용적으로 주기의 단위에 초(sec)를 사용하면 주파수 단위는 Hz가 되고

▶ 주기의 단위를 ms로 하면 주파수는 kHz가 되며

▶ 주기의 단위를 μs로 하면 주파수는 MHz가 된다.

(7) 오실로스코프의 용어 및 기능 설명

① Calibration : 교정용 기준신호. 1[kHz[의 구형파가 1~5[V] 크기가 출력된다. 이 신호를 이용하여 화상크기를 조정하거나 다른 신호와 비교할 수 있다.

② Focus=전자빔의 초점조절(아날로그방식)

③ Intensity=밝기조절 손잡이(아날로그)

④ Trace Rotation=휘선의 수평 조절용 트리머 조절기(아날로그)

⑤ Scale Illumination=눈금판의 조명밝기 조절(아날로그)

⑥ Vertical Position ↕ 휘선의 상하(수직) 위치 조절 손잡이

↕ ◎ Vertical Position

⑦ Horizontal Position ↔ 휘선의 좌우(수평) 위치 조절 손잡이

↔ ◎ Horizontal Pos.

⑧ Signal Mode=입력 결합방식(DC-GND-AC)

GND는 기준선의 위치를 정할 때 일시적으로 사용한다.

DC모드는 모든 신호의 측정에 사용할 수 있다. 특히 직류와 교류가 섞여있을 때는 반드시 이 모드에서 측정해야 한다.

AC모드는 순수한 교류만을 측정할 때 사용하는 기능이다.

⑨ 전압감도 조절 손잡이(Volt/Div.) 1칸 당 최대 5V에서 5[mV]까지 선택할 수 있다.

⑩ 전압감도 미세조절 손잡이 (아날로그)

전압감도의 손잡이의 축 중간에 있는 작은 손잡이로 스케일에 구애되지 않고 감도를 낮춘다.

Sweep Mode (화면표현방식 선택, Auto, Manual /아날로그)

⑫ Level (표시 가능한 신호의 최소레벨을 설정함)

⑬ Sweep Time Selector (수평 소인시간 선택SW) 빔이 수평으로 1칸(=1Cm)당 이동하는데 걸리는 시간 (time/Div)

4. 실험 순서

1) 채널을 선택하고 배율을 결정한다.
   - 하나의 채널만 사용할지, 두 개의 채널을 동시에 사용할지 등을 결정하여 화면에 표시되도록 한다.(Ch.A만 사용할 경우 Ch.B는 화면에서 사라지게 한다)
   - 채널별로 신호의 크기를 고려하여 배율을 정한다.(×1 또는 ×10 중 하나를 선택하되 오실로스코프 본체와 프로브의 배율을 일치시켜야한다.)
   - 채널 A와 채널 B의 0[V] 기준선을 스크린의 수평 그리드에 일치시켜 정렬한다.

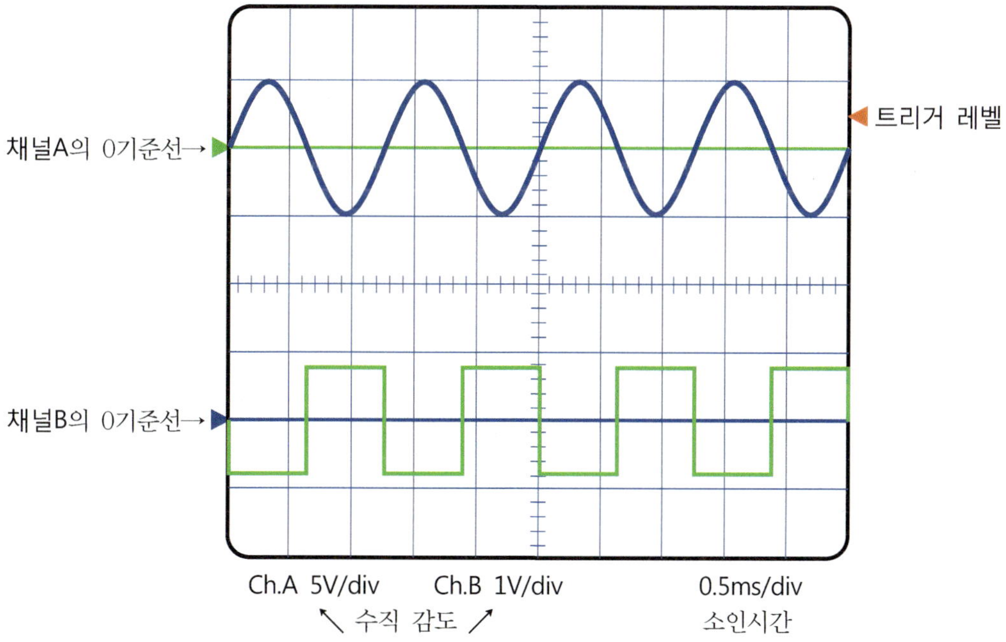

[그림 9-5] 스크린의 조정 예

2) 신호의 종류(Signal Mode)를 선택한다.

DC, AC 중에서 하나를 선택한다. 기본적인 방법은 DC모드이다.

3) 수직감도를 선택한다.

신호의 크기를 고려하여 큰 신호는 5[V/div]에서 시작하고, 작은 신호는 1[V/div]에서 시작한다. 차후 스크린에 나타난 화상의 크기를 보고 확대 또는 축소한다.

4) 수평 소인시간(Sweep time)을 선택한다.

주파수가 1[kHz]이면 1~0.5[ms/div], 1[MHz]이면 1~0.5[μs/div]을 선택한다. 측정 도중 파형이 조밀하여 확대하고 싶으면 수평 손잡이를 오른쪽으로 돌려 작은 소인시간을 선택한다. 반대로 파형이 너무 확대되어 있다면 왼쪽으로 돌려 렌지를 선택한다.

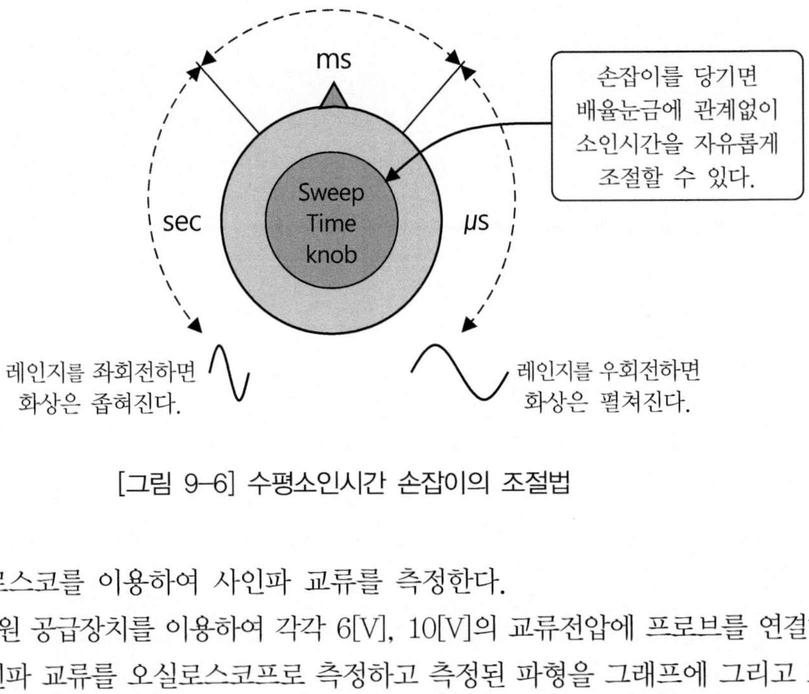

[그림 9-6] 수평소인시간 손잡이의 조절법

5) 오실로스코를 이용하여 사인파 교류를 측정한다.

교류전원 공급장치를 이용하여 각각 6[V], 10[V]의 교류전압에 프로브를 연결하여 출력되는 사인파 교류를 오실로스코프로 측정하고 측정된 파형을 그래프에 그리고 표 9-1에 결과를 기록한다. 이때 주의 사항은 오실로스코프의 VOLTS/DIV 단자가 반드시 프로브의 배율을 고려하여야 한다. 이때 p-p는 양의 최대치와 음의 최대치의 차이이며, 실효값과 평균치는 주기가 T일 때 아래의 식에 따른다.

$$\text{평균치(mean Value)} = \frac{1}{T}\int_0^{\pi} V\,dt$$

$$\text{실효치(r.m.s. Value)} = \sqrt{\frac{1}{T}\int_0^{\pi} V^2\, dt}$$

6) 오실로스코를 이용하여 직류 전압을 측정한다.

교류전원 공급장치(또는 함수 발생기)를 이용하여 출력 20VPP, 60Hz를 발생시키고 오실로스코프로 측정하여 표 9-1에 기록한다.

[표 9-1] 교류신호의 오실로스코프 판독결과

표시 값	피크-피크 값	최댓값	실효값	주파수
기호	MPP	VP 또는 Vm	Vrms	f
[단위]	[V], [VPP]	[V], [VP]	[V]	[Hz]
측정값				

7) 함수발생기(Function Generator)의 파형과 전압을 측정한다.

(1) 함수발생기의 파형을 구형파로 하고, 피크-피크값(MPP)을 10[V]로 설정한다.
   이 신호의 최댓값 및 실효값을 측정하여 표 9-2에 기록한다.

(2) 함수발생기의 파형을 사인파, 피크-피크값을 10V로 설정한다.
   이 신호의 최댓값 및 실효값을 측정한다.

(3) 함수발생기의 파형을 삼각파, 피크-피크값을 10V로 설정한다.
   이 신호의 최댓값 및 실효값을 측정한다.

[표 9-2] 여러 가지 교류의 측정

파형 / 측정값	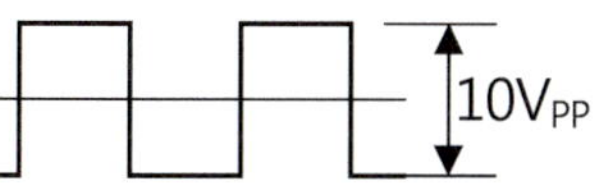	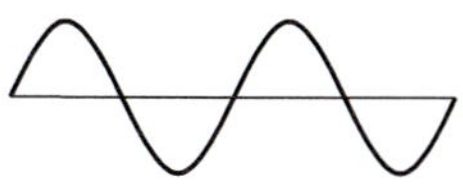	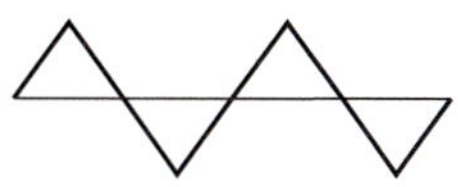
Vp-p	10 Vpp	10 Vpp	10 Vpp
최댓값			
실효값			

실험 보고서 (　　주차)

실험 제목			
실험조	조	소　속	
실험일자		제출자	

1. 실험 목적

2. 실험에 사용된 부품 및 장비명

3. 실험 결과

4. 고찰

CHAPTER 10

캐패시터의 직·병렬 연결

1. 실험 목적

커패시터의 종류를 구별하고 정전용량의 직 · 병렬 연결을 할 수 있고 합성용량을 계산할 수 있다.

2. 실험 준비물

① 브레드보드, 리드선 적당량
② 캐패시터(10, 20, 50, 100[μF] 30[V]용) 4개
③ 회로시험기(멀티미터) 1대
④ 교류 전압계(0~30[V]) 1대
⑤ 교류 전류계(0~100[mA]) 1대
⑥ 교류전원공급장치 1대
⑦ 컴퓨터 1대

3. 관련 이론

1) 정전용량과 커패시터

커패시터(Capacitor:축전기)는 마주보는 두 전극판 사이에 유전체를 끼운 구조로 되어 있으며 전기를 저장할 수 있다. 전기를 저장할 수 있는 능력을 정전용량(Capacitance)이라 하며 기호는 C, 단위로는 F(Farad:패러드)이다.

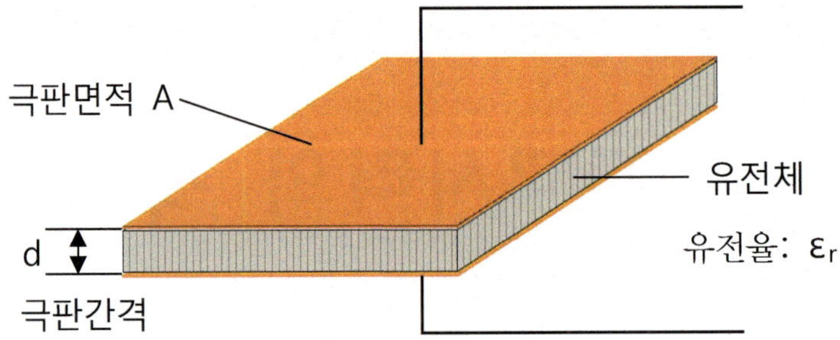

[그림 10-1] 커패시터의 원리적 구조

커패시터의 정전용량(C)은 다음의 식과 같이 진공중의 유전율(ϵ_0), 유전율(ϵ_r), 극판면적($A[\mathrm{m}^2]$)그리고 극판 간격($d[\mathrm{m}]$)를 이용하여 구할 수 있다.

$$C = \epsilon_0 \epsilon_r \frac{A}{d}\ [F]$$

(1) 정전용량에서 충전과 방전

정전용량(커패시턴스) C는 전하를 저장할 수 있는 능력이다. 그림 10-2와 같이 정전용량 C에 전압 V를 가하면 전하 Q가 충전되는 관계를 보여준다.

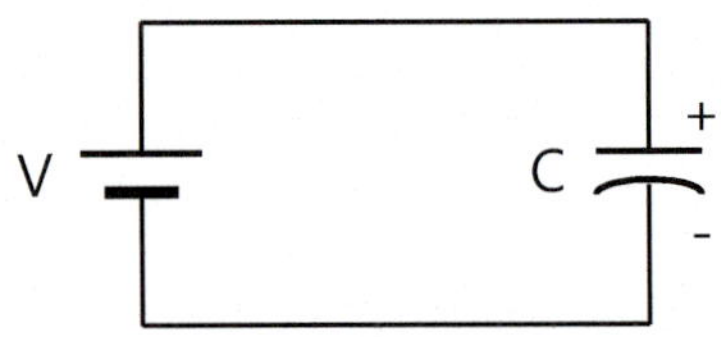

충전되는 전기량 $Q = CV$

$\therefore$ 정전용량 $C = \dfrac{Q}{V}$

[그림 10-2] 정전용량은 전하를 충전한다.

만약 용량 1F의 커패시터에 1V를 가하면 1C의 전하가 충전된다. 1쿨롱의 전하란 6.25×1018개의 전자에 해당한다.

(2) 커패시터의 작도기호

콘덴서는 옛날 명칭이고 최근에는 커패시터로 통일되었다. 작도 기호는 그림 10-3과 같다. 나란하게 표시된 전극기호는 전기회로의 접점과 혼돈될 수 있어 한쪽을 둥글게 표시한다.

(a) 고정 커패시터　(b) 전해 커패시터　(c) 가변 커패시터　(d) 트리머 커패시터

[그림 10-3] 커패시터의 작도 기호

(3) 유전체와 유전율

절연체이면서 전기분극을 잘 일으켜 전하를 저장하는 능력이 큰 물질을 유전체라 한다. 분극의 정도를 유전율이라 하고 기호로 입실론(ϵ)을 사용한다.

$$\text{유전율 } \epsilon = \epsilon_0 \epsilon_r$$

여기서 ϵ_0는 진공 속에서의 유전율로 그 크기는 8.854×10^{-12}[F/m]이다. 그리고 ϵ_r는 유전체가 가지는 상대적인 유전율로 '비유전율' 또는 '유전상수' 라고도 부른다. 예를 들면 커패시터의 내부공간을 진공 또는 공기로 하였을 때의 정전용량(C_0)에 비하여 어떤 유전물질로 채웠을 때의 정전용량(C_r)이 10배로 증가하였다면 비유전율은 다음과 같다.

$$\text{비유전율}(\epsilon_r) = \text{유전상수} = \frac{C_r}{C_0} = 10$$

보통의 절연체들은 비유전율이 2~10정도이지만 커패시터의 재료로 사용되는 특수 세리믹은 7,000~10,000에 이르기도 한다.

(4) 실용적인 커패시터

전자부품으로 사용하는 일반적인 커패시터는 크기가 작으면서 용량은 커야한다. 그러기 위해서는 높은 유전율의 재료를 사용할 것과 간격을 좁히는 제조기술이 필요하다 가장 흔히 사용하는 유전체는 표 10-1과 같이 폴리에틸렌 필름, 티탄산바륨(세라믹), 산화탄탈, 산화알루미늄 등이 있고 간격을 줄이기 위해서 유전체(절연체)를 매우 얇은 박막형태로 하고 있다. 예를 들면 플라스틱 필름 커패시터는 알루미늄 호일 전극사이에 0.05[mm] 이하의 필름을 삽입하고 둥글게 말아서 부피를 줄이고 있다.

[표 10-1] 물질의 유전율

물질	비유전율	물질	비유전율
진공	1	변압기유	14
공기	1.0004	폴리에틸렌	14
운모(mica)	4~6	산화티탄	80~110
유리	6~10	로셀염	200~4,000
물(증류수)	80.7	티탄산바륨(세라믹)	2,000~10,000

[표 10-2] 커패시터의 종류와 재질

커패시터의 명칭	유전체의 주재료	전극의 종류
마이카 커패시터	운모(mica)	도포 금속막
플라스틱 필름 커패시터	플라스틱 필름	알루미늄 호일
반도체 세라믹 커패시터	티탄산바륨+불순물	도포 금속막
고유전율 세라믹 커패시터	티탄산바륨계 세라믹	도포 금속박
저유전율 세라믹 커패시터	산화티탄계 세라믹	도포 금속막
탄탈 전해 커패시터	산화탄탈 & 전해액	탄탈 산화피막
알루미늄 전해 커패시터	산화알루미늄 & 전해액	알루미늄 산화피막

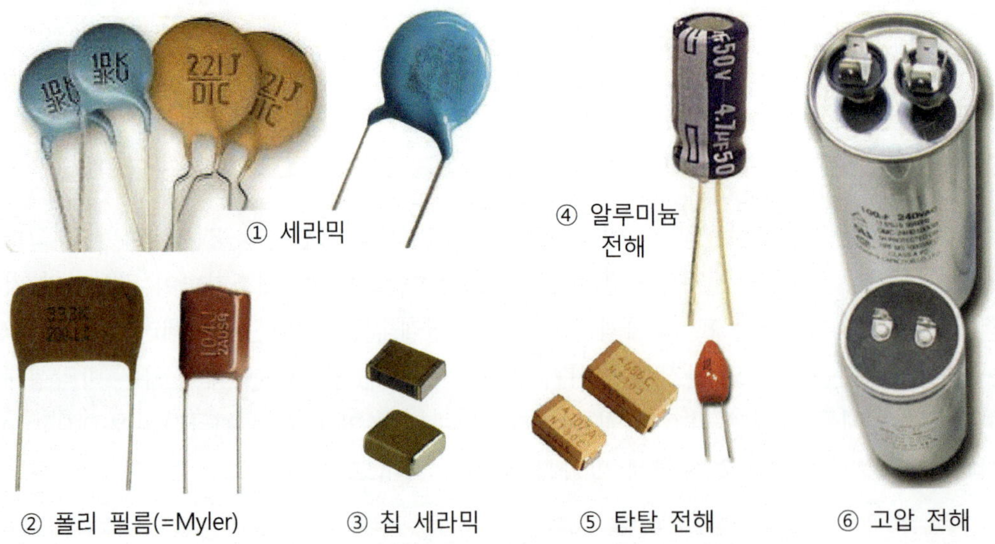

[그림 10-4] 여러 가지 커패시터(유전체)

2) 캐패시터의 용량 표시법

커패시터의 정전용량과 내압 그리고 오차는 약속된 '문자코드' 를 이용하여 표시한다.

예를 들어 그림 10-5와 같이 커패시터 표면에 하나의 숫자와 하나의 문자 조합(2A), 그리고 세 자리의 숫자와 하나의 문자 조합(683K)을 볼 수 있다.

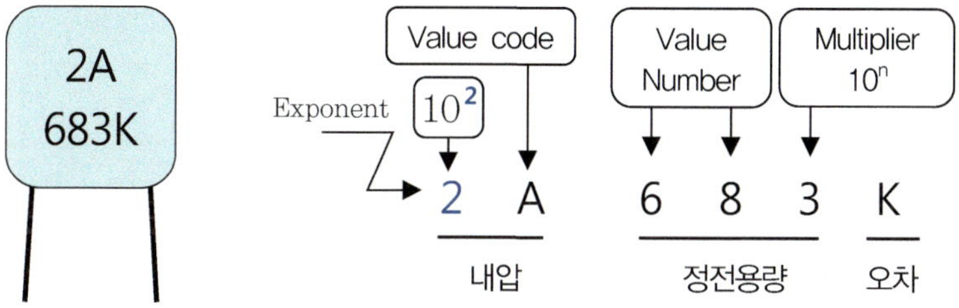

[그림 10-5] 숫자 코드로 표시된 정전용량 값

(1) 정전용량

368과 같은 세 자리 숫자 중 앞자리 두 자리 수(68)에다 셋째 수(3)가 의미하는 배율(10^3)을 곱하면 용량값이 되며 단위는 [pF]이다. 예를 들어 683은

$$정전용량 : 68 \times 10^3 = 68,000pF$$

또는 $0.068\mu F$와 같다.

오차

683K와 같이 정전용량 다음에 오는 문자 K는 오차 ±10%, J는 ±5%를 나타낸다. 일반적으로 정전용량은 IEC의 E12시리즈와 E6시리즈에 맞추어 생산하므로 오차도 5%와 10%제품만을 주로 생산한다.

☞ 파워저항이나 정밀저항의 오차표시에도 문자 J, K, G(±2%), F(±1%)등을 사용한다.

[표 10-3] 오차값을 표현하는 문자기호(Value code)

문자	B	C	D	F	G	J	K	M	N	V	X	Z	P
허용오차 ±%	0.1	0.25	0.5	1	2	5	10	20	30	+20 −10	+40 −10	+80 −20	+100 0

(2) 내압(Working voltage)

커패시터가 견딜 수 있는 최고전압을 내압이라 하고 이것을 '숫자+문자' 기호로 표시한다. 숫자는 배율로서 10의 승수를 나타내고, 뒤의 문자는 표 10-4와 같이 숫자를 표시한다.

[표 10-4] 캐패시터의 내압코드(Working Voltage code)

숫자＼문자	A	B	C	D	E	F	G	H	J	K
0	1	1.25	1.6	2.0	2.5	3.17	4.0	5.0	6.3	8.0
1	10	12.5	17	20	25	31.5	40	50	63	80
2	100	125	170	200	250	317	400	500	630	800
3	1000	1250	1700	2000	2500	3170	4000	5000	6300	8000

예를 들어 2A는 $1 \times 10^2=100$[V]이고 2H는 $5 \times 10^2=500$[V]를 나타낸다.

〈예제 10-1〉

아래와 같이 표기된 커패시터의 정전용량, 오차 및 내압을 판독하시오.

(a)

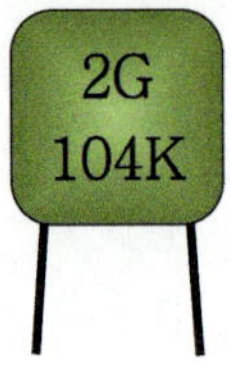

(b)

(풀이)

(a) 정전용량=10×10^4=100,000[pF]=0.1[μF]

오차: K=±10%, 내압: 2G=4×10^2=400[V]

(b) 정전용량=47×10^2=4,700[pF] 또는 0.0047[μF]

오차: J=±5%, 내압: 1H=5×10=50[V]

3) 정전용량의 연결법

(1) 직렬연결

커패시터를 직렬연결하면 합성용량은 감소하지만 총 인가전압(내압)은 증가한다.

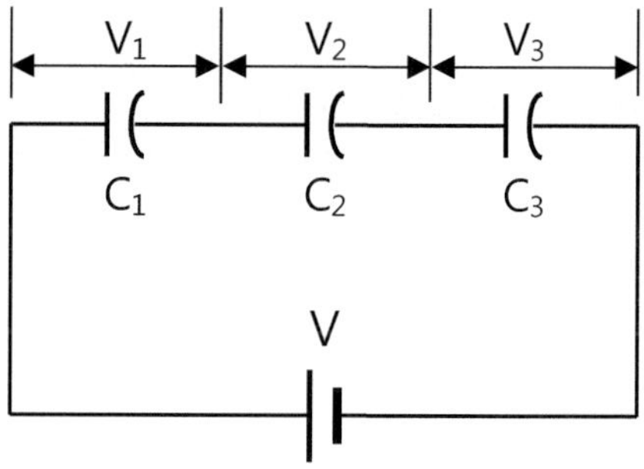

[그림 10-6] 커패시터의 직렬연결

충전하량 $Q = Q_1 = Q_2 = Q_3$

($\because$극판 양쪽의 대전된 전하량은 모두 동일하다.)

$$V = V_1 + V_2 + V_3 = \frac{Q}{C_1} + \frac{Q}{C_2} + \frac{Q}{C_3} = Q\left(\frac{1}{C_1} + \frac{1}{C_2} + \frac{1}{C_3}\right)$$

정전용량과 전기량의 관계식에서 $C = \frac{Q}{V}$이므로

$$\therefore \text{ 합성용량 } C = \frac{1}{\frac{1}{C_1} + \frac{1}{C_2} + \frac{1}{C_3}}$$

◎ 두 커패시터가 직렬연결일 때 합성용량 $C = \frac{C_1 C_2}{C_1 + C_2}$

그리고 각 커패시터에 걸리는 전압은 정전용량의 크기에 반비례한다.

$$V_1 = \frac{C}{C_1}V, \quad V_2 = \frac{C}{C_2}V, \quad V_3 = \frac{C}{C_3}V$$

〈예제 10-2〉

오른쪽 문제도와 같이 3개의 커패시터를 직렬 연결하였을 때

1) 합성용량
2) 각 커패시터에 걸리는 전압 V_1, V_2, V_3을 각각 구하시오.

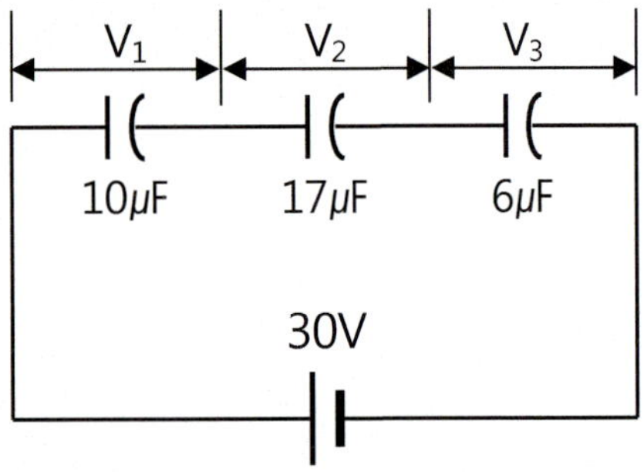

[그림 10-7] 커패시터의 직렬연결

(풀이)

1) 먼저 10[μF]와 17[μF]의 직렬합성용량을 구한다. $C=\dfrac{10\times15}{10+15}=\dfrac{150}{25}=6\,[\mu F]$

C_1과 C_2의 직렬합성 값 6[μF]와 C_3 6[μF]의 직렬합성은 $6 \parallel 6=3[\mu F]$

∴ 커패시터 3개의 전체 합성용량은 3[μF]이다.

2) 각 커패시터에 걸리는 전압은

$$V_1=\frac{C}{C_1}\times V=\frac{3}{10}\times30=9\,[V]$$

$$V_2=\frac{C}{C_2}\times V=\frac{3}{15}\times30=6\,[V]$$

$$V_3=\frac{C}{C_3}\times V=\frac{3}{6}\times30=15\,[V]$$

(2) 병렬연결

커패시터의 병렬연결은 저항의 직렬연결처럼 모든 계산이 간편하다.

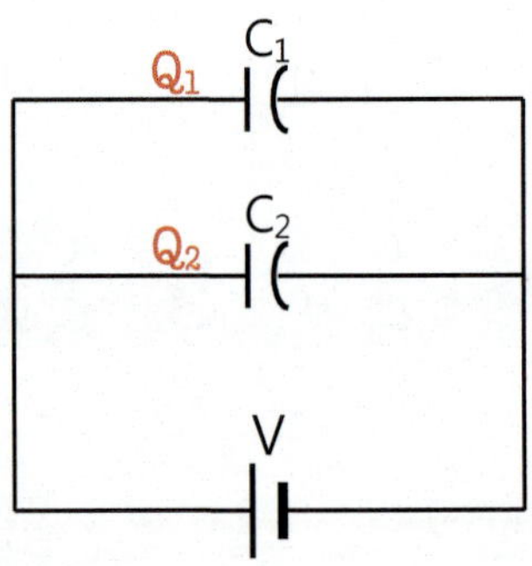

[그림 10-8] 커패시터의 병렬연결

각 커패시터에 충전되는 전기량은 전압과 용량의 곱이고 이들의 합이 총 충전 전기량이므로 합성용량은 다음과 같이 유도된다.

총 충전전하 $Q = Q_1 + Q_2 = C_1 V + C_2 V = V(C_1 + C_2)$

$\therefore$ 합성용량 $C = C_1 + C_2$

만약 다수의 커패시터를 병렬로 접속할 때의 합성용량은 모든 용량을 더한 것과 같다.

합성용량 $C = C_1 + C_2 + \cdots + C_n$

〈예제 10-3〉

두 개의 커패시터 100pF와 170pF를 병렬연결하면 합성용량은 얼마가 되는가?

(풀이)

합성용량은 모든 커패시터의 용량을 합한 것과 같으므로

합성용량 $C = 100[\text{pF}] + 150[\text{pF}] = 250[\text{pF}]$

〈예제 10-4〉

정전용량이 1[μF]인 커패시터만 여러 개를 가지고 있다. 그런데 용량이 2.5[μF]인 커패시터를 만들려면 어떻게 연결해야 할까?

(풀이)

용량을 2[μF]으로 늘이는 것은 1[μF] 두 개를 병렬 접속하여 해결한다. 그런데 0.5[μF]을 만드는 것은 1[μF]보다 작으므로 직렬접속을 해야 한다. 다행히도 1[μF]의 반이 0.5[μF]이므로 두 개를 직렬접속하면 그 값이 얻어진다. 따라서 해결책은 그림 10-9와 같다.

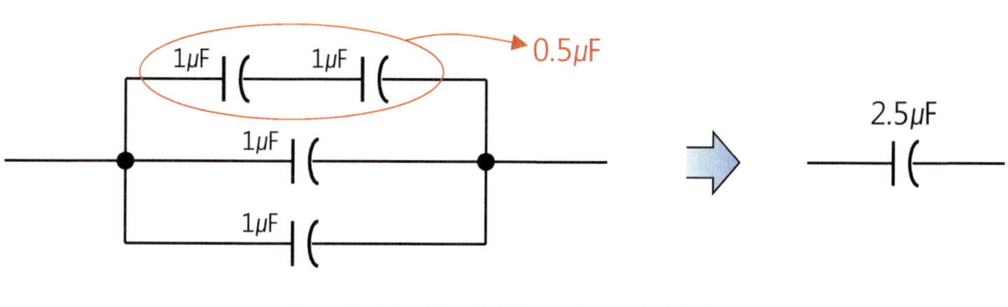

[그림 10-9] 커패시터의 병렬 연결

4. 실험 순서

1) 표 10-5에 표시된 커패시터의 실물사진을 보고 커패시터의 명칭, 재질 및 용량표시법 등을 구별하여 표의 빈칸에 기록하시오.

[표 10-5] 커패시터 종류 판별하기

번호	(1)	(2)	(3)	(4)	(5)
외형	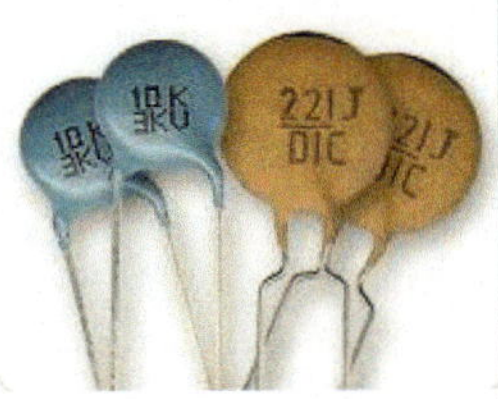				
형명 (재질)					
사용 주파수					
용량 표시법					
보기	재질: 폴리에틸렌 필름/세라믹/칩-세라믹/전해, 사용 주파수: 고주파/저주파, 용량 표시법: 숫자코드/문자코드/(숫자코드+문자코드)				

2) 다음 커패시터의 정전용량과 내압 그리고 오차를 판독하시오

[표 10-6] 커패시터의 용량값 판독하기

번호	(1)	(2)	(3)	(4)
외형	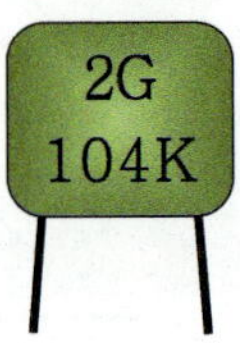		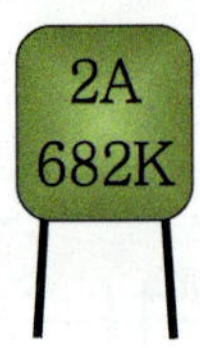	
용량				
내압				
오차				

3) 멀티심을 이용하여 그림 10-11과 같이 커패시터의 직렬 접속회로를 구성하고 교류 60[㎐], 12[V]를 공급한다.

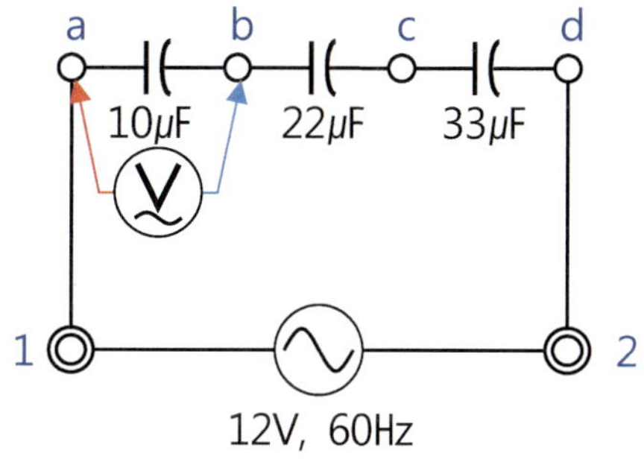

[그림 10-11] 커패시터 직렬회로

① 멀티심에 로그인한 후 메뉴 바에서 "Place"를 선택한 후 "Component"를 클릭하고 Group에서 Source를 눌러 POWER SOURCE에서 AC POWER를 선택하고 GROUND를 선택한다.

② 다시 Group에서 Basic를 눌러 RESISTOR를 클릭하여 캐패시터 10[μF], 22[μF] 그리고 33[μF]을 선택한다.

③ 작업창에서 그림 10-12와 같이 결선하여 회로를 구성하고 교류 60[㎐], 12[V]를 공급한다. 그림 10-12는 멀티심에서 구성한 회로를 보여주고 있다.

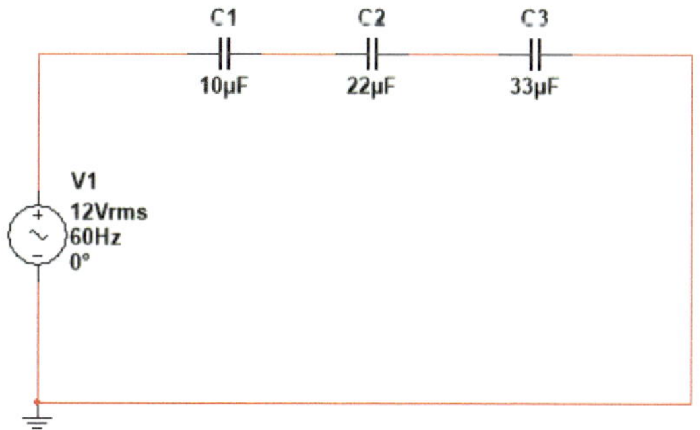

[그림 10-12] 멀티심으로 구성한 커패시터 직렬회로

④ 툴바에서 멀티미터를 선택하고 회로에 병렬 연결하여 각각의 캐패시터에 인가되는 전압을 그림 10-13과 같이 측정한다.

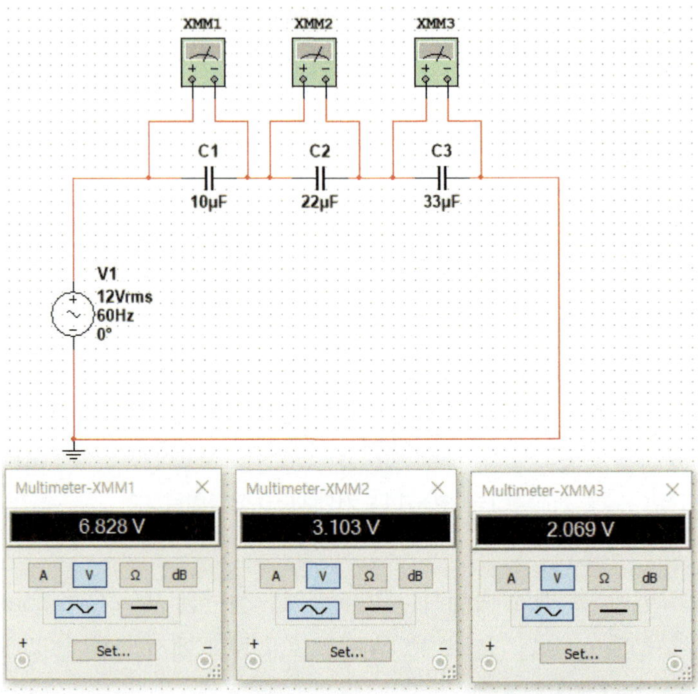

[그림 10-13] 멀티심으로 구성한 AC 전원 커패시터 직렬회로의 전압 측정

4) 실제로 브레드보드, 교류 전원, 멀티미터를 이용하여 그림 10-11과 같이 회로를 구성하고 각 커패시터 양단에 걸리는 전압을 측정한다.

a) 10[μF]에 걸리는 교류전압= Vab= [V]

b) 22[μF]에 걸리는 교류전압= Vbc= [V]

c) 33[μF]에 걸리는 교류전압= Vcd= [V]

5) 멀티심을 이용하여 그림 10-14와 같이 커패시터 공급전원을 직류 12V로 변경한다.

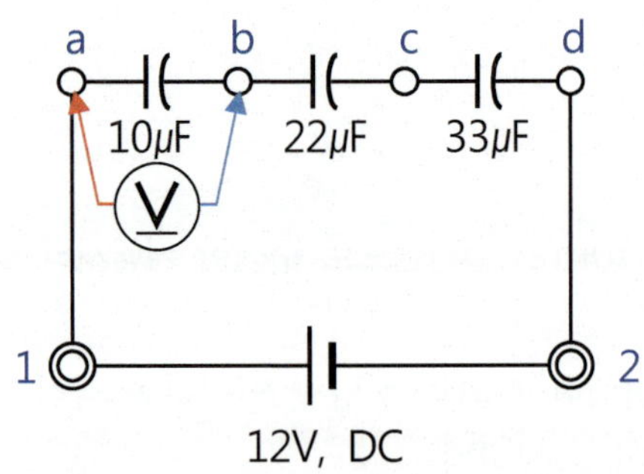

[그림 10-14] 커패시터 직렬회로

① 그림 10-15와 같이 DC 전원과 멀티미터를 이용하여 각 커패시터에 걸리는 전압을 측정하여 표 10-8에 기록한다.

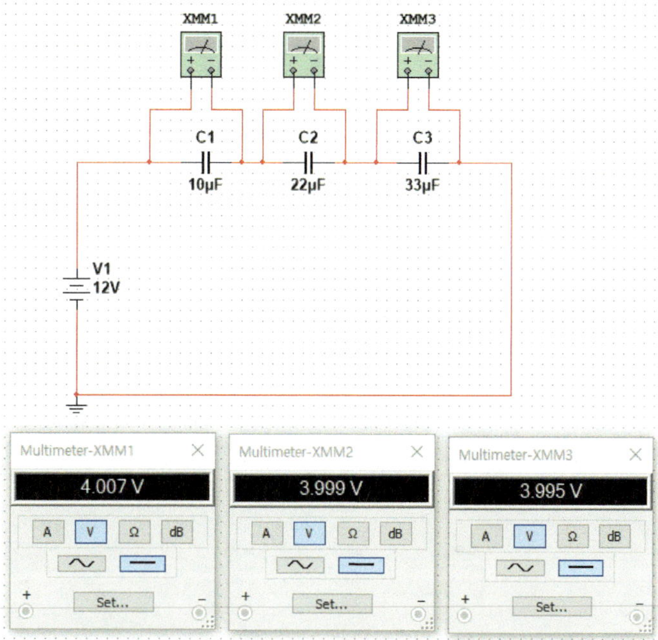

[그림 10-15] 멀티심으로 구성한 DC 전원 커패시터 직렬회로의 전압 측정

[표 10-7] 커패시터 직렬회로의 전압 분배 측정결과

측정 위치	커패시터 용량	전압 강하(V)	
		측정값	계산값
단자 a-b	10μF	Vab=	
단자 b-c	22μF	Vbc=	
단자 c-d	33μF	Vcd=	

6) 멀티심을 이용하여 그림 10-16 과 같이 커패시터 직병렬 접속회로를 구성하고 교류 60[Hz], 12[V]를 공급한다.

- 단자 a-b 사이에는 10[μF] 한 개,
- 단자 b-c 사이에는 10[μF] 두 개,
- 단자 c-d 사이에는 10[μF] 세 개를 연결한다.

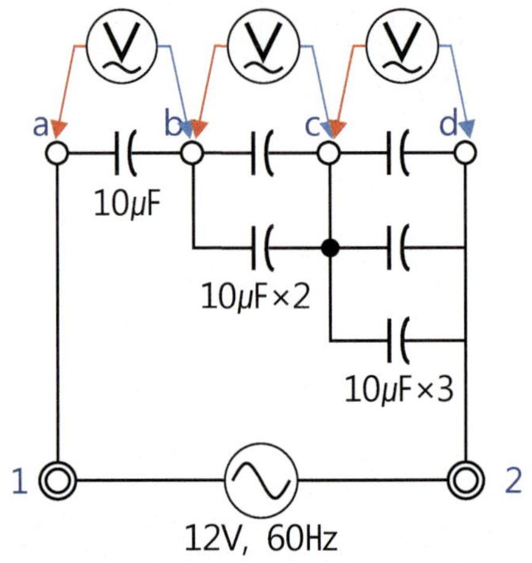

[그림 10-16] 커패시터 직-병렬회로

① 멀티미터를 이용하여 단자 a-b, 단자 b-c, 단자 c-d 사이의 전압을 측정한다.

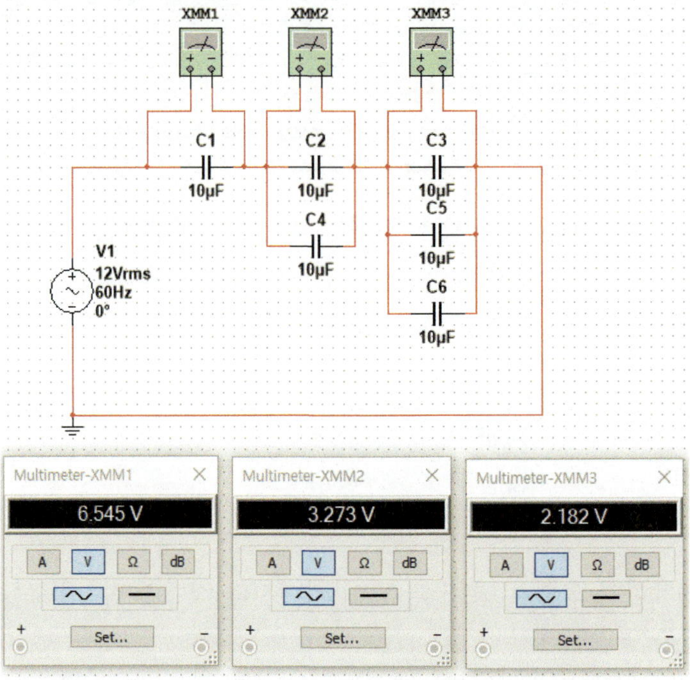

[그림 10-17] 멀티심을 이용한 커패시터 직-병렬회로의 전압 측정

[표 10-8] 커패시터 직-병렬회로의 전압 분배 측정결과

측정 위치	커패시터 구성	합성용량(μF)	전압 강하(V)
단자 a-b	10[μF] 1개		
단자 b-c	10[μF] 2개 병렬		
단자 c-d	10[μF] 3개 병렬		

■ 합성 용량 계산식 $C = \dfrac{1}{\dfrac{1}{C_1} + \dfrac{1}{C_2} + \dfrac{1}{C_3}}$

■ 직렬 커패시턴스 회로의 전압강하 계산식;

$$C_1\text{양단전압}(V_{c1}) = \frac{\text{합성용량}}{\text{개별용량}} \times \text{전원전압} = \frac{C}{C_1} \times V$$

〈예제 10-5〉

C_1=22[μF]와 C_2=33[μF]의 직렬 커패시터 회로에 직류전압 24[V]를 가할 때 33[μF]커패시터 양단의 전압은 얼마인가?

〈풀이〉 먼저 두 커패시턴스의 직렬 합성용량 $C_T = \dfrac{C_1 \times C_2}{C_1 + C_2} = \dfrac{22 \times 33}{22 + 33} = 13.2\,[\mu F]$

C1의 전압강하 $V_{C1} = \dfrac{C_T}{C_1} = \dfrac{13.2}{22} \times 24 = 14.4\,[V]$

실험 보고서 (　　주차)

실험 제목			
실험조	조	소 속	
실험일자		제출자	

1. 실험 목적

2. 실험에 사용된 부품 및 장비명

3. 실험 결과

4. 고찰

CHAPTER 11

인덕터의 직·병렬 연결

1. 실험 목적

인덕터(일반적으로 코일이라 칭함)의 종류를 구별하고 인덕턴스의 직·병렬 연결을 할 수 있으며, 직·병렬 연결된 인덕터 회로의 전압 및 전류를 계산하고 측정할 수 있다.

2. 실험 준비물

① 브레드보드, 리드선 적당량
② 인덕터 (10[mH], 20[mH]) 2개
③ 회로시험기(멀티미터) 1대
④ 교류 전압계 (0~30[V]) 1대
⑤ 교류 전류계 (0~100[mA]) 1대
⑥ 교류전원공급장치 1대
⑦ 컴퓨터 1대

3. 관련 이론

1) 인덕터

인덕터란 인덕턴스를 가진 부품으로서 도선을 절연 보빈에 둥글게 감아서 만드는데 이런 형상을 코일이라고 부르기도 하고 초크(Choke) 또는 솔레노이드 코일이라고도 한다. 인덕턴스는 전류의 변화량에 비례해 전압을 유도하고 전류의 급격한 변화를 억제하는 기능을 한다. 인덕턴스에는 자기 인덕턴스 L과 상호 인덕턴스 M으로 나눈다. 그림 11-1은 인덕터 및 인덕턴스의 기호를 나타내고 있으며, 그림 11-2는 다양한 형태의 인덕터 제품들을 보여주고 있다.

(a) 자기 인덕턴스 (b) 상호 인덕턴스

[그림 11-1] 인덕턴스의 기호

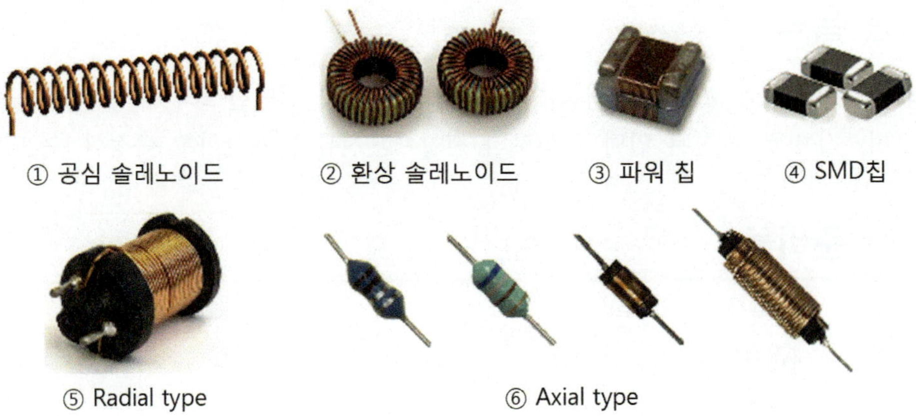

[그림 11-2] 여러 가지 형태의 인덕터 제품들

자기인덕턴스(L)는 하나의 권선만 있을 때 해당하는 것으로 권선에 흐르는 전류가 1[A/s]의 비율로 변할 때 이 변화를 억제하는 방향으로 1[V]의 역기전력을 발생하는 경우 자기인덕턴스는 1[H]이다.

$$e = -L\frac{dI}{dt} \qquad \therefore L = -e\frac{dt}{dI}$$

또 상호인덕턴스 M은 두 권선간에 작용하는 것으로 하나의 권선에 전류변화가 생겼을 때 인접 권선에 유도기전력이 생기는 정도를 나타낸다.

예를 들면 1차권선에 매초 1[A]의 비율로 전류가 변할 때 2차권선에 1[V]의 기전력이 유도되면 두 권선간의 상호 인덕턴스는 1[H]이다.

$$e = -M\frac{dI_1}{dt} \qquad \therefore M = -e\frac{dt}{dI_1}$$

2) 인덕터의 종류

인덕터는 용도에 따라 여러 가지로 구분된다.

(1) 안테나(동조) 코일 : 전파를 수신하거나 송신할 때 공진회로를 구성한다.
(2) 초크 코일 : 교류성분을 저지하고 직류로 평활시키는 용도
(3) 필터 코일 : 특정 주파수 대역만 통과시키거나, 걸러주는 역할
(4) 피킹 코일 : 특정 주파수 대역의 출력을 증강시키는 역할
(5) 발진 코일 : 교류진동을 발생시키는 용도. 커패시터와 함께 사용된다.
(6) 트랜스포머 : 1차측의 전압(전류)을 2차측으로 변압하여 전송하는 역할
(7) 전자(電磁) 코일, 계자(界磁) 코일: 전자석을 만드는 용도
권선의 중심에 강자성체(철심)를 넣고 전류를 흘리면 철심은 전자석이 된다.

▶ 철심의 유무에 따른 분류

① 공심(空芯 : 철심이 없는 방식) 코일 :
굵은 구리선만을 감은 코일. 또는 가는 구리선일 때는 원통형 보빈에 감는다.

② 자심(磁芯:Core) 코일 :
코일내부에 자성체가 있으면 인덕턴스가 수십 배 증가하므로 큰 인덕턴스가 필요할 때 투자율이 높은 철심을 사용하는 인덕터. 철심의 재질로는 고주파용으로 페라이트, 상용교류에는 규소강판을 사용한다. 또 자심의 종류와 형태에 따라 다음과 같이 분류한다.

■ EI형 ■ 트로이덜(環狀)형 ■ 비스형 ■ 나사형 ■ 드럼형 ■ 포트형

자심형 코일 중에는 인덕턴스를 변하도록 만든 것도 있다. 코어를 나사형으로 만들어 드라이버로 돌리면 코어 위치가 움직여서 인덕턴스가 바뀐다.

[그림 11-3] 철심형 인덕터와 가변 인덕터

3) 자기 인덕턴스 계산

인덕턴스의 크기는 전류의 변화율에 대한 기전력의 크기로 정의한 바 있다. 그러나 인덕터가 가진 인덕턴스는 다음과 같은 물리적인 외형만으로 그 크기를 계산할 수 있다.

$$인덕턴스\ L = \frac{\mu_0 \mu_r A N^2}{l} [H]$$

여기서 L=인덕턴스 단위:[Henry: H], N= 권선의 회수, l =코일의 길이$[m]$

μ_0 =진공의 투자율=$4\pi \times 10^{-7} [H/m]$, μ_r =물질의 비투자율(단위 없음)

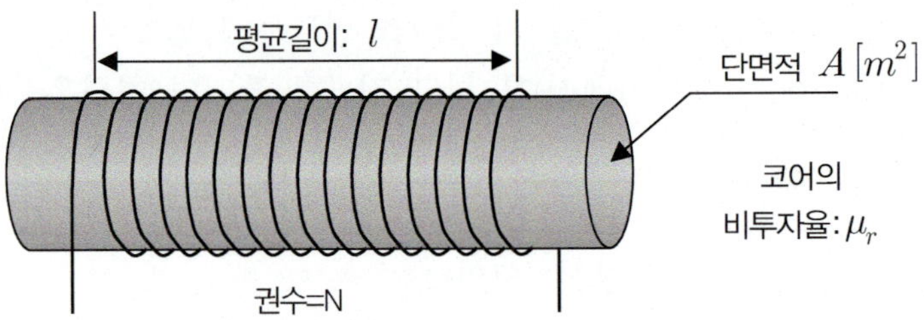

[그림 11-4] 일반적인 솔레노이드 코일

이 인덕턴스를 결정하는데 가장 중요한 변수는 코어의 비투자율(relative permeability)이다. 강자성체는 비투자율이 매우 크다. 예를 들면 표 10-5와 같이 페라이트 코어가 1,000, 규소강은 4,000 이상이다. 따라서 큰 인덕턴스가 필요하다면 권선 속에 비투자율이 큰 코어를 넣어야 할 것이다.

[표 11-1] 대표적인 자성체의 비투자율

물질	비투자율	물질	비투자율
진공(≃공기)	1	페라이트	약 1,000
니켈	50	규소강(무방향성 4Si)	4,600
코발트	60	규소강(방향성 3Si)	67,000
순수 연철	4,000	뮤메탈	약 20,000
기계강(SS400)	2,100~3,100	PC퍼멀로이(78Ni)	최대 200,000

4) 인덕턴스의 연결법

여러 개의 인덕턴스를 직렬 또는 병렬로 연결하여 사용할 수 있는데 그 크기의 계산법은 저항의 경우와 같이 직렬이면 늘어나고 병렬이면 줄어든다.

(1) 인덕터의 직렬연결

그림 10-5와 같이 두 개의 인덕턴스를 직렬연결하면 합성 인덕턴스는 증가한다. 단, 두 코일이 서로에게 영향을 미치지 않아야한다.

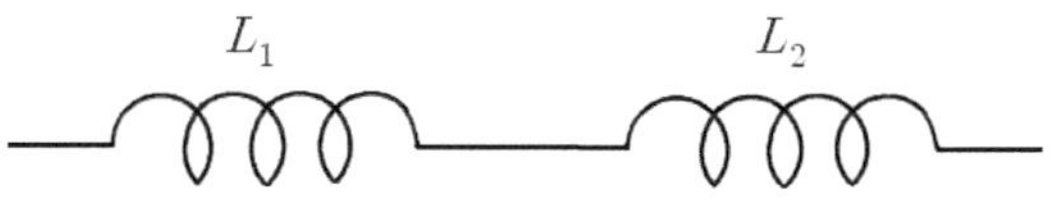

[그림 11-5] 인덕턴스의 직렬연결

$$L = L_1 + L_2$$

그런데 그림 10-6과 같이 두 코일이 아주 인접한 거리에 놓여있거나 하나의 코어에 감겨있을 때는 상호인덕턴스를 고려해야 한다. 만약 두 코일 사이의 인덕턴스를 M이라 할 때 합성 인덕턴스는 다음과 같다.

$$L = L_1 + L_2 \pm 2M$$

단, 같은 방향일 때는 (+), 반대 방향일 때는 (−)부호로 계산한다.
그리고 두 코일간의 결합계수를 k라 하면 $M = k\sqrt{L_1 L_2}$ 이다. 완전결합이면 $k = 1$이다.

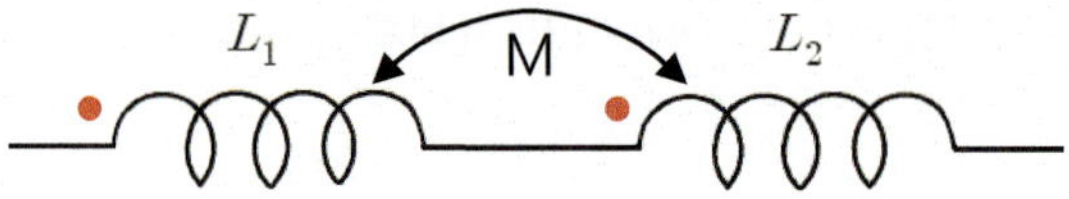

[그림 11-6] 상호결합된 직렬연결

(2) 인덕터의 병렬연결

그림 11-7과 같이 두 개의 인덕턴스를 병렬접속하면 합성인덕턴스는 줄어든다.

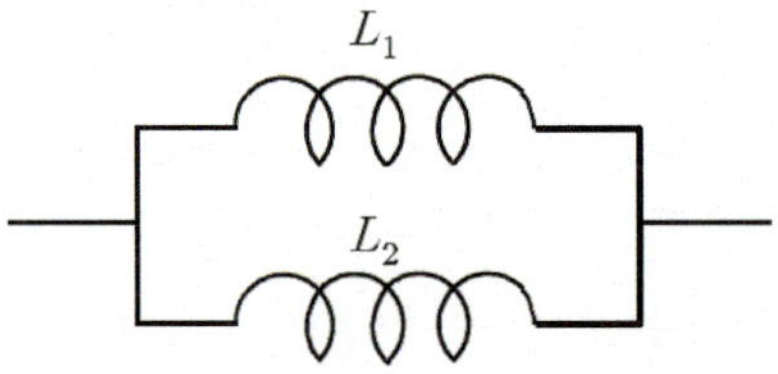

[그림 11-7] 인덕턴스의 병렬연결

합성인덕턴스 $L = \dfrac{1}{\dfrac{1}{L_1} + \dfrac{1}{L_2}} = \dfrac{L_1 L_2}{L_1 + L_2}$

주파수에 따른 인덕터의 유도성 리액턴스는 다음과 같다.

$$X_L = \omega L = 2\pi f L\,[\Omega]$$

또한 인덕터 내부 저항 r이 존재할 경우 전류 I와 유도성 리액턴스 X_L은 다음과 같은 관계가 있다.

$$I = \frac{V}{Z} = \frac{V}{\sqrt{X_L^2}} + r^2\,[A]$$

$$X_L = \sqrt{(\frac{V}{I})^2} - r^2\,[\Omega]$$

〈예제 11-1〉

그림 11-8과 같이 두 개의 권선을 직렬로 연결할 때 전체 인덕턴스(LS)는 얼마인가?

단, 두 코일의 결합계수(k)는 0.95이고 코일의 방향은 같다.

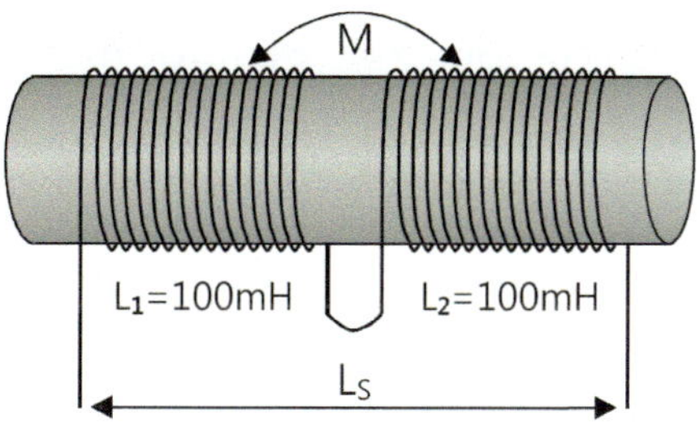

[그림 11-8] 인덕턴스의 직렬연결

(풀이)

우선 상호 인덕턴스 M을 구한 다음 직렬 인덕턴스(LS)를 계산한다.

$$M = k\sqrt{L_1 L_2} = 0.95\sqrt{100 \times 100} = 95\,mH$$

$$L_S = L_1 + L_2 + 2M = 100 + 100 + 2 \times 95 = 390\,mH$$

합성 인덕턴스는 390[mH]이다.

5) 인덕터의 용량 표기법

인덕터 중에서 크기가 작고 둥근 막대모양(Axial type)은 제품에 인덕턴스 값을 인쇄하기가 곤란하다. 이런 제품에는 탄소피막저항기와 같이 페인트로 표시하는 방법을 사용한다. 인덕턴스의 컬러코드는 저항의 컬러코드와 비슷하다. 네 가지 색을 사용하는 경우에는 오차를 표시하지만 세 가지 색일 때는 오차를 생략한다.

컬러코드에서 인덕터의 단위는 [μH]이고, 오차는 금색=±5%, 은색=±10%이다.

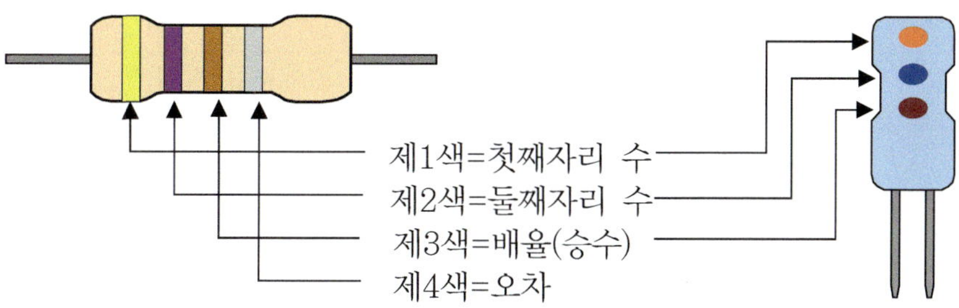

(a) 4 Color Band (b) 3 Color Dot

[그림 11-9] 인덕터의 컬러코드 표시

〈예제 11-3〉

그림 11-9와 같은 인덕터의 인덕턴스값은 얼마인가? (컬러=노랑/보라/갈색/은색)

(풀이)

노랑=4, 보라=7, 갈색=1을 나타내고 은색=오차 ±10%를 나타낸다.

인덕턴스 = $47 \times 10^1 = 470$ [μH]

4. 실험 순서

1) 표 11-2에 제시한 인덕터의 실물 사진을 보고 인덕터의 명칭, 용도 및 용량표시법 등을 구별하여 표의 빈칸에 기록하시오.

[표 11-2] 인덕터 종류 판별하기

번호	(1)	(2)	(3)	(4)	(5)
외형					
형명 (type)					
사용 주파수					
용량 표시법					
보기	형태: 막대형(Axial), 원통형(Radial), 솔레노이드(Solenoid), 칩(Chip)형, 환상코어(Troidal)형,				

2) 멀티심을 이용하여 그림 11-10과 같이 인덕터의 직렬 접속회로를 구성하고 교류 60[㎐], 12[V]를 공급한다.

① 멀티심에 로그인한 후 메뉴 바에서 "Place"를 선택한 후 "Component"를 클릭하고 Group에서 Source를 눌러 POWER SOURCE에서 AC POWER를 선택하고 GROUND를 선택한다.

② 다시 Group에서 Basic를 눌러 INDUCTOR를 클릭하여 인덕터 10[mH]와 20[mH]를 선택한다.

③ 작업창에서 그림 11-10과 같이 결선하여 회로를 구성하고 교류 60[Hz], 12[V]를 공급한다. 그림 11-10은 멀티심을 이용하여 구성한 회로를 보여주고 있다.

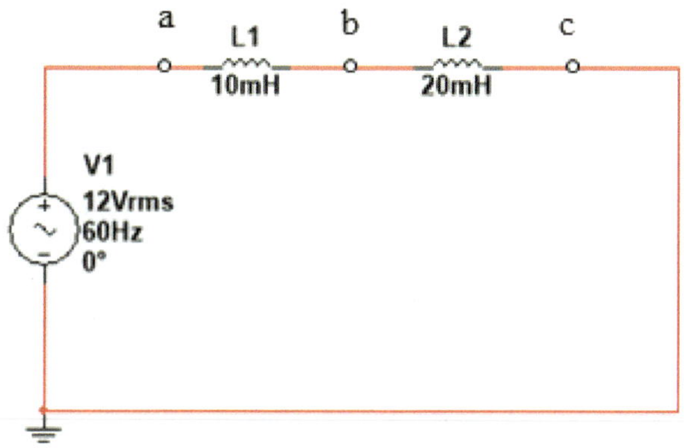

[그림 11-10] 인덕터의 직렬 연결 회로

④ 툴바에서 멀티미터를 선택하고 회로에 직렬 연결하여 각각의 인덕터에 인가되는 전압을 그림 11-11, 전류를 11-12와 같이 측정한다.

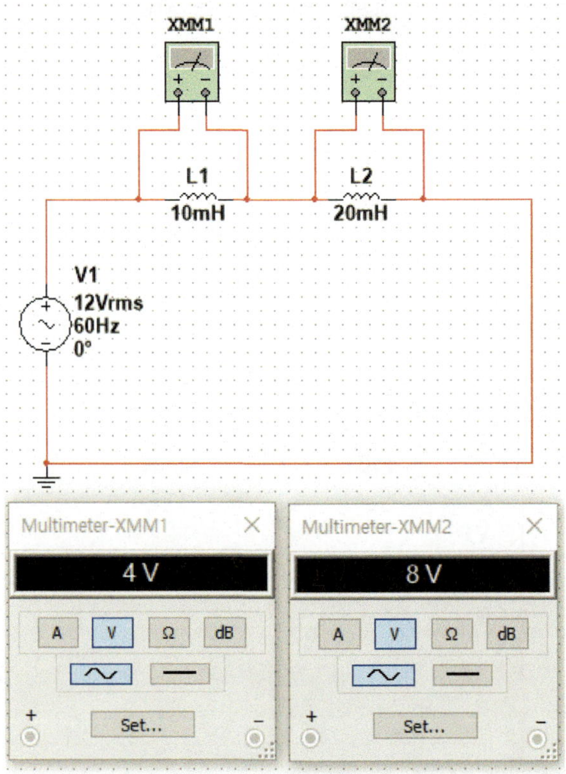

[그림 11-11] 멀티심으로 구성한 인덕터 직렬회로의 전압 측정

[표 11-3] 인덕터 직렬회로의 전압 분배 측정결과

측정 위치	인덕터 용량	전압 강하(V)	
		측정값	계산값
단자 a-b	10[mH]	Vab =	
단자 b-c	20[mH]	Vbc =	

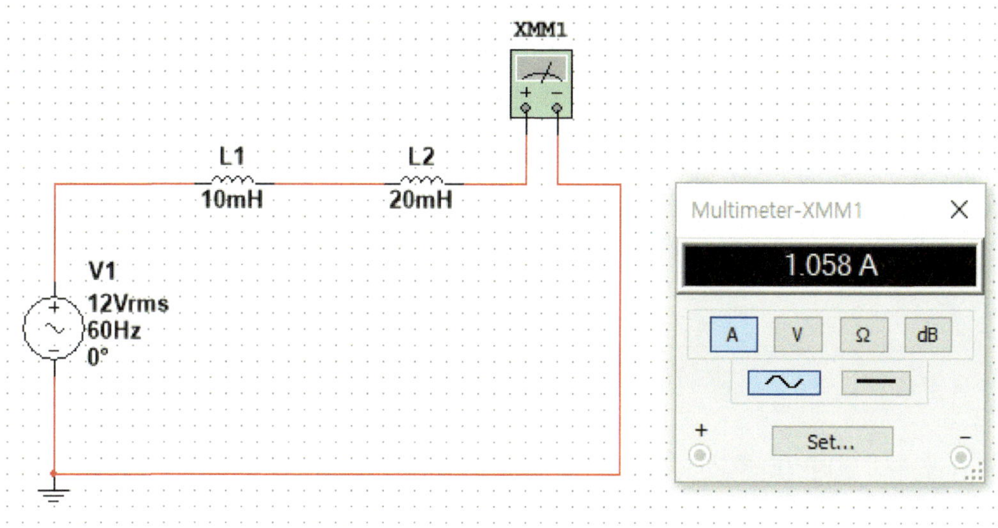

[그림 11-12] 멀티심으로 구성한 인덕터 직렬회로의 전류 측정

직렬회로의 전류값 = [A]

⑤ 실제로 브레드보드, 교류 전원, 멀티미터를 이용하여 그림 11-10과 같이 회로를 구성하고 각 인덕터 양단에 걸리는 전압을 측정한다.

ⓐ 10[mH]에 걸리는 교류전압= Vab= [V]

ⓑ 20[mH]에 걸리는 교류전압= Vbc= [V]

3) 멀티심을 이용하여 그림 11-13와 같이 인덕터의 병렬 회로를 구성한다. 교류 60[㎐], 12[V]를 공급한 후 총 전류 및 각 지로에 흐르는 전류를 측정한다.

① 멀티심에 로그인한 후 메뉴 바에서 "Place"를 선택한 후 "Component"를 클릭하고 Group에서 Source를 눌러 POWER SOURCE에서 AC POWER를 선택하고 GROUND를 선택한다.

② 다시 Group에서 Basic를 눌러 INDUCTOR를 클릭하여 인덕터 10[mH]와 20[mH]를 선택한다.

③ 작업창에서 그림 11-13과 같이 병렬로 결선하여 회로를 구성하고 교류 60[㎐], 12[V]를 공급한다. 그림 11-13은 멀티심을 이용하여 구성한 회로를 보여주고 있다.

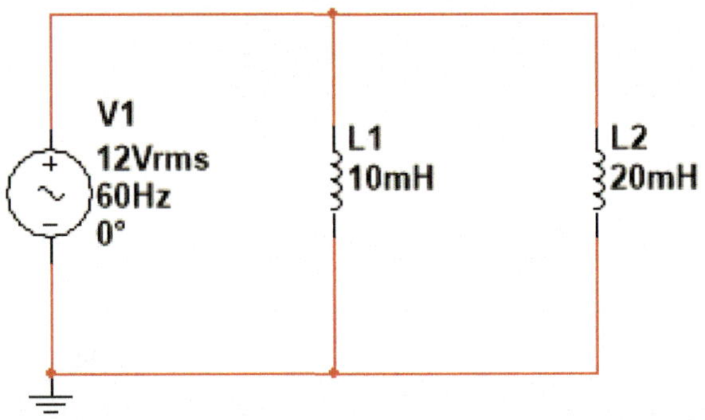

[그림 11-13] 멀티심으로 구성한 인덕터 병렬회로

④ 툴바에서 멀티미터를 선택하고 회로에 병렬 연결하여 각각의 인덕터에 흐르는 전류를 11-14와 같이 측정한다.

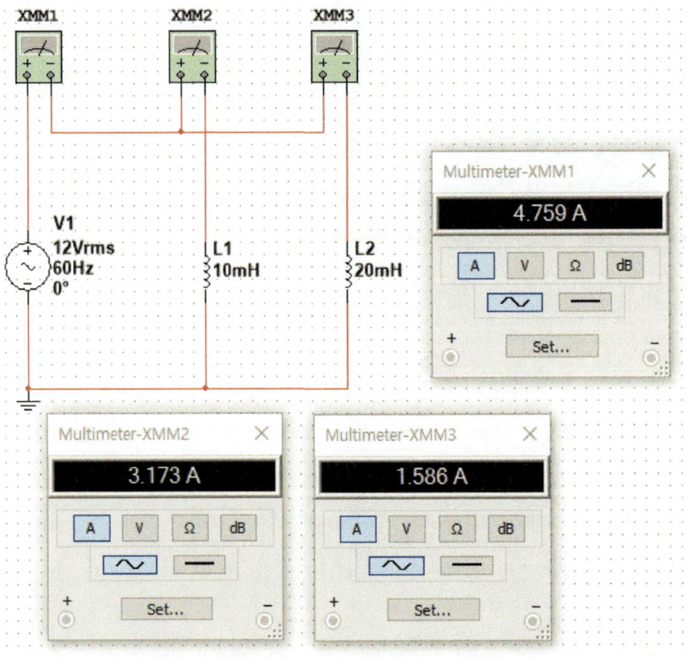

[그림 11-14] 멀티심으로 구성한 인덕터 병렬회로의 전류 측정

[표 11-4] 인덕터 병렬회로의 전류 측정결과

측정 위치	인덕터 용량	전류값 (A)	
		측정값	계산값
총전류	10[mH]/20[mH]	IT =	
10[mH]	10[mH]	I10mH =	
20[mH]	20[mH]	I20mH =	

4) 실제로 브레드보드, 교류 전원, 멀티미터를 이용하여 그림 11-13과 같이 회로를 구성하고 총 전류 및 각 인덕터에 흐르는 전류를 측정한다.

① 총 전류 IT = [A]
② 10[mH]에 흐르는 교류전류 I10mH = [A]
③ 20[mH]에 흐르는 교류전류 I20mH = [A]

실험 보고서 (　　주차)

실험 제목			
실험조	조	소 속	
실험일자		제출자	

1. 실험 목적

2. 실험에 사용된 부품 및 장비명

3. 실험 결과

4. 고찰

CHAPTER 12

키로히호프의 법칙

1. 실험 목적

키르히호프의 법칙을 이해하고, 저항으로 회로망을 구성하여 회로망 속의 전류와 전압의 이론값을 계산하고 계측기를 이용하여 측정할 수 있다.

2. 실험 준비물

① 브레드보드, 리드선 적당량
② 저항(30[Ω], 50[Ω], 100[Ω], 1/4[W]) 3개
③ 회로시험기(멀티미터) 1대
④ 직류 전압계(0~30[V]) 1대
⑤ 직류 전류계(0~100[mA]) 1대
⑥ 직류전원공급장치 1대
⑦ 컴퓨터 1대

3. 관련 이론

키르히호프의 법칙은 전류에 관한 법칙과 전압에 관한 법칙이 있다.

1) 키르히호프의 제1법칙(전류 법칙)

임의 접속점으로 흘러 들어오는 전류와 나가는 전류의 대수합은 0이다.

$$\Sigma I = 0$$

접속점으로 들어오는 전류에는 '+', 나가는 전류에는 '−'의 극성을 붙이면 키르히호프의 제1법칙은 오른쪽의 식과 같다. ☞

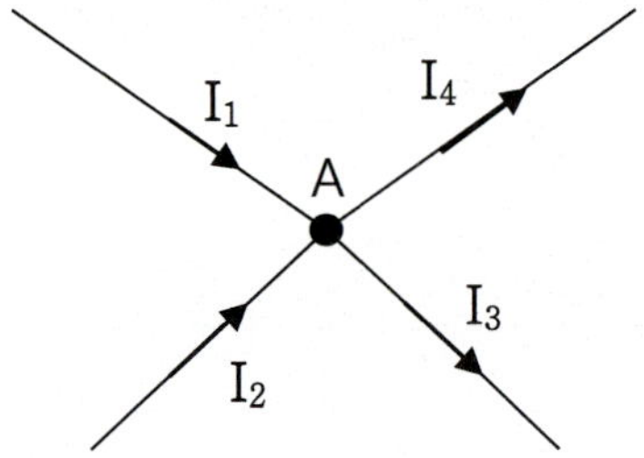

$$I_1 + I_2 - I_3 - I_4 = 0$$

[그림 12-1] 접속점의 전류

〈예제 12-1〉

그림 12-1에서 I_1=250[mA], I_2=200[mA], I_3=−170[mA]일 때 I_4의 크기는 얼마인가?

〈풀이〉 키르히호프의 전류법칙 공식에 주어진 전류값을 대입하면,

$$I_1 + I_2 - I_3 - I_4 = 0$$

$$250+200-170-I_4=0$$

$\therefore - I_4 = -300\,[mA]$ (단, '−'는 유출방향을 의미한다.)

2) 키르히호프의 제2법칙 (전압 법칙)

임의의 회로 속에 존재하는 전압강하의 대수합은 그 회로 내에 존재하는 기전력의 대수합과 같다.

$$\Sigma IR = \Sigma E$$

그림 12-2와 같이 루프전류가 화살표방향이라면 키르히호프의 전압법칙은 오른쪽 식과 같이 적용된다. ☞

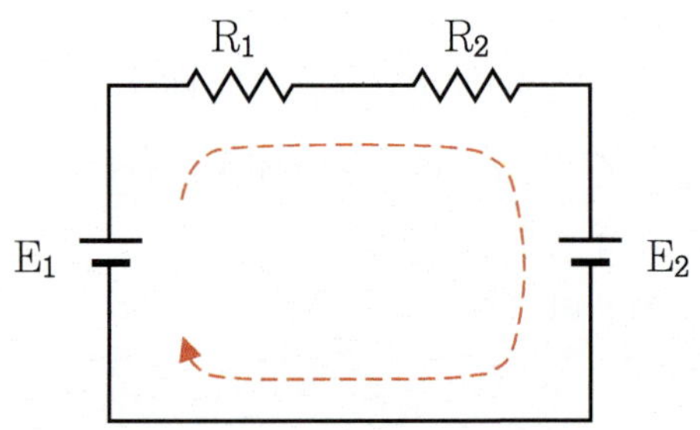

[그림 12-2] 폐회로속의 전압

$$IR_1 + IR_2 = E_1 - E_2$$

($\because -E_2$는 루프전류와 반대방향이므로)

〈예제 12-2〉

그림 12-3과 같은 회로망에서

(1) 키르히호프의 제1법칙을 이용하여 관련 식을 만들고

(2) 루프 전류 I의 세기를 구하시오.

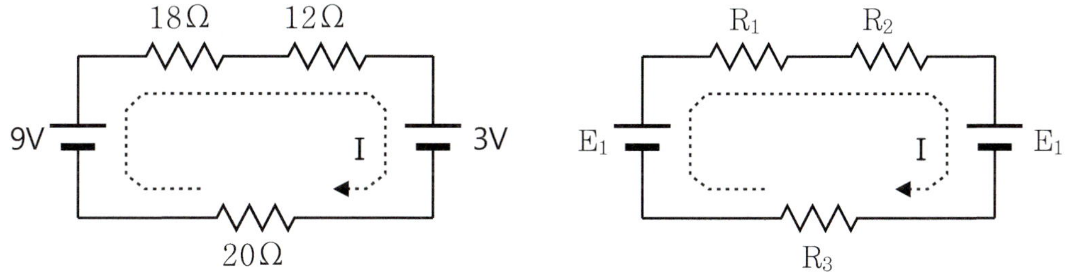

(a) (b)

[그림 12-3] 키르히호프의 제1법칙 문제도

〈풀이〉

(1) 키르히호프 법칙을 이용하여 관련 식을 세운다. 이때 전압의 극성에 유의한다. 루프 전류로 가정한 화살표 방향과 같으면 (+), 그 반대방향이면 (−)부호를 붙인다.

$$E_1 - E_2 = IR_1 + IR_2 + IR_3$$

(2) 주어진 회로 정수를 대입하여 전류를 구한다.

$$9-3 = 18I + 12I + 20I$$

$$6 = I(18+12+20)$$

$$= I(50)$$

$$\therefore\ I = \frac{6}{50} = 0.12\,[A]$$

답: 미리 가정한 전류방향과 같은 시계방향으로 $I=0.12$[A]가 흐른다.

〈검토〉 지금까지의 풀이가 옳은지 전류값을 대입하여 검토한다.

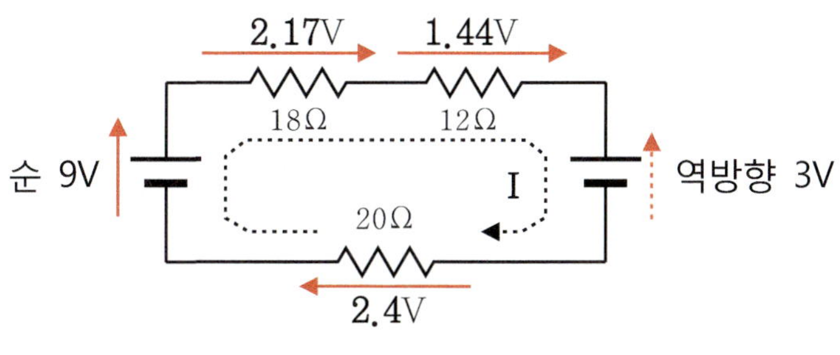

직류전원의 대수합

9−3=6V

전압강하의 합

2.17+1.44+2.4=6V

결론: 풀이는 "참" 이다.

이제 조금 복잡한 회로망의 예를 들어 보자. 그림 12-4의 회로는 세 개의 루프, 두 개의 전원 그리고 세 개의 지로 전류를 가진 회로이다. 여기에서 키르히호프의 제 2법칙을 적용한 식을 만들어 보자.

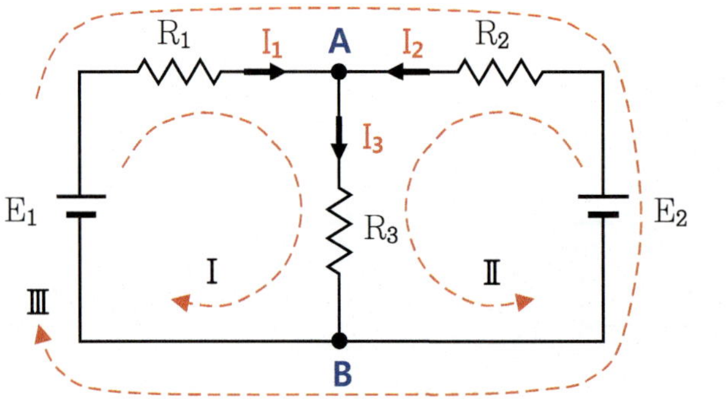

[그림 12-4] 두 개의 전원을 가진 회로망

$E_1=6V$
$E_2=12V$
$R_1=12\Omega$
$R_2=18\Omega$
$R_3=10\Omega$
$I_1=$?
$I_2=$?
$I_3=$?

루프 Ⅰ : $E_1 = I_1R_1 + I_3R_3$ …… (a)

루프 Ⅱ : $E_2 = I_2R_2 + I_3R_3$ …… (b)

여기에 추가하여 접속점 A에서 전류식을 만들 수 있다.

$$I_1 + I_2 - I_3 = 0 \quad \cdots\cdots \text{(c)}$$

〈예제 12-3〉

그림 12-3의 오른쪽에 주어진 회로정수들을 보고 키르히호프의 제1법칙을 적용한 전류식과 제2법칙을 이용한 전압식을 각각 만들어 보시오.

〈풀이〉

(1) 전류식 : $I_1 + I_2 - I_3 = 0$ …… (1)

(2) 전압식: 루프 Ⅰ 에서 $12I_1 + 10I_3 = 6$ …… (2)

루프 Ⅱ 에서 $18I_2 + 10I_3 = 12$ …… (3)

3개의 미지수를 풀기위한 3개의 식이 완성되었다. 이제 식(3)에 포함된 I_2를 $(I_3 - I_1)$으로 치환하여 식(3)을 정리하면 (3)' 가 된다.

$$18(I_3 - I_1) + 10I_3 = 12, \quad 18I_3 - 18I_1 + 10I_3 = 12$$

$$-18I_1 + 28I_3 = 12 \quad \cdots\cdots \text{(3)'}$$

$$(2)\times\frac{3}{2}= \qquad +)\quad 18I_1+15I_3=9 \qquad \cdots\cdots (2)'$$

$$(3)' + (2)' = 43I_3 = 21$$

$$\therefore\ I_3=\frac{21}{43}=0.488$$

이 결과를 식(2)에 대입하면 $12I_1+10\times\frac{21}{43}=6$

$\therefore\ I_1=0.093$, 얻어진 두 값을 식 $I_2=I_3-I_1$ 에 대입하여 I_2 를 구한다.

$$\therefore\ I_2=0.395$$

〈검토〉 이상의 풀이 결과를 주어진 회로에 적용하여 확인해 보자.

(1) 전류 관계를 검토해 본다.

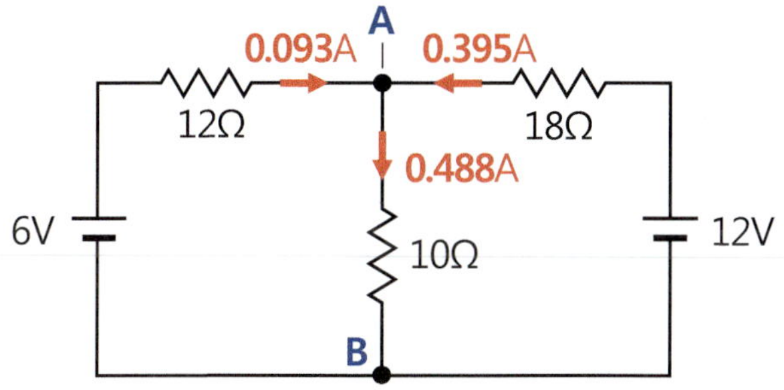

접속점 A에서 전류평형
0.093+0.395−0.488=0
접속점 B에서 전류평형
0.488−0.093−0.395=0
결론: 전류 관계는 "참" 이다.

(2) 전압의 관계를 검토해 본다.

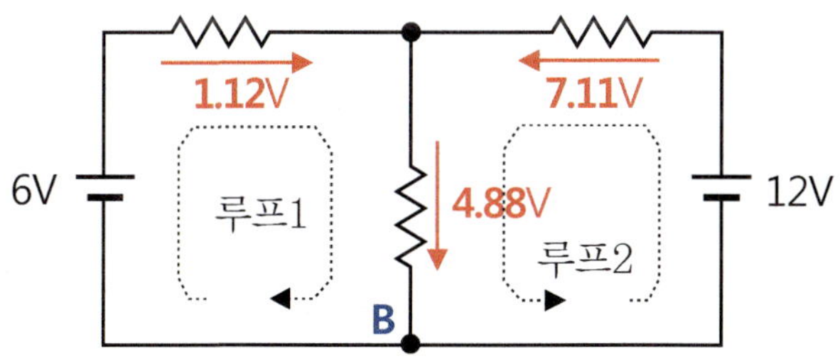

루프1에서 전압평형
6V=1.12+4.88
루프2에서 전압평형
12V=7.11+4.88
결론: 전압 관계는 "참" 이다.

4. 실험 순서

1) 키르히호프 제 1법칙

그림 12−5와 같이 회로를 구성하고 키르히호프 전류 법칙이 성립하는 확인한다. 즉, 키르히호프 전류 법칙 $I_1=I_2+I_3+I_4$ 인 것을 확인한다.

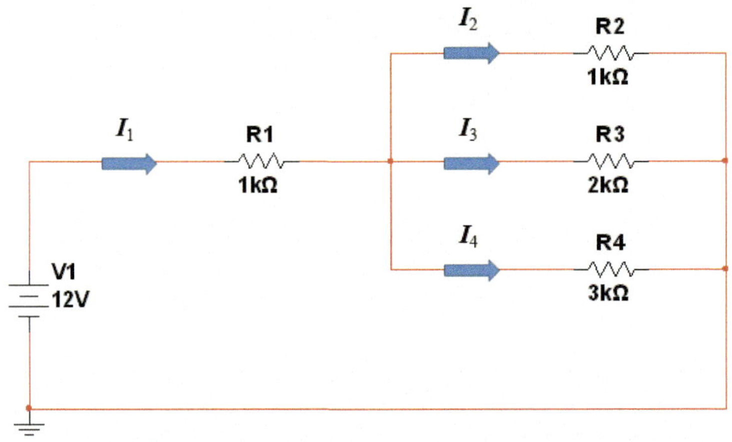

[그림 12-5] 키르히호프 전류 법칙 측정 회로

(1) 팅커캐드를 이용하여 그림 12-5의 회로를 구성하여 측정한다. (그림 12-6)

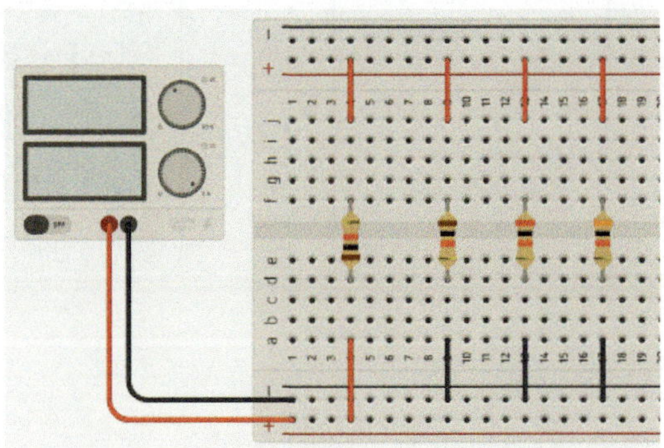

[그림 12-5] 팅커캐드를 이용한 회로 구성도

(2) 팅커캐드에서 멀티미터를 삽입하여 전체 전류 및 각 지로 전류를 측정한다.

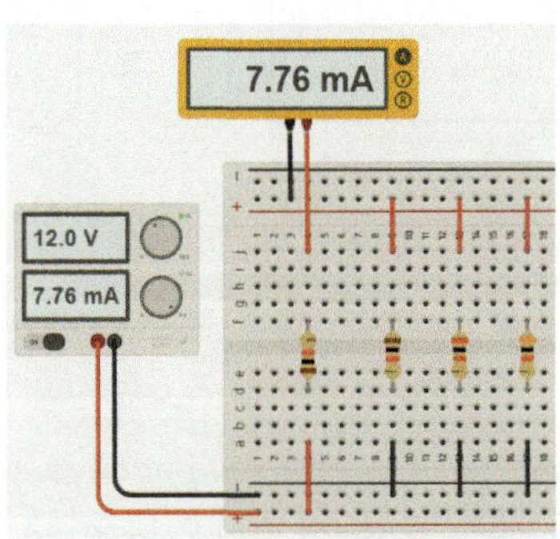

(a) R2 저항에 흐르는 전체 전류 측정

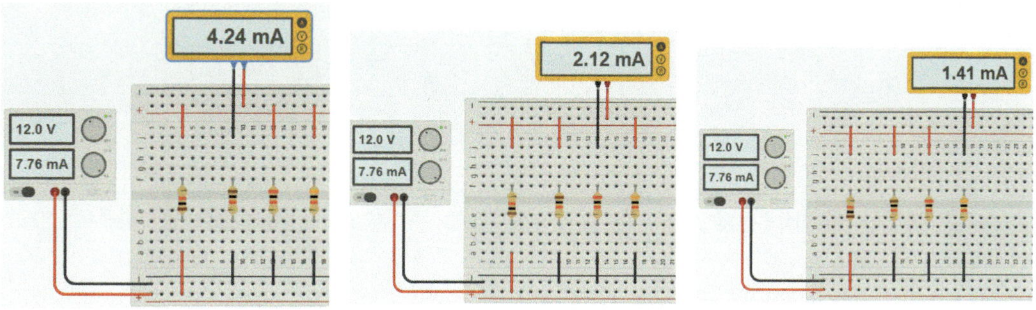

(b) R2 저항에 흐르는 전류 (c) R3 저항에 흐르는 전류 (d) R4 저항에 흐르는 전류

[그림 12-6] 팅커캐드를 이용하여 전체 전류 및 지로 전류의 측정

(3) 멀티심을 이용하여 그림 12-5와 같이 회로를 구성하고 멀티미터를 삽입하여 전체 전류 및 각 지로 전류를 측정한다.

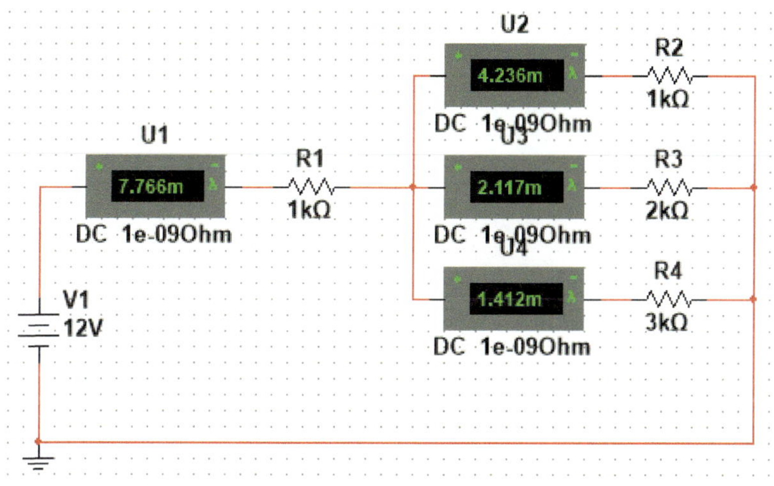

[그림 12-7] 멀티심을 이용하여 전체 전류 및 지로 전류의 측정

(4) 직류전원공급장치, 브레드보드 및 저항 등을 이용하여 그림 12-5와 같이 구성한 후 전체 전류 및 각 지로 전류를 측정한다.

(5) 이후 이론값 및 팅커캐드, 멀티심를 이용하여 시뮬레이션한 값과 브레드보드를 이용하여 측정한 값을 표 12-1에 기록하고 비교한다.

[표 12-1] 키르히호프 제1법칙

항목	전체 전류 [A]	지로 전류 [A]		
	I1	I2	I3	I4
이론치 (A)				
팅커캐드 이용 (B)				
멀티심 이용 (C)				
브레드보드 이용 (D)				
오차 (A-D)				

(6) 다음 그림 12-8은 키르히호프의 법칙을 실험하기 위한 회로이다.

[그림 12-8]
키르히호프법칙
실험 회로도

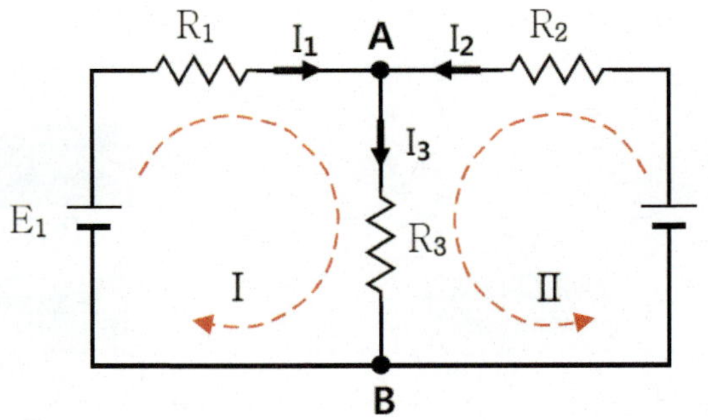

(7) 그림 12-9와 같이 브레드보드를 이용하여 두 개의 전원과 하나의 전류계를 연결하시오.

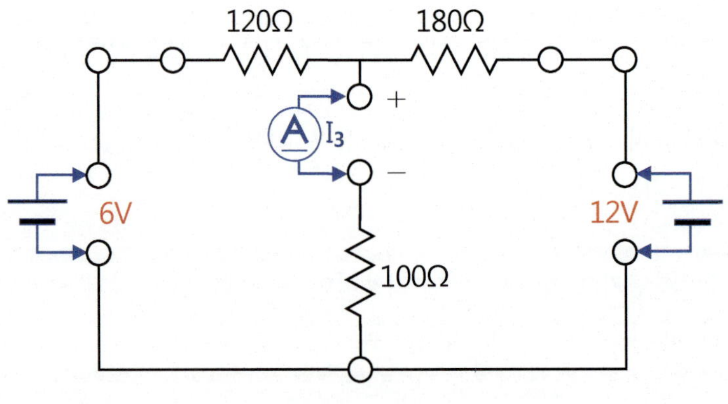

[그림 12-9] 합성전류 측정법

(8) 브레드보드를 이용하여 그림 12-10과 같이 구성하여 합성전류를 측정해 본다.

[그림 12-10] 합성전류 측정법

☞ 전류계의 레인지 선택은 자동 또는 100[mA]로 설정한다.

(9) 100[Ω]을 통과하는 합성전류(I_3)를 측정하여 아래 기록표에 기입한다.

R_3를 통과하는 합성전류(I_3)	_____ [mA]

참고 : 저항(R_3)을 통과하는 전류를 측정하는 방법에는 표 12-2와 같은 네 가지가 있다. 이 중에서 한 가지를 골라 전류 I_3를 측정하시오.

[표 12-1] 전류측정법

전류를 측정하는 방법들	참고도
(a) 전류계를 사용한 전류측정 측정의 예 우측 그림(a)와 같이 전류가 흐르는 통로를 끊고 그 사이에 전류계를 연결하여 직접 전류를 측정한다. ☞ 장점과 단점: ○측정법이 간단하다. ▼전류계 내부저항에 따라 오차가 발생한다. ▼저임피던스 회로일수록 오차가 커진다. ▼고압회로 등에서는 측정을 위해서 선로를 차단해야하는 어려움이 있다.	(a) 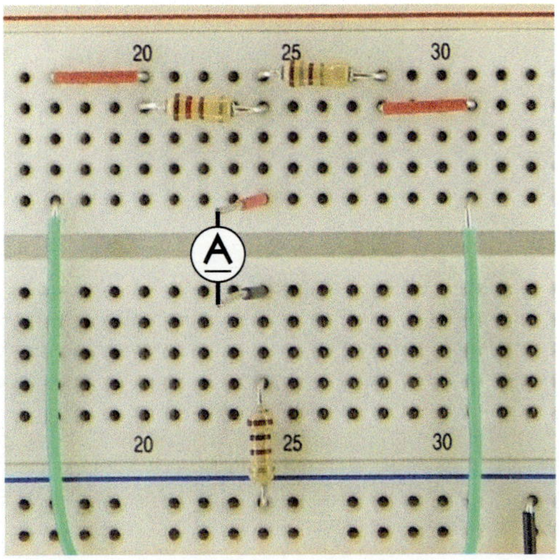
(b) 전압계를 사용한 전류측정법 측정법: 저항에 걸리는 전압을 측정하고 이를 저항값으로 나누어 전류값을 얻는다. 측정의 예 ☞ 그림 (b)와 같이 전류계 자리는 선으로 연결하고 100[Ω]저항 양단에 전압계를 연결한다. 장점과 단점: ○ 전류계를 사용할 때보다 내부저항에 의한 오차가 작다. ○ 하나의 전압계로 전압과 전류를 모두 측정할 수 있으므로 오차관리가 용이하다. △ 저항의 정밀도에 따라 오차가 결정된다.	(b) 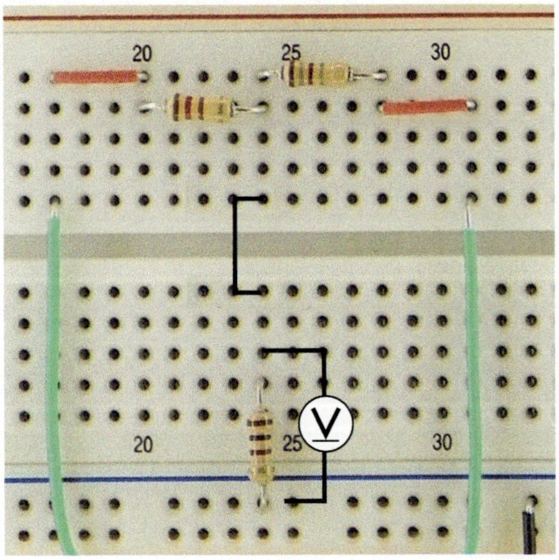

(c) 보조저항을 사용한 전류측정법

측정법: 전류가 흐르는 선로에 보조저항(1Ω)을 삽입하면 여기에 걸리는 전압이 곧 전류값이 된다.

$$I=\frac{V}{R}, \text{만약 } R=1\Omega \text{ 이라면 } I=V$$

측정의 예 ☞

그림 (c)와 같이 I3가 흐르는 선로에 1Ω(1%)저항을 연결하고 이 저항 양단에 전압계를 연결한다.

장점과 단점:

△저항의 정밀도에 따라 오차가 결정된다.

△측정회로의 저항과 보조저항의 비율이 100:1 이상이면 실용적이다.

△ 이 방식은 오실로스코프에서 사용한다.

(c)

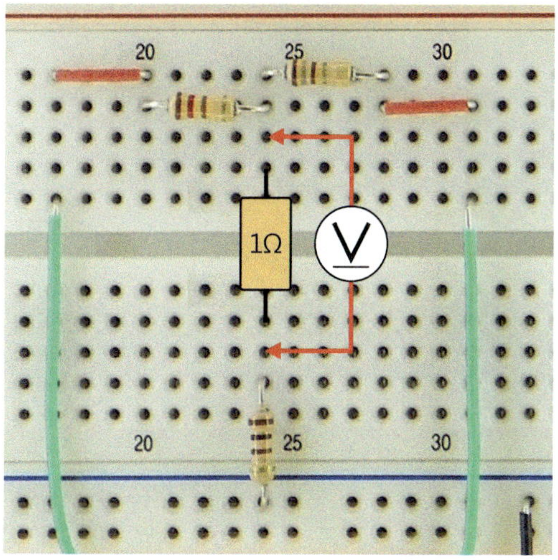

(10) 그림 12-11과 같이 I1과 I2 위치에 전류계를 연결하여 지로전류를 측정한다.

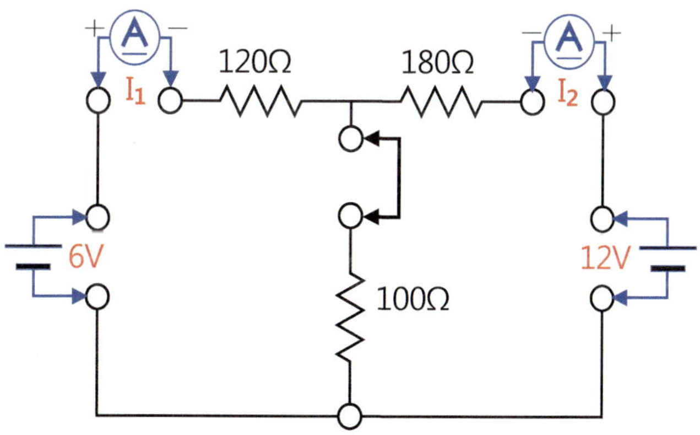

[그림 12-11] 지로전류 측정법

120Ω 에 흐르는 전류 I_1	[A]
180Ω 에 흐르는 전류 I_2	[A]

(11) 이상의 실험에서 얻은 전류값들이 키르히호프의 제1법칙을 만족하는지 비교한다.

전류의 관계	I1		I2		I3
		+		=	

2) 키르히호프 제 2법칙

그림 12-12와 같이 회로를 구성하고 키르히호프 전압 법칙이 성립하는 확인한다. 즉, 키르히호프 전압 법칙 $V = V_1 + V_2 + V_3$ 인 것을 확인하라.

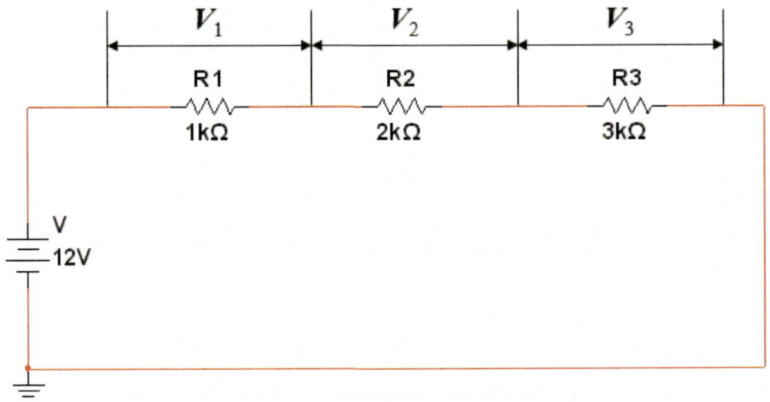

[그림 12-12] 키르히호프 전압 법칙 측정 회로

(1) 팅커캐드를 이용하여 그림 12-12의 회로를 구성하여 측정한다. (그림 12-13)

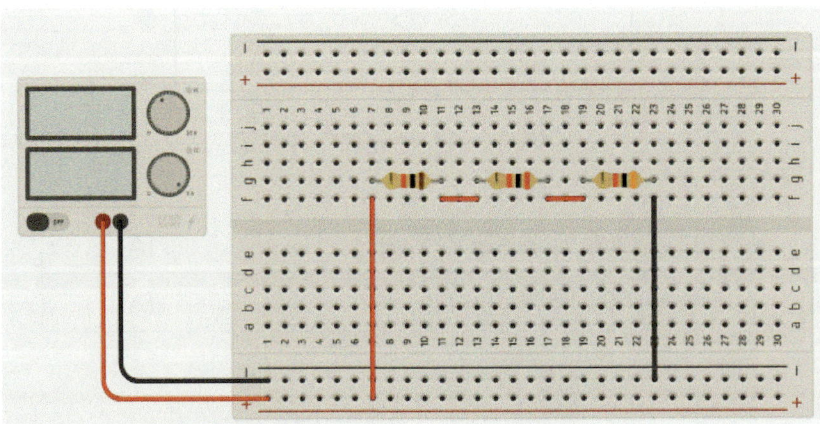

[그림 12-13] 팅커캐드를 이용한 회로 구성도

(2) 팅커캐드에서 멀티미터를 이용하여 각 저항에서 발생하는 전압강하를 측정한다.

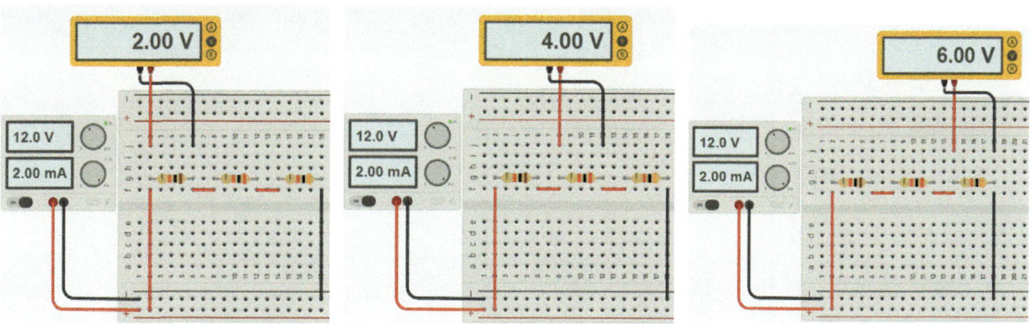

(a) R2 저항에서의 전압강하 (b) R3 저항에서의 전압강하 (c) R4 저항에서의 전압강하

[그림 12-14] 팅커캐드를 이용하여 각 저항에서의 전압 강하 측정

(3) 멀티심을 이용하여 그림 12-12와 같이 회로를 구성하고 멀티미터를 이용하여 각 저항에서의 전압강하를 측정한다.

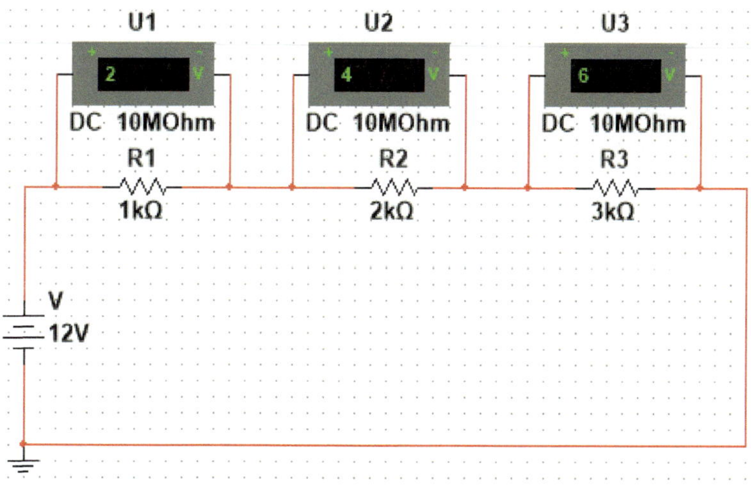

[그림 12-15] 멀티심을 이용하여 각 저항에서의 전압강하를 측정

(4) 직류전원공급장치, 브레드보드 및 저항 등을 이용하여 그림 12-12와 같이 구성한 후 각 저항에서의 전압강하를 측정 측정한다.

(5) 이후 이론값 및 팅커캐드, 멀티심를 이용하여 시뮬레이션한 값과 브레드보드를 이용하여 측정한 값을 표 12-2에 기록하고 비교한다.

[표 12-2] 키르히호프 제 2법칙

항목	전체 전압 [V]	각 저항에서의 전압강하 [V]			
	V	V1	V2	V3	V1 + V2 + V3
이론치 (A)					
팅커캐드 이용 (B)					
멀티심 이용 (C)					
브레드보드 이용 (D)					
오차 (A-D)					

(6) 그림 12-16과 같이 회로를 구성한 후 전압계를 사용하여 각 저항 양단의 전압을 측정하고 기록하시오.

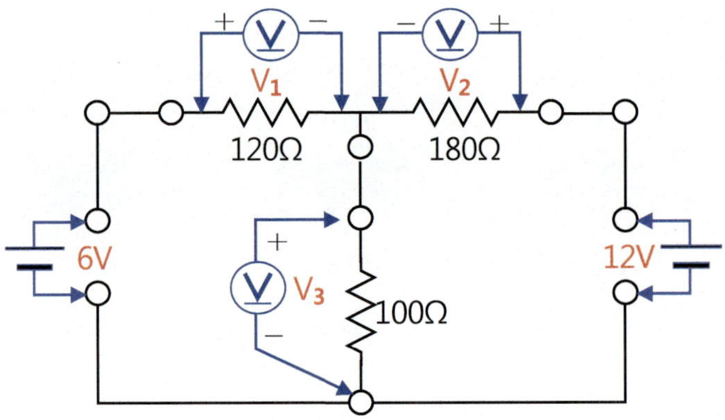

[그림 12-16] 전압 측정법

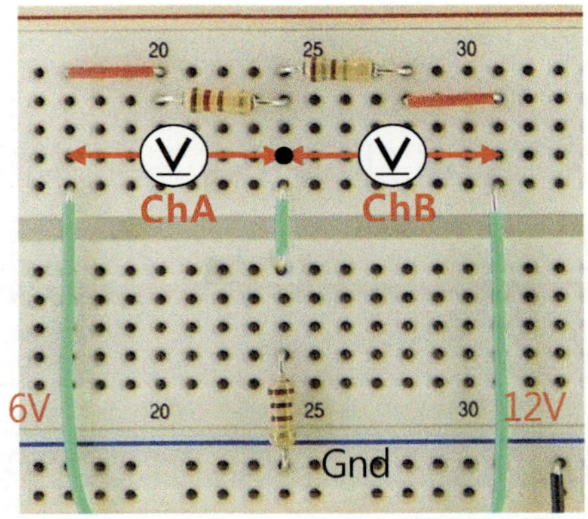

그림 12-17 각 저항에서의 전압 측정

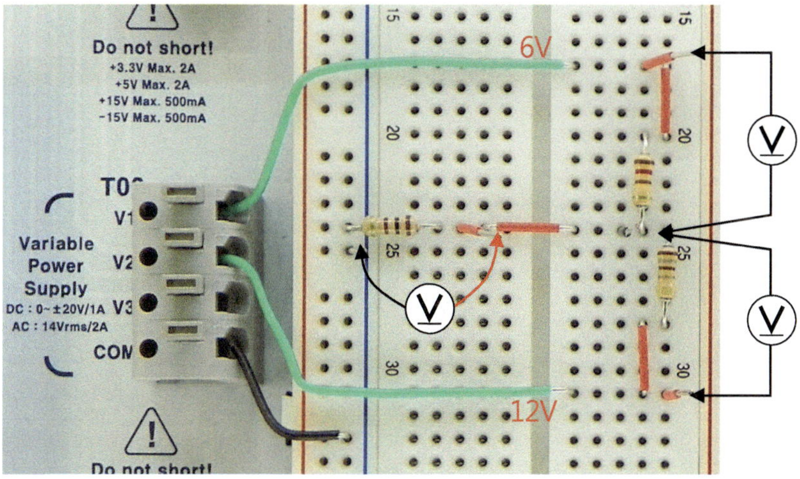

[그림 12-18] 브레드보드를 사용한 전압측정

전압 측정 값	V1(120Ω)	V2(180Ω)	V3(100Ω)

〈요약〉

1. 키르히호프 제 1법칙 (전류 법칙) : 임의 접속점으로 들어오는 전류의 합과 나가는 전류의 합은 같다.
2. 전류방향의 원칙: 접속점(중심)으로 들어오는 전류에는 (+), 접속점에서 나가는 전류에는 (−)부호를 붙인다.
3. 키르히호프 제 2법칙 (전압 법칙) : 임의의 폐회로 내에서 전압강하의 합과 기전력의 합은 같다.

실험 보고서 (　　주차)

실험 제목			
실험조	조	소 속	
실험일자		제출자	

1. 실험 목적

2. 실험에 사용된 부품 및 장비명

3. 실험 결과

4. 고찰

CHAPTER 13

중첩의 정리

1. 실험 목적

중첩의 정리를 이용하여 회로망의 전류와 전압을 계산할 수 있고, 회로를 구성하고 계측기를 이용하여 전류와 전압을 측정할 수 있다.

2. 실험 준비물

① 브레드보드, 리드선 적당량
② 저항(100[Ω], 1[kΩ], 2[kΩ], 3[kΩ] 1/4[W]) 4개
③ 회로시험기(밀티미터) 1대
④ 직류 전압계(0~30[V]) 1대
⑤ 직류 전류계(0~100[mA]) 1대
⑥ 직류전원공급장치 1대
⑦ 컴퓨터 1대

3. 관련 이론

'중첩의 정리' 란 2개 이상의 전원이 있을 때 각 회로를 흐르는 전류는 각 전원이 단독으로 있을 때 흐르는 전류들의 대수합이다.

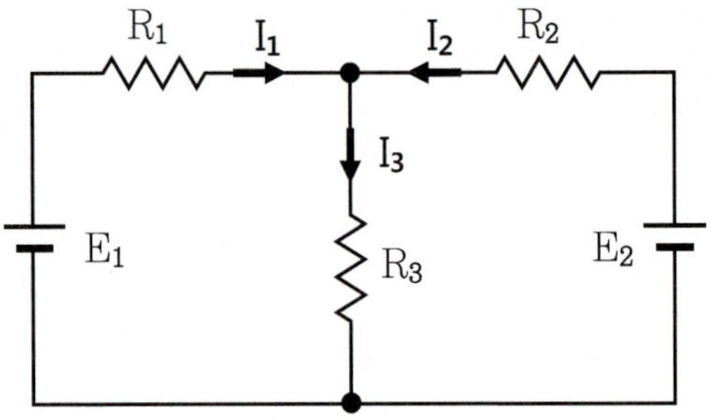

[그림 13-1] 회로망 모델

Sample
E_1=2V
E_2=3V
R_1=12Ω
R_2=18Ω
R_3=10Ω
I_3=?

그림 13-1의 회로에서 R_3에 흐르는 전류 I_3는 2단계로 나누어 계산할 수 있다.

(1) E_2=0로 만들고, E_1만 있는 회로에서 R_3에 흐르는 전류 I_{31}을 구한다.

(2) E_1=0로 만들고, E_2만 있는 회로에서 R_3에 흐르는 전류 I_{32}을 구한다.

(3) 이상의 두 전류를 합하면 두 개의 전원이 모두 있을 때 흐르는 전류이다.

〈예제 13-1 〉

그림 13-1의 오른쪽에 주어진 회로정수를 이용하여 중첩의 정리에 따라 I_3를 구하고, 이어서 R_3에 걸리는 전압을 구하시오.

〈풀이〉

1단계: 그림 13-2와 같이 E_1 단독회로에서 10Ω 에 흐르는 전류(I31)를 구한다.

$$I_{31} = \frac{2V}{12+(10 \parallel 18)} \cdot \frac{18}{(10+18)} [A]$$

$(12 \parallel 18)$은 두 저항의 병렬을 뜻함.

∴ (I_{31})=69.8[mA]

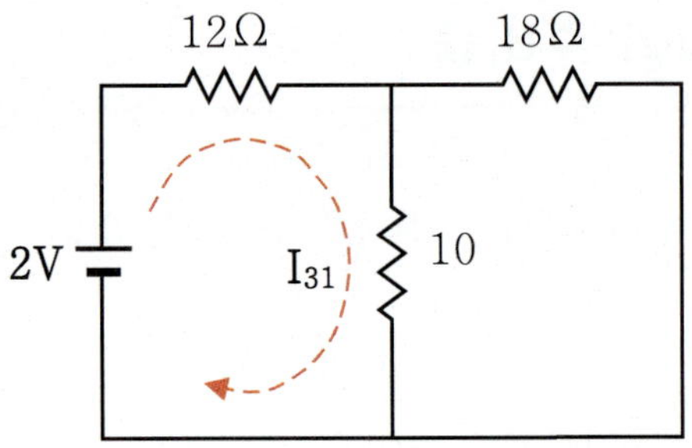

[그림 13-2] E_1=2[V] 단독회로

2단계: 그림 13-3의 E_2 단독회로에서 10Ω 에 흐르는 전류(I32)를 구한다.

$$I_{32} = \frac{3}{18+(10 \parallel 12)} \cdot \frac{12}{(10+12)} [A]$$

∴ (I_{32})= 69.8[mA]

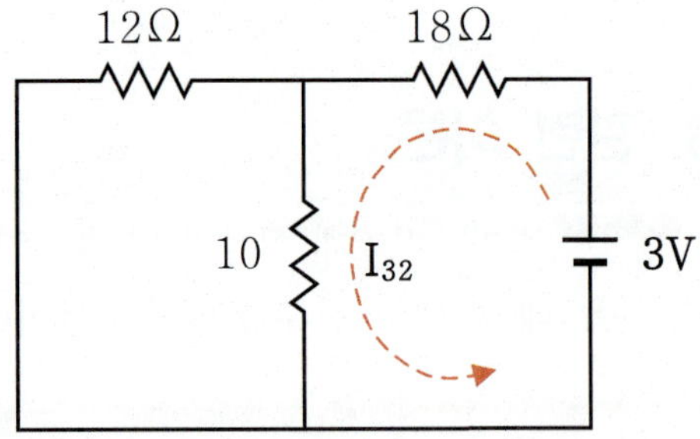

[그림 13-3] E_2=3[V] 단독회로

이상에서 구한 두 개의 전류는 방향이 같으므로 두 개의 전류값을 합한다.

$I_3 = I_{31} + I_{32} = 69.8 + 69.8$

$\therefore\ I_3 = 139.6[mA]$

따라서 그림 13-3에서 R_3(10[Ω])에 흐르는 전류(I_3)는 139.6[mA]이다.

〈Good to know〉

그림 13-4의 회로에서 중첩의 정리를 적용하여 직접 I_3를 구하는 공식을 소개한다.

$$I_3 = \frac{E_1R_2 + E_2R_1}{R_1R_2 + R_2R_3 + R_3R_1}$$

위 공식을 이용해서 풀어보면,

$$I_3 = \frac{2 \cdot 18 + 3 \cdot 12}{12 \cdot 18 + 18 \cdot 10 + 10 \cdot 12} = \frac{72}{516}$$

$$\therefore\ I_3 = 139.5\,[mA]$$

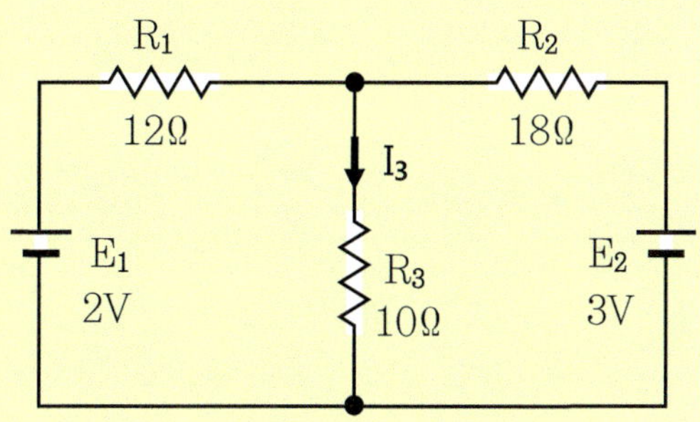

[그림 13-4] 문제도

계속해서 I_1, I_2를 구하려면 다음의 순서를 따른다.

① 10Ω 양단의 강하전압을 구한다. $V_{R3} = I_3R_3 = 0.1395 \times 10 = 1.395[V]$

② 루프 I 에서 전압식을 세워 I_1을 구한다. $E_1 - V_{R3} = I_1R_1$, $2 - 1.395 = 12 \cdot I_1$

$\therefore I_1 = 50.4mA$

③ 루프 II 에서 전압식을 세워 I_2를 구한다. $E_2 - V_{R3} = I_2R_2$, $3 - 1.395 = 18 \cdot I_2$

$\therefore I_2 = 89.2mA$

4. 실험 순서

1) 전압원-전류원이 존재하는 경우

(1) 그림 13-5와 같은 회로를 구성하고, 중첩의 원리를 이용하여 R_2에 흐르는 전류를 구한다.

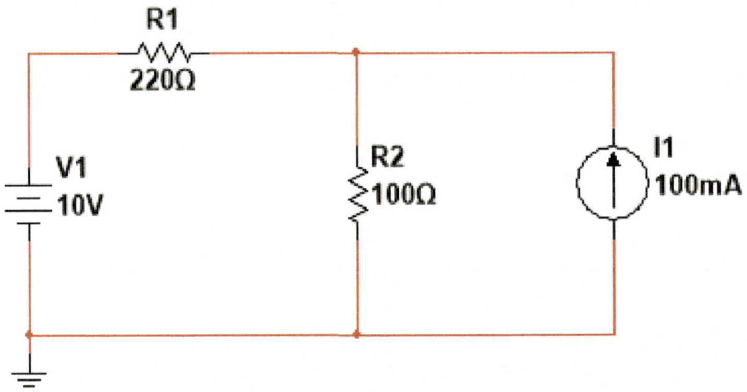

[그림 13-5] 중첩의 원리 회로

(2) 멀티심을 이용하여 전압원 및 전류원만의 회로를 각각 구성한다. 먼저 그림 13-6과 같이 전류원을 제거하여 전압원만의 회로를 구성한다. 이후 그림 13-7과 같이 전압원을 제거하고 전류원만의 회로를 구성한다.

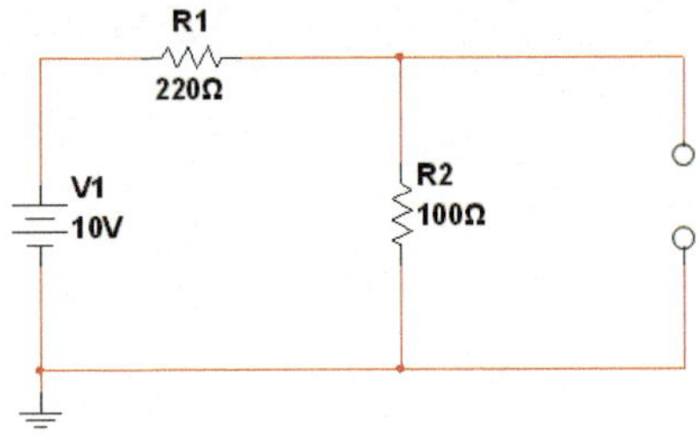

[그림 13-6] 전압원만의 회로

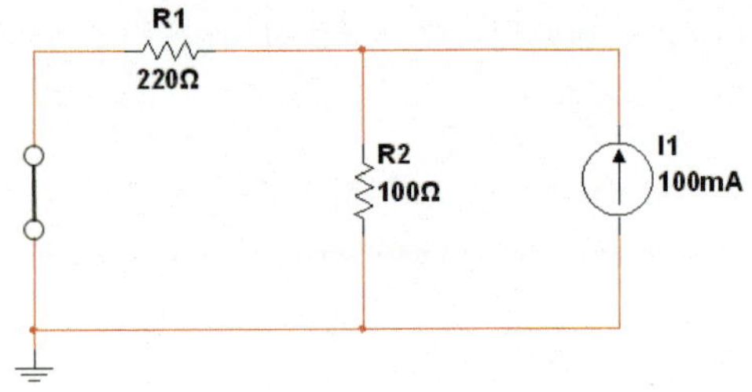

[그림 13-7] 전류원만의 회로

(3) 멀티심을 이용하여 그림 13-8과 같이 저항 R2와 직렬로 멀티미터를 연결하여 전압원만의 회로에서 전류를 측정하고, 이후 그림 13-9와 같이 저항 R2와 직렬로 멀티미터를 연결하여 전류원만의 회로를 구성한 후 R2에 흐르는 전류를 측정한다.

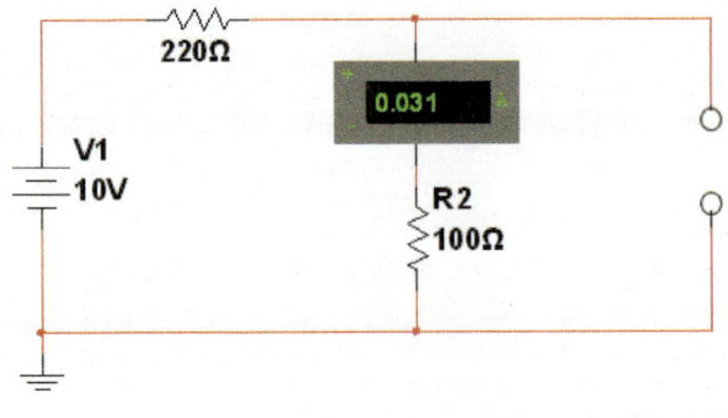

[그림 13-8] 전압원만의 회로에서 전류 측정

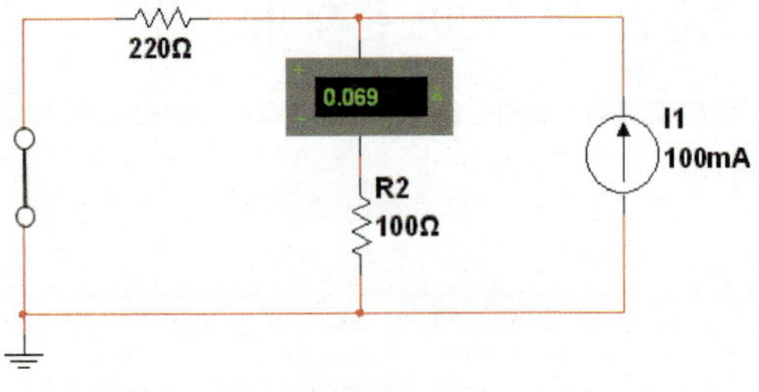

[그림 13-9] 전류원만의 회로에서 전류 측정

그림 13-10은 전압원과 전류원이 존재할 경우, 저항 R2에서 측정한 전류를 보여주고 있다.

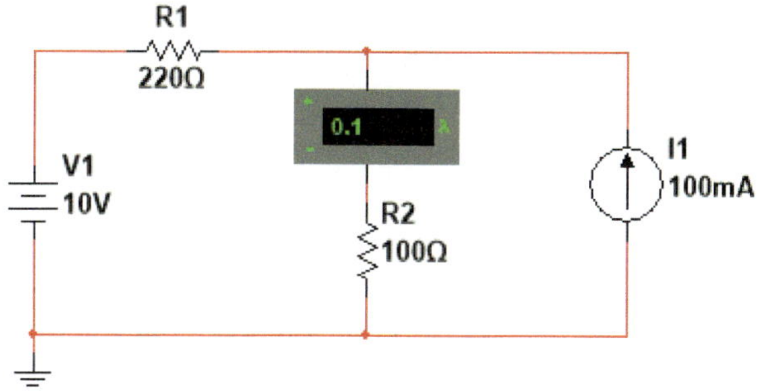

[그림 13-10] 전압원/전류원이 존재하는 회로에서 R2에 흐르는 전류 측정

[표 13-1] 중첩의 원리 결과값

구분	전압원만의 회로	전류원만의 회로	전압원/전류원 회로
전류값 [A]			

2) 전압원-전압원이 존재하는 경우

(1) 브레드보드, 직류전압공급장치 및 저항을 이용하여 그림 13-11과 같은 회로를 구성한 후 각 지로에 흐르는 전류를 측정하여 중첩의 원리를 확인한다.

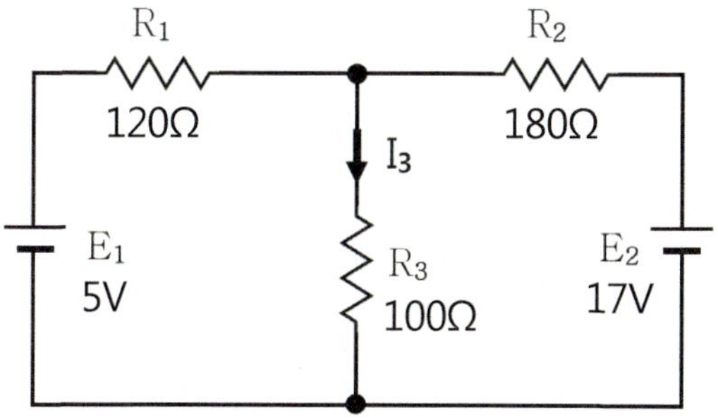

[그림 13-11]
중첩의 정리 실험도

(2) 그림 13-11 회로를 팅커캐드를 이용하여 그림 13-12와 같이 구성하였다.

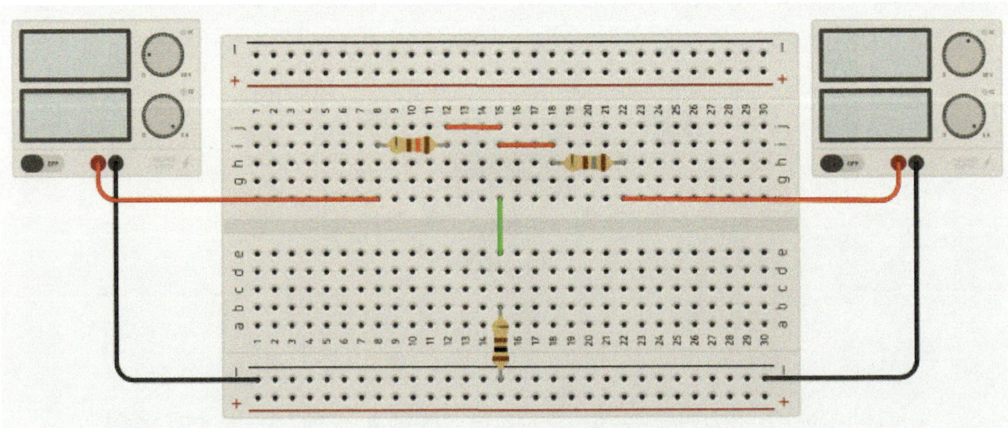

[그림 13-12] 팅커캐드를 이용하여 중첩의 원리 회로 구성

(3) 이후 각각의 저항과 직렬로 멀티미터를 연결하여 각 저항에 흐르는 전류를 측정한다. 그림 13-13은 팅커캐드를 이용하여 각각의 저항에 흐르는 전류값을 멀티미터로 측정한 결과를 보여주고 있다.

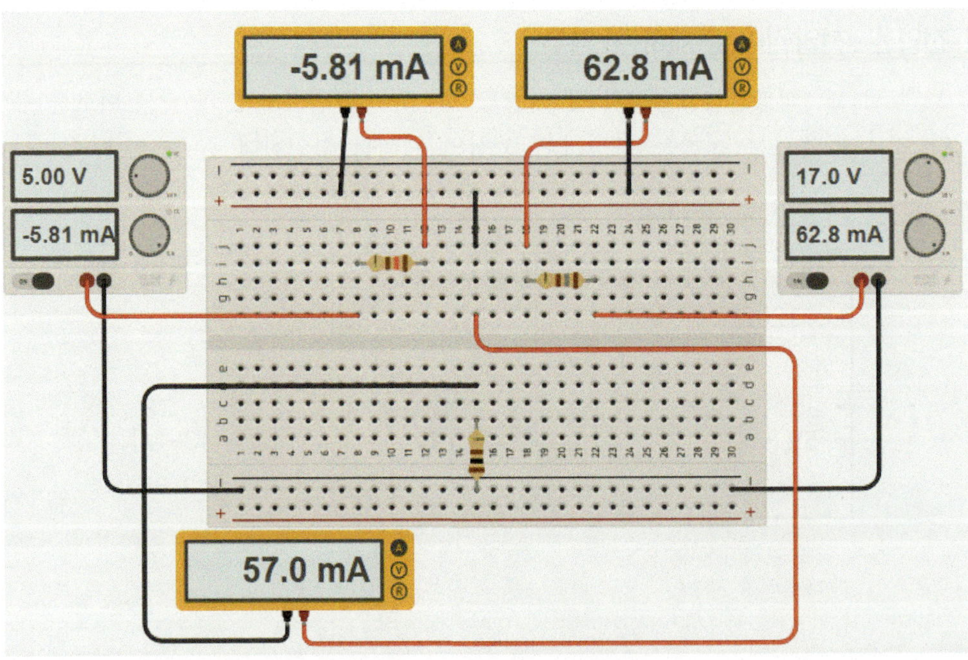

[그림 13-13] 팅커캐드를 이용하여 중첩의 원리 회로 측정

[표 13-1] 중첩의 원리를 이용한 전류 측정 결과

I_1= [mA]	I_2= [mA]	I_3= [mA]

(4) 그림 13-14와 같이 E_2의 전원을 제거하고 그 자리는 전선으로 연결한다. 그리고 전원 E_1(5[V])만 공급할 때 100[Ω]을 통과하는 전류(I_{31})를 측정하여 기록한다.

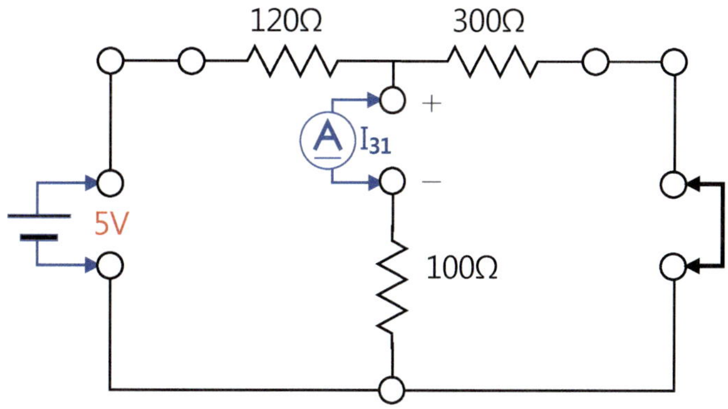

[그림 13-14] E_1에 의한 지로전류(I_{31})측정법

① 그림 13-15는 그림 13-14 회로에서 E_2의 전원을 제거하고 E_1(5[V]) 만의 회로에서 각 저항에 흐르는 전류값을 측정한 모습을 보여준다.

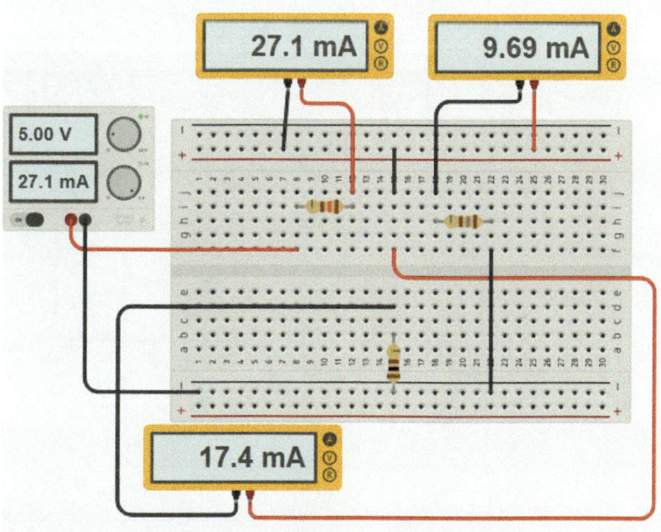

[그림 13-15] 5[V] 만의 회로 및 측정

E_1(5[V])만 공급할 때 100[Ω]에 흐르는 전류(I_{31})	______ [mA]

(5) 그림 13-16과 같이 전원 E_1을 제거하고 그 자리는 전선으로 연결한다. 그리고 전원 E_2(17[V])만 공급할 때 100[Ω]을 통과하는 전류(I_{32})를 측정한다.

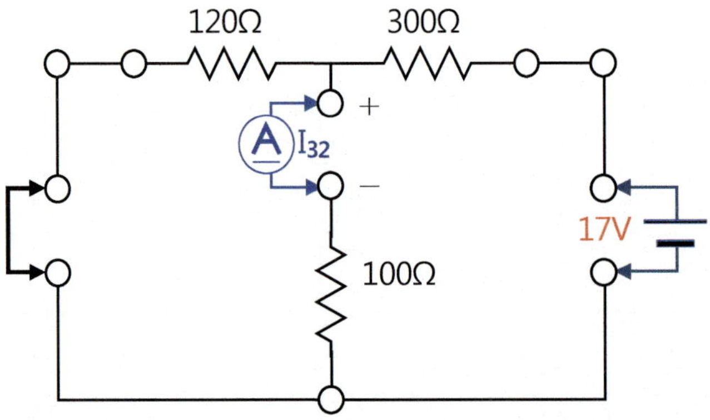

[그림 13-16] E_2에 의한 지로전류(I_{32}) 측정법

① 그림 13-17은 E_1의 전원을 제거하고 E_2(17[V]) 만의 회로에서 각 저항에 흐르는 전류값을 측정한 모습을 보여준다.

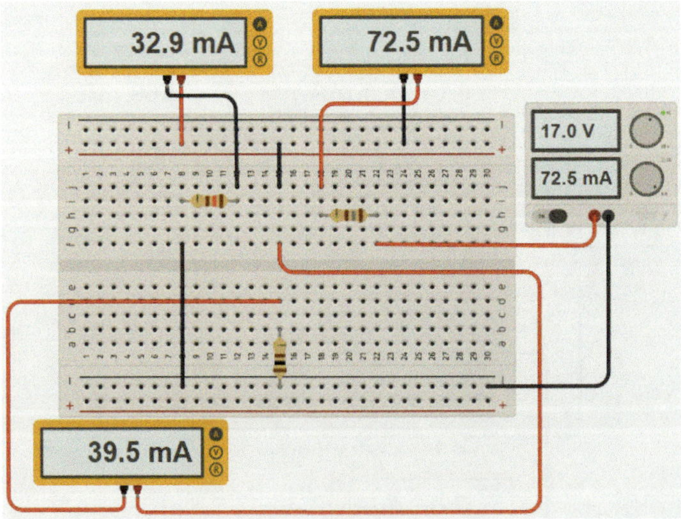

E_2(17[V])만 공급할 때 100[Ω]에 흐르는 전류(I_{32})	[mA]

(6) 앞의 측정결과를 아래 표에 옮겨 적고 '중첩의 정리' 가 성립하는지 확인한다.

측정 값	I_{31}	+	I_{32}	=	I_3

(7) 중첩회로에서 각 전류를 다음의 계산공식으로 구하고 측정값과 비교해 보시오.
단, $\Delta R = R_1 R_2 + R_2 R_3 + R_3 R_1$이다.

계산 값	공식	$I_{31} = \dfrac{E_1 R_2}{\Delta R}$	$I_{32} = \dfrac{E_2 R_1}{\Delta R}$	$I_3 = \dfrac{E_1 R_2 + E_2 R_1}{\Delta R}$
	계산 값	$I_{31} =$	$I_{32} =$	$I_3 =$

(8) 결과의 검토

계산 결과와 측정 결과가 일치하는가?

( )예, 일치합니다. ( )아니오, 일치하지 않습니다.

실험 보고서 (주차)

실험 제목			
실험조	조	소 속	
실험일자		제출자	

1. 실험 목적

2. 실험에 사용된 부품 및 장비명

3. 실험 결과

4. 고찰

CHAPTER 14

테브난의 정리

1. 실험 목적

다수의 전원과 저항을 가진 회로망을 하나의 전압원과 하나의 저항이 직렬 연결된 테브난 등가회로로 변환할 수 있으며, 회로를 구성할 수 있다.

2. 실험 준비물

① 브레드보드, 리드선 적당량
② 저항(30[Ω], 50[Ω], 100[Ω], 200[Ω] 1/4[W]) 4개
③ 회로시험기(멀티미터) 1대
④ 직류 전압계(0~30[V]) 1대
⑤ 직류 전류계(0~100[mA]) 1대
⑥ 직류전원공급장치 1대
⑦ 컴퓨터 1대

3. 관련 이론

'테브난의 정리' 란 출력단자에 이르기까지 다수의 전원과 저항을 가진 회로망을 '하나의 전압원과 하나의 저항이 직렬로 접속된 회로' 로 단순화하는 정리이다.

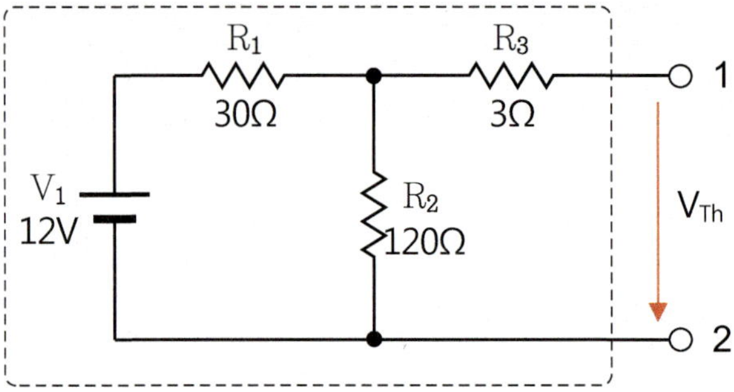

[그림 14-1] 주어진 기본 회로망

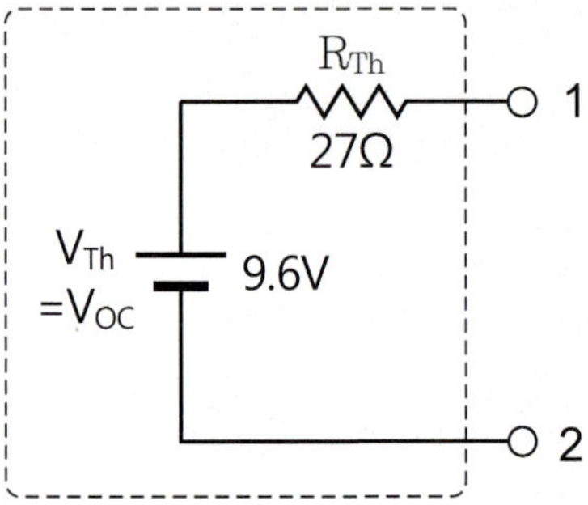

[그림 14-2] 테브난 등가회로

예를 들어, 그림 14-1과 같은 회로망에서 부하를 개방($R_L=\infty$)할 때 출력단자(1-2)에 걸리는 전압을 V_{Th}라 하고, 전압원을 단락($V_1=0[V]$)한 채 단자(1-2)에서 본 내부저항을 R_{Th}라 한다면, 주어진 회로는 V_{Th}와 R_{Th}의 직렬회로와 같으며 그림 14-2와 같이 변환된 회로를 '테브난의 등가회로'라 한다.

여기서 V_{Th}를 '테브난 전압'이라 하고, R_{Th}를 '테브난 저항'이라 한다.

〈예제 14-1〉

그림 14-1의 회로에 부하저항 $R_L=33[\Omega]$을 달았을 때 부하에 흐르는 전류와 부하 양단의 전압을 테브난의 정리를 이용하여 구하시오.

〈풀이〉

먼저, 부하가 개방된 상태의 출력전압, 즉 테브난 전압(V_{Th})을 구한다.

$$\text{테브난 전압 } V_{Th} = V_{CO(R_L=Open)} = \frac{120}{(30+120)} \times 12V = 9.6[V]$$

전압원을 0V로 가정하고 내부저항, 즉 테브난 저항(R_{Th})을 구한다.

$$\text{테브난 저항 } R_{Th} = \frac{R_1 \cdot R_2}{R_1 + R_2} + R_3 = \frac{30 \times 120}{30+120} + 3 = 24 + 3 = 27[\Omega]$$

테브난 전압과 테브난 저항을 적용하여 등가회로를 그리면 [그림 14-3]과 같다.

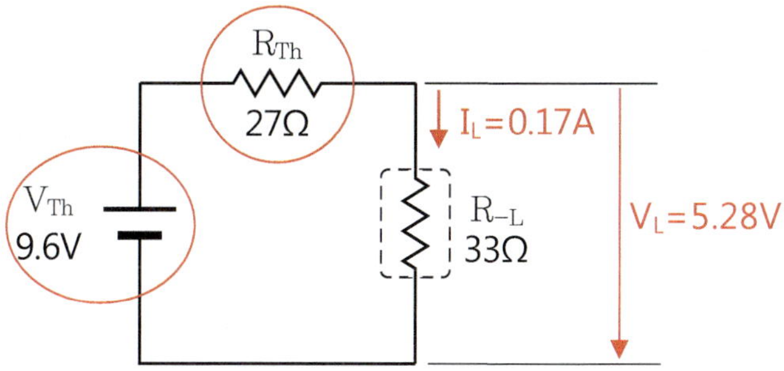

[그림 14-3] 테브난 정리로 표현한 회로

이제 이 등가회로에 부하(33Ω)를 연결하고 부하전류와 출력전압을 구할 수 있다.

부하전류 $I_L = \dfrac{V_{Th}}{R_{Th}+R_L} = \dfrac{9.6}{27+33} = 0.16\,[A]$

부하 단자전압(출력전압) $V_L = I_L \cdot R_L = 0.16 \times 33 = 5.28\,[V]$

〈예제 14-2〉

테브난의 정리를 이용하여 그림 14-4의 회로에서 부하 12[Ω]에 흐르는 전류를 구하시오.

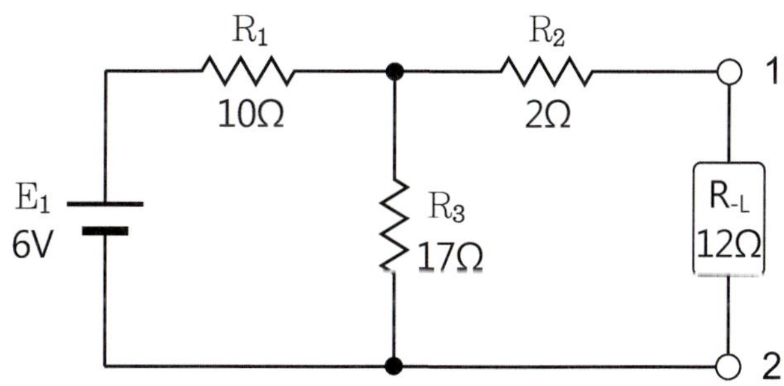

[그림 14-4] 테브난의 정리를 위한 문제도

〈풀이〉 부하를 제외한 주어진 회로를 테브난의 등가회로로 바꾼다.

1) 테브난 전압 $V_{Th} = \dfrac{15}{10+15} \times 6 = 3.6\,[V]$

2) 테브난 저항 $R_{Th} = 2 + (\dfrac{10 \times 15}{10+15}) = 2+6 = 8\,[\Omega]$

3) 부하를 설치한 후 부하전류를 구한다.

$$I_L = \frac{V_{Th}}{R_{Th}+R_L} = \frac{3.6}{8+12} = \frac{3.6}{20} = 0.18\,[A]_{OR}\ 180\,[mA]$$

4. 실험 순서

(1) 브레드보드를 이용하여 그림 14-5와 그림 14-6과 같이 두 개의 회로를 조립하고 E_1=3[V], E_2=2.4[V]가 되도록 전원공급기를 조절한다.

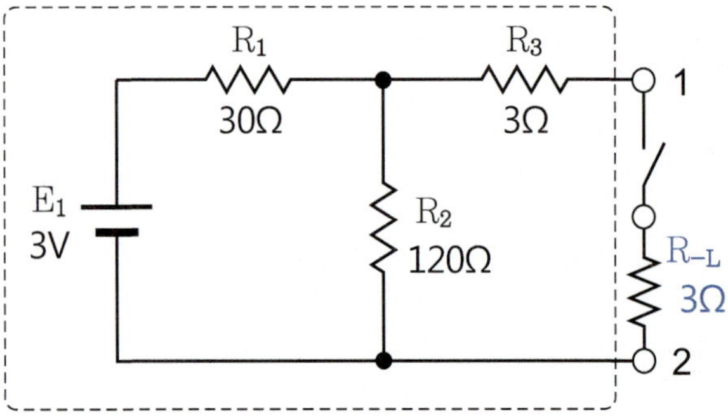

[그림 14-5] 회로-A

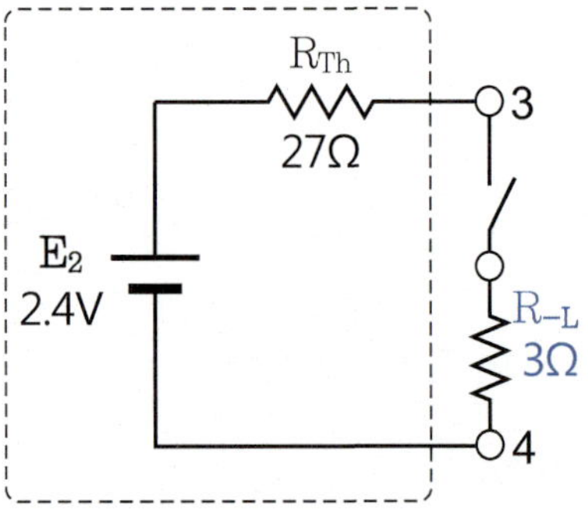

[그림 14-6] 회로-B

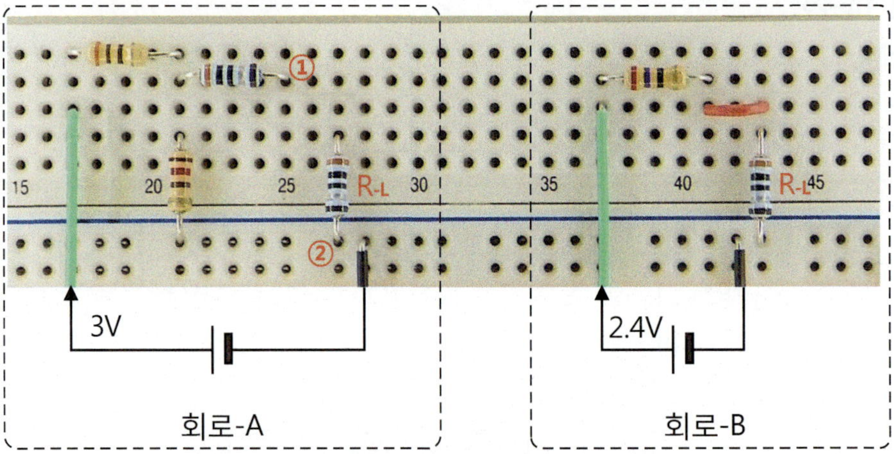

[그림 14-7] 브레드보드에 조립한 실험회로

(2) 그림 14-5 또는 그림 14-7의 회로-A에서 부하(R-L)를 연결하지 않은 상태로 단자 1-2 사이의 출력전압을 측정한다.

개방단자전압 $V_{oc} = V_{Th} =$ [V]

(3) 그림 14-8과 같이 회로-A의 전원을 제거하고 그 자리를 연결선으로 단락(쇼트)한다.

[그림 14-8] 테브난 저항 측정하기

(4) 디지털 저항계로 출력단자 1-2간의 저항을 측정한다.(이때 부하는 연결되지 않는다)

출력단자에서 본 내부저항 = 테브난 저항 R_{Th} = Ω

(5) 다시 전원(E_1) 3[V]를 연결한다.

(6) 그림 14-7과 같이 양쪽의 출력단자 1-2와 3-4에 각각 R-L= 3[Ω]을 연결한다.

(7) 전압계로 양쪽의 출력전압을 측정하여 표 14-1에 기록한다.

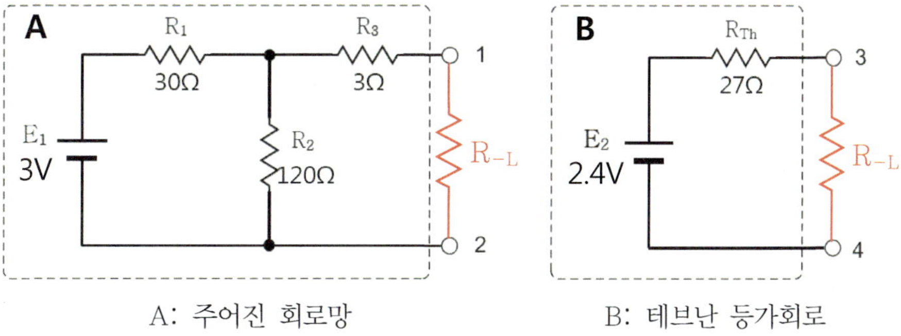

[그림 14-9] 부하실험을 위한 저항 접속

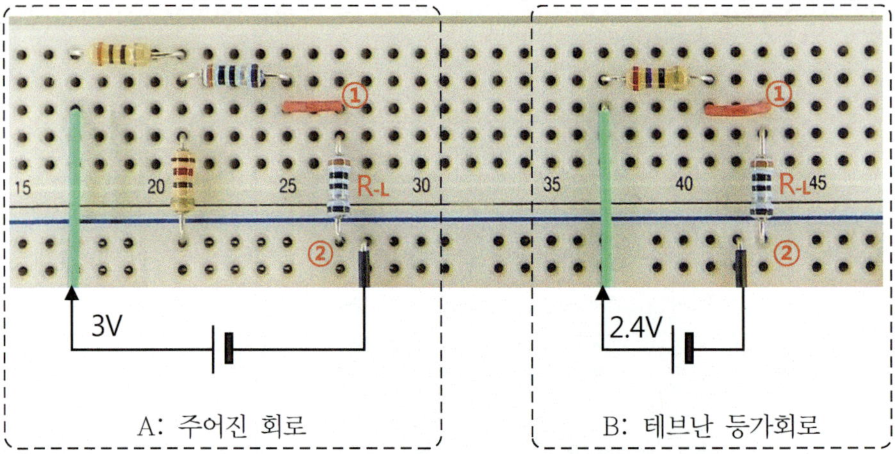

[그림 14-10] 브레드보드에서의 조립 예 (R-L=3[Ω] 연결)

(8) 표 14-1에 제시된 부하저항들을 단자 1-2 사이에 차례대로 바꾸어 가면서 연결할 때마다 양쪽의 출력전압을 측정하고 기록한다.

표 14-1 부하저항에 따른 출력 기록표

회로-A (전원전압=3[V])			회로-B (전원전압=2.4[V])		
주어진 회로망			간단하게 바뀐 테브난 등가회로		
부하저항 [Ω]	출력전압 [V]	출력전력 [W]	부하저항 [Ω]	출력전압 [V]	출력전력 [W]
3			3		
10			10		
18			18		
27			27		
43			43		
75			75		
240			240		

(9) 표 14-1에서 회로-A와 회로-B의 측정결과를 비교한다.
측정오차를 5%라 할 때 양쪽의 측정결과가 일치하는가?
(　　): 예, 일치합니다. (　　): 아니오, 일치하지 않습니다.

(10) 부하전력 계산하기:

출력전압과 부하저항을 알면 부하가 소비하는 전력을 계산할 수 있다. 아래 공식을 이용하여 각 부하저항의 소비전력을 계산하여 표 14-1에 기입하시오.

$$\text{소비전력 계산식 } P = \frac{V^2}{R_L}$$

(11) 어떤 값의 부하저항에서 최대출력이 나왔는지 아래에 기록하시오.

출력이 가장 큰 부하저항 $R_{-L(max)}$ = Ω

실험 보고서 (　　주차)

실험 제목			
실험조	조	소　속	
실험일자		제출자	

1. 실험 목적

2. 실험에 사용된 부품 및 장비명

3. 실험 결과

4. 고찰

CHAPTER 15

저항만의 교류회로

1. 실험 목적

순 저항부하를 가진 교류회로에서 전압과 전류의 크기 및 위상을 측정할 수 있고, 전력을 계산할 수 있다.

2. 실험 준비물

① 브레드보드, 리드선 적당량
② 저항(100[Ω], 1[kΩ], 2[kΩ], 3[kΩ], 1/4[W]) 4개
③ 회로시험기(멀티미터) 1대
④ 교류전원공급장치 1대
⑤ 컴퓨터 1대

3. 관련 이론

교류회로에 있어서 순 저항부하(R)에 공급될 때 발생하는 현상들에 대하여 알아본다.

1) 순 저항부하의 기본 회로

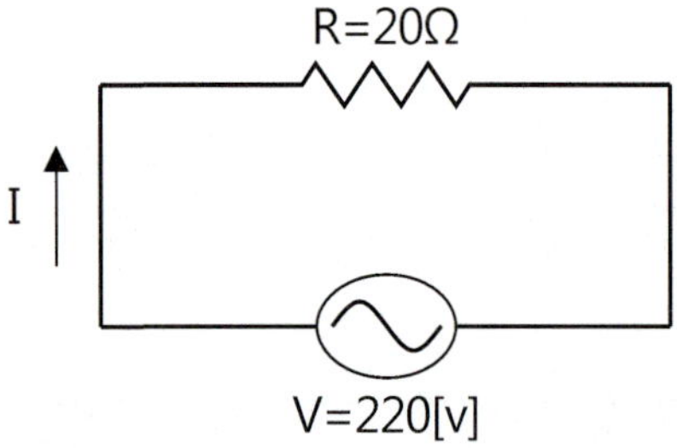

순 저항부하의 예

백열등, 헤어드라이어, 전열기, 전기오븐, 커피머신, 토스터, 전기인두, 다리미

[그림 15-1] 순 저항부하의 기본회로

그림 15-1과 같이 정현파 교류전원에 저항이 부하로 연결된 회로가 있을 때 이 회로의 전압과 전류 그리고 전력의 위상은 그림 15-2와 같이 모두 동일하다.

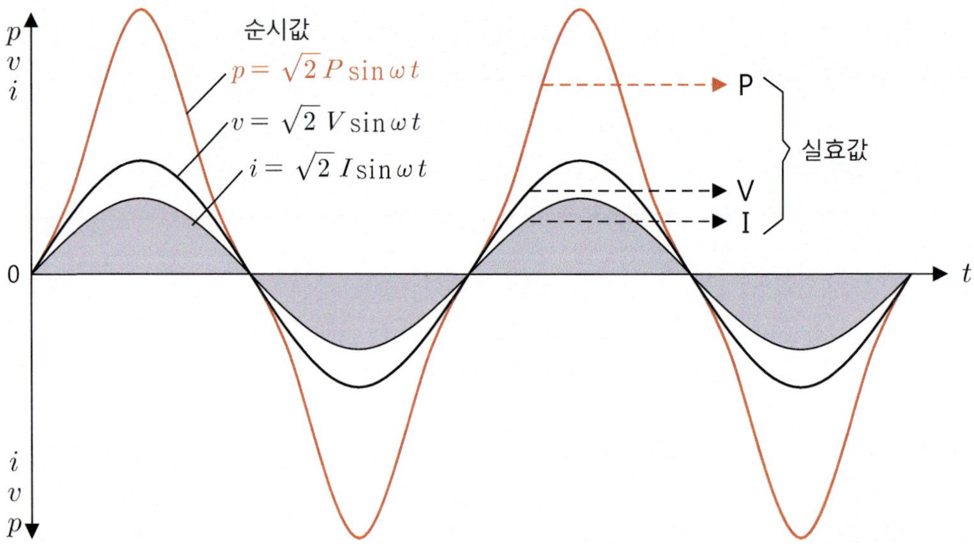

[그림 15-2] 순 저항회로의 전압 전류 전력

이와 같은 순수 저항회로에서 전류를 구하고 전력을 계산하는 방법은 직류회로의 계산법처럼 단순하다. 위의 기본회로에서 전류와 전력을 계산해 보기로 하자.

$$\text{전류 } I=\frac{V}{R}=\frac{220}{20}=11\,[\Omega]$$

$$\text{소비전력 } P=VI=220\times 11=2{,}420\,[W]$$

소비전력을 구하는 식은 주어진 저항(R)과 전압(V)을 이용하여 직접 구할 수도 있다.

$$\text{소비전력 } P = \frac{V^2}{R} = \frac{220^2}{20} = 2,420\,[W]$$

2) 순시식

순수 저항부하 회로의 전압, 전류 그리고 전력의 순시값을 나타내는 식은 다음과 같다. (단, 실효값은 대문자 V, I로 표기하고, 순시값은 소문자 v, i로 표기한다.)

$$v = \sqrt{2}\,V\sin\omega t$$

예) $v = 220\sqrt{2}\sin 120\pi t$

$$i = \sqrt{2}\,\frac{V}{R}\sin\omega t \qquad \text{또는 } i = \sqrt{2}\,I\sin\omega t$$

예) $i = 11\sqrt{2}\,\sin 120\pi t$

3) 벡터 표시법

교류회로를 해석하고 표시하는 방법 중 벡터(vector) 표시법이 있다. 벡터란 크기와 방향을 동시에 가진 물리량이다. 교류의 전압이나 전류가 크기와 위상(방향)을 가졌기 때문에 하나의 벡터로 보고 X-Y 좌표에 크기와 방향을 동시에 표시하는 것을 교류의 벡터 표시법이라고 부른다. 그림 15-3은 벡터좌표에 크기는 I이고 위상각은 θ인 교류전류를 표시하고 있다.

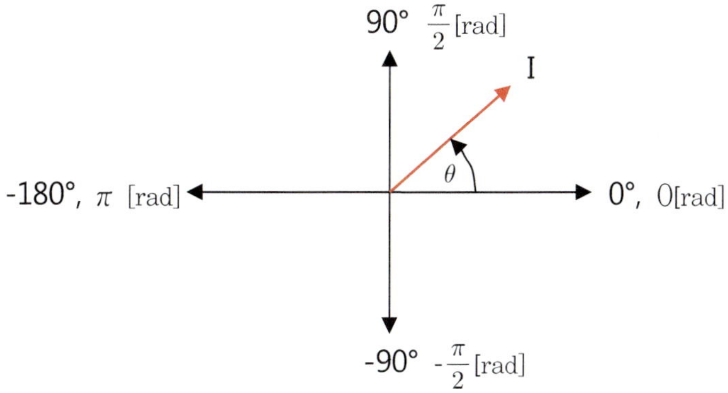

[그림 15-3] 벡터좌표 상의 교류 표시법

4) 순수 저항회로의 벡터 표시

그림 15-1의 순수 저항회로에 공급되는 전압과 전류를 벡터량으로 표시하면, 전압의 크기는 220[V], 위상각 0°, 전류의 크기는 11[A], 위상각 0° 이다.

$$전압 = 220[V]\angle 0^\circ$$
$$전류 = 11[A]\angle 0^\circ$$

이 두 개를 하나의 좌표에 표시한 것이 〈그림 15-4〉이다.

[그림 15-4] 저항회로의 벡터표시

5) 순 저항부하 회로의 전력계산

순 저항회로의 소비전력을 계산하는 것은 직류의 경우와 다르지 않다. 그 이유는 방향(위상)이 같은 두 힘이 곱해지면 그 결과도 동일한 방향으로 작용하기 때문이다. 이때 사용하는 교류의 크기는 실효값을 사용해야 한다.

$$전력 \quad P = VI\,[W]$$
$$P = \frac{V^2}{R}[W] \quad 또는 \quad P = I^2R[W]$$

〈예제 15-1〉

24V의 정현파 교류에 4Ω의 저항부하를 달았을 때 ① 흐르는 전류, ② 소비전력, 그리고 ③ 전압과 전류를 벡터로 표시하시오.

(풀이)

$V=24[V]$, $R=4[\Omega]$이므로 전류

$$① 전류: I = \frac{V}{R} = \frac{24V}{4\Omega} = 6A$$

② 소비전력: $P = VI = 24V \times 6A = 144\,W$

③ 벡터 표시

전압= $24V\angle 0°$, 전류= $6A\angle 0°$

4. 실험 순서

(1) 그림 15-5와 같이 10[V] 교류전원에 저항부하를 연결하고 전압과 전류를 측정할 수 있도록 회로를 구성한다.

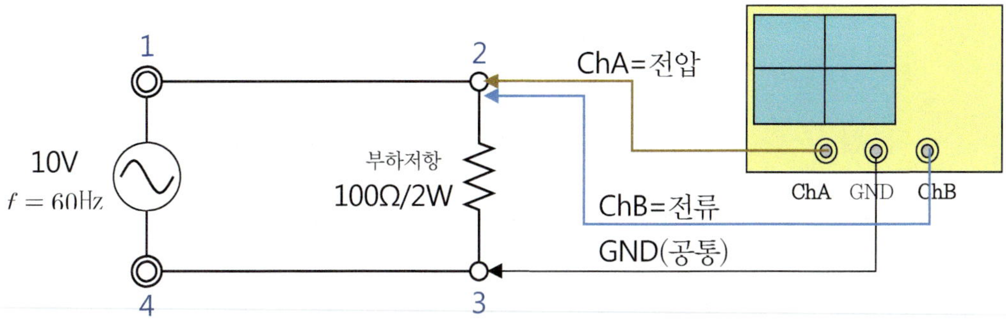

[그림 15-5] 순 저항부하의 전압, 전류 측정을 위한 회로

(2) 멀티심을 이용하여 그림 15-5 회로를 구성한다. 오실로스코프는 우측에 있는 툴바에서 선택하여 그림 15-6과 같이 연결한다. 특히 전류 측정은, 전류 프로브(우측 툴바 제일 아랫부분 위치)를 이용하여 측정한다.

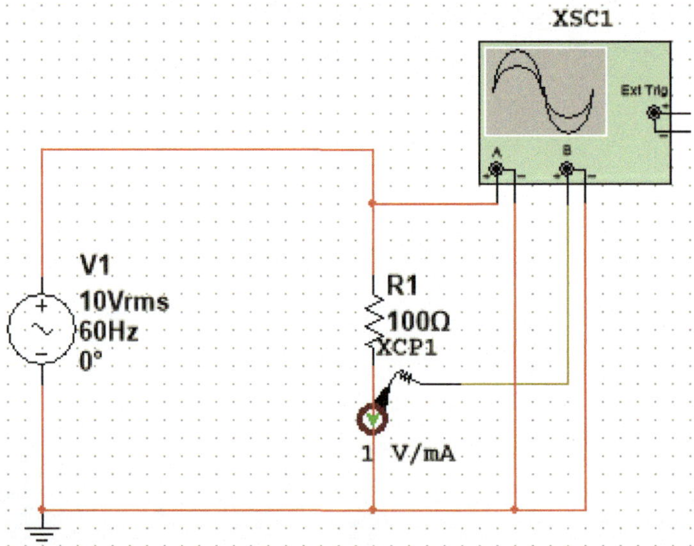

[그림 15-6] 멀티심을 이용한 순 저항부하의 전압, 전류 측정을 위한 회로

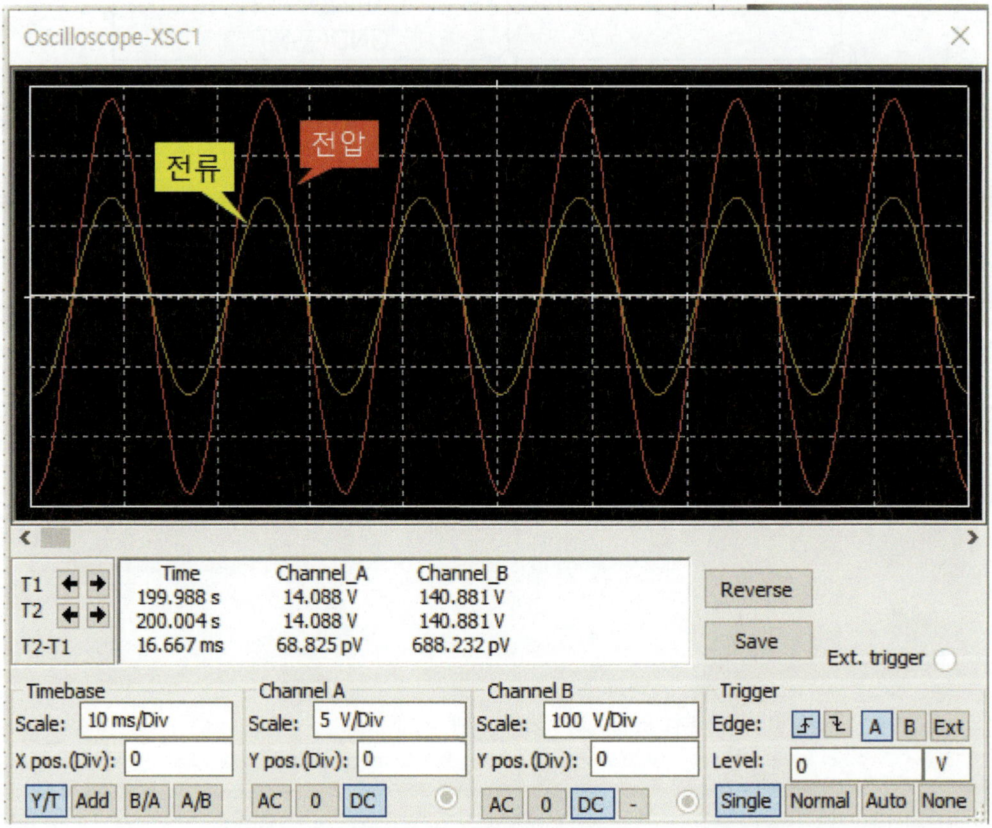

[그림 15-7] 순 저항부하의 전원전압과 전류와의 위상

전류 측정을 위해 전류 프로브를 사용할 경우, 전류 프로브의 값을 잘 읽어야 한다. 그림 15-7의 경우, 전류값이 140[V]로 나타나고 있다. 이는 15-6 회로의 전류가 0.1[A]로서, 회로의 전류 프로브가 1[mA] 당 10[V]로 나타나기 때문이다.

그림 15-7에서, 전원전압과 전류와의 위상차는 나타나지 않는다.

(3) 브레드보드를 이용하여 그림 15-8과 같이 구성하고, 전원전압과 부하전류의 위상차를 측정한다.

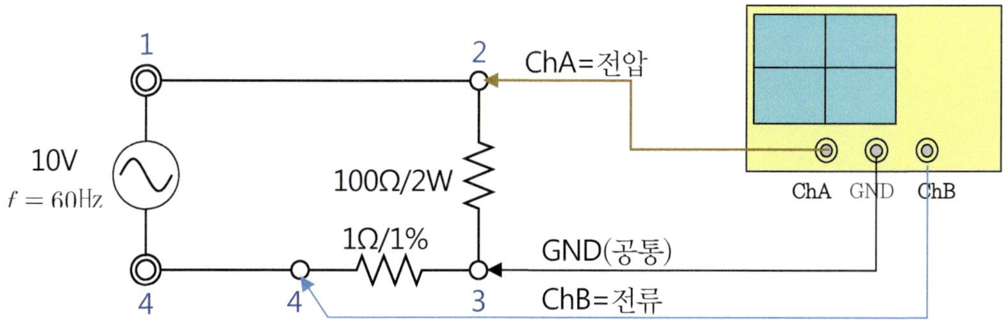

[그림 15-8] 순 저항부하에서 전원전압과 전류의 위상측정

전압과 전류의 위상차 = (°)

(4) 부하의 소비전력을 계산한다.

그림 15-8에서 측정한 전압과 전류로 100[Ω]부하에서 소비되는 전력을 구하시오.

전력P = 전압 V × 전류 I = (   ) × (   ) = (   )W

(5) 실험결과의 검토

실험을 통해서 확인하기 위한 문제이다. 옳은 것을 체크하시오.

① 순 저항 부하회로에서 전압과 전류의 위상은

a) 동일하다　　b) 전압이 90° 앞선다.

c) 전류가 90° 앞선다.　　d) 서로 180° 차이난다.

② 순 저항 부하회로에서 전압과 전류, 그리고 저항의 관계를 계산할 때 다음 중 어떤 값을 사용해야하는가?

a) 평균값　b) 실효값　c) 최댓값　d) 피크-피크값

③ 오실로스코프의 파형에서 피크-피크 전압을 판독하고 이로부터 실효값을 구할 때 어떤 상수값을 곱해주는가?

a) 0.2828 b) 0.3535 c) 0.4545 d) 0.707

④ 상용교류의 전압 220[V]는 다음 중 어느 것인가?

a) 평균값 b) 최댓값 c) 실효값 d) 피크-피크값

전압의 표시법

피크-피크 값(V_{PP}) = MPP = 첨두값 = 진폭

최댓값 $V_P = \frac{MPP}{2}$

실효값 $V_{rms} = \frac{MPP}{2\sqrt{2}}$

실험 보고서 (　　주차)

실험 제목			
실험조	조	소 속	
실험일자		제출자	

1. 실험 목적

2. 실험에 사용된 부품 및 장비명

3. 실험 결과

4. 고찰

CHAPTER 16

C와 L 부하를 가진 교류회로

1. 실험 목적

정전용량 또는 유도 부하만을 가진 교류회로에서 전압과 전류의 위상관계를 설명할 수 있으며 오실로스코프를 이용하여 전압과 전류의 크기 및 위상을 측정할 수 있다.

2. 실험 준비물

① 브레드보드, 리드선 적당량
② 캐패시터(10[μF]) 1대
③ 인덕터(100[mH]) 1대
④ 회로시험기(멀티미터) 1대
⑤ 오실로스코프 1대
⑥ 교류전원공급장치 1대
⑦ 컴퓨터 1대

3. 관련 이론

1) 캐패시터

(1) 캐패시터 교류회로의 전압과 전류

커패시터는 교류를 위한 부품이다. 직류는 차단하고(과도 응답을 제외하고) 교류는 잘 통과시킨다. 그렇다고 무조건 통과하는 것은 아니고 주파수에 따라 리액턴스(교류저항)가 달라진다. 그림 16-1과 같이 정전용량이 C인 커패시터에 교류전원을 가할 때 흐르는 전류와 위상을 알아보자.

정전용량 C가 주파수 $f\,[Hz]$에서 가지는 용량 리액턴스는 다음과 같다.

$$-jX_c = -j\frac{1}{\omega C} = -j\frac{1}{2\pi f C}\ [\Omega]$$

여기서 $-j$는 용량리액턴스가 저항처럼 단순한 저항이 아니라 위상을 변화시키는 허수 성분이라는 의미이다. 이제 여기에 아래와 같은 사인파 교류전압을 인가한다.

$$v = \sqrt{2}\,V\sin\omega t$$

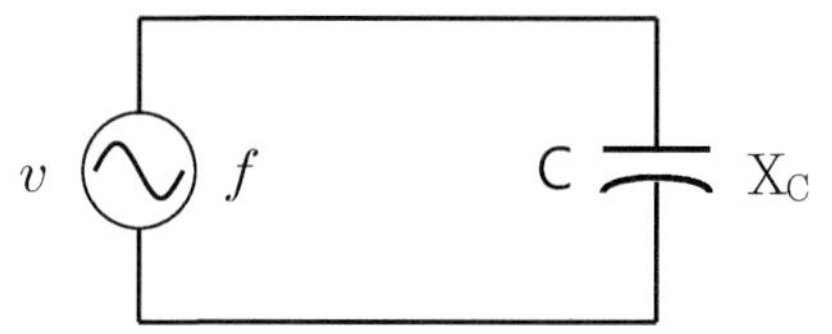

[그림 16-1] 캐패시터 회로

예를 들어
V=24[V], Xc=4[Ω]일 때
$v = 24\sqrt{2}\,\sin\omega t\,[V]$

그리고 이때 흐르는 전류는 다음과 같다.

$$i = \frac{\sqrt{2}\,V}{-jX_c}\sin(\omega t + \frac{\pi}{2}) = j\sqrt{2}\frac{V}{X_c}\sin(\omega t + \frac{\pi}{2})$$

{보기} $\quad i = j6\sqrt{2}\,\sin(\omega t + \frac{\pi}{2})$

전류의 실효크기는 $\frac{V}{X_c}$이며, 위상은 $\frac{\pi}{2}$(=90°)빠르다.

그리고 전압과 전류를 벡터 크기로 표시하면 다음과 같다.

전압 $\dot{V}$ = 24∠0° [V]

전류 $\dot{I}$ = 6∠90° [A] 또는 $6\angle\frac{\pi}{2}$[A]

또 이들 관계를 벡터 좌표로 나타내면 그림 16-2와 같다.

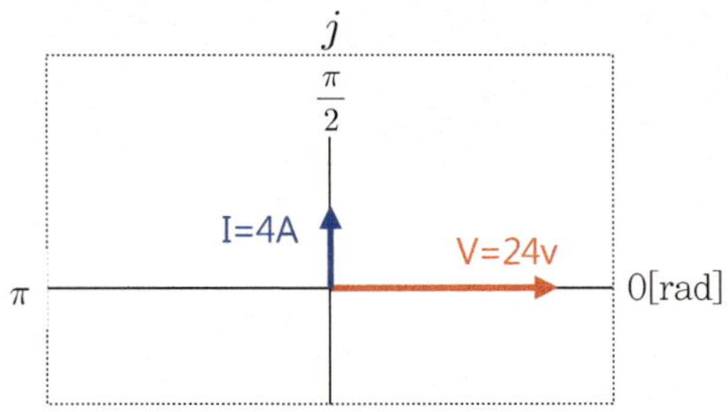

[그림 16-2] 캐패시터 회로의 벡터좌표 표시법

(2) 캐패시터 회로의 전력

캐패시터 회로의 전압 전류 및 전력관계를 X-Y좌표에 나타내면 그림 16-3과 같다. 전압(v)의 위상을 기준으로 할 때 전류(i)의 위상은 90° 빠르다. 그리고 전력은 매 90° 마다 소비와 반환을 주기적으로 반복한다. 전압과 전류가 (+)(+)이거나 (-)(-)이면 전력은 (+)량이 된다. 그리고 전압과 전류 중 한쪽이 (+)이고 다른 한쪽이 (-)이면 전력은 (-)량이 되어 전원으로 반환하게 된다. 결국 용량회로의 소비전력은 '0' 이 된다.

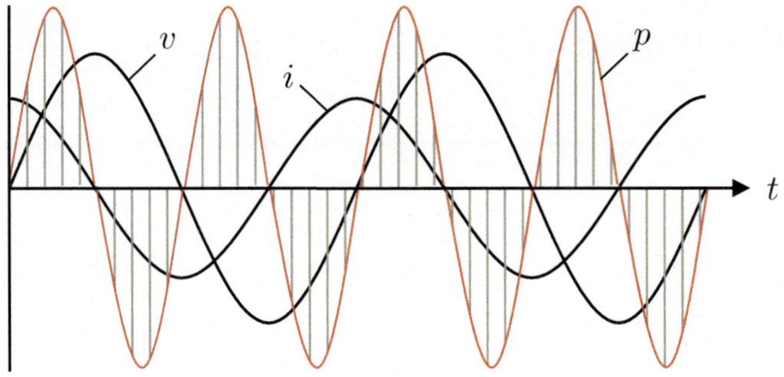

[그림 16-3] 캐패시터회로의 전압, 전류 및 전력

(3) 캐패시터 회로의 과도응답

커패시터는 배터리에 비하여 전기량은 작지만 전기를 충전하는 부품이다. 전하를 담는 일종의 그릇으로 비유할 수 있다. 여기에 구형파와 같은 스텝 입력이 가해질 때 어떻게 충전과 방전이 진행될까? 이러한 상황을 느린 동작으로 보여주는 회로가 그림 16-4이다.

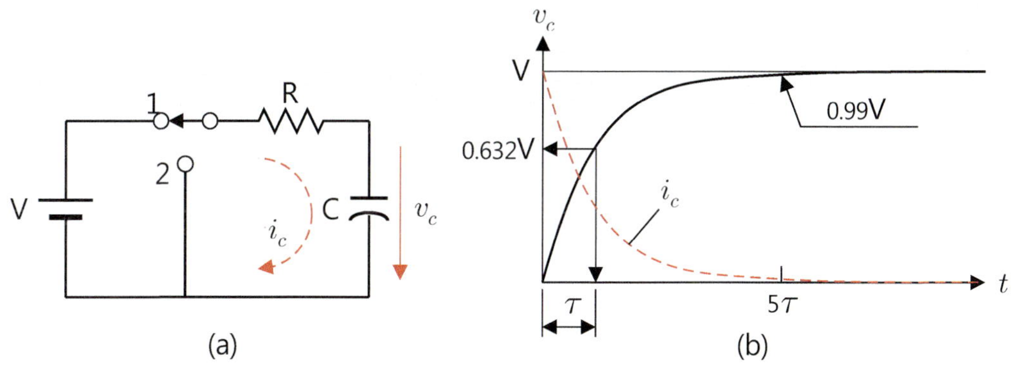

[그림 16-4] 스텝 입력에 대한 충전특성

그림 16-4(a)에서 스위치를 1에 놓는 순간 전원전압 V가 용량 C에 가해지고 충전이 시작된다. 처음 커패시터가 비어있을 때는 전류(i_c)는 크게 흐르면서 충전전압(v_c)이 급속히 상승한다. 전원전압과의 차이가 줄어들수록 충전전류는 줄어든다. 커패시터의 충전전압이 전원전압과 완전히 같아지려면 상당한 시간이 지나야한다. 이런 경우 시간에 따른 충전전압의 크기를 알 수 있는 관계식이 있다.

$$\text{충전전압} \quad V_C = V(1 - e^{-\frac{t}{RC}})$$

위 식에서 경과시간 t가 시상수 RC와 같을 때 충전전압을 계산하면

$$V_C = V(1 - e^{-1})$$
$$\therefore \quad V_C = 0.632\,V$$

즉, 시상수만큼의 시간이 지나는 순간 전원전압의 63.2%에 도달하고, 또 시상수의 5배가 흐른 순간에는 전원전압의 99%이상까지 상승하여 거의 충전이 완료된 것으로 판단한다. 커패시터 충전회로에서 '직렬저항과 정전용량의 곱' 이 시상수이고 단위는 초[sec]이다.

$$\text{시상수(Time constant)} \quad \tau = RC \ [\text{s}]$$

이 시상수를 알면 얼마나 빠른 속도로 충전되는지를 짐작할 수 있다. 그리고 시상수를 5배하면 완전충전까지의 시간도 간단히 계산할 수 있다.

Good to Know

e^{-1}에서 e는 자연대수의 밑수로 '2.718282' 이다. 따라서 e^{-1}를 계산하면 $e^{-1} = (2.718282)^{-1} = 1/2.718282 = 0.368$ 이 된다.

(4) 커패시터의 방전

방전곡선은 충전의 반대이다. 시상수만큼의 시간이 경과하면 총 전압의 63.2%를 방전하고 36.8%만 남게 된다. 그리고 시상수의 5배가 흐르면 99% 이상을 방전하고 1% 미만이 남게 된다. 이것을 식으로 나타내면 다음과 같다.

방전중의 커패시터 전압 $V_C = (e^{-\frac{t}{RC}})V$

이 식대로 곡선을 그리면 그림 16-5와 같이 충전곡선의 반대가 된다.

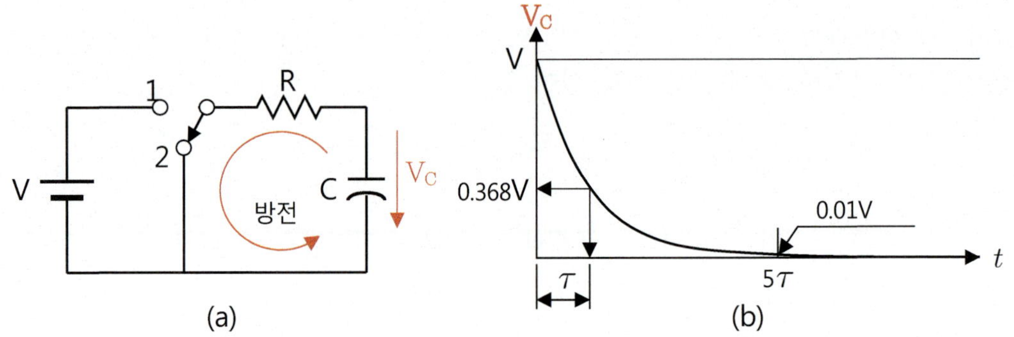

[그림 16-5] 스텝전압 입력에 대한 방전특성

(5) 구형파의 충방전 특성

구형파도 교류의 일종이다. 앞서 배운 과도응답의 특성이 그대로 적용될 수 있다.

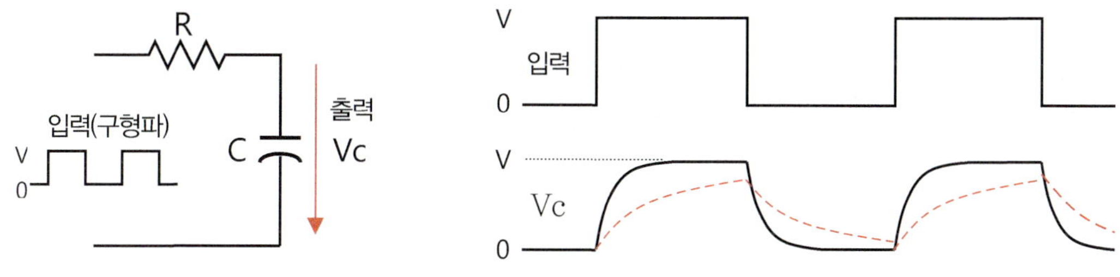

(a) 회로 (b) 파형

[그림 16-6] 캐패시터의 구형파 응답

구형파의 상승부는 충전식 $V_C = V(1-e^{-\frac{t}{RC}})$가, 하강부는 방전식 $V_C = (e^{-\frac{t}{RC}})V$가 적용된다.

그림 16-6은 회로가 가진 시상수(RC)보다 주기가 10배 긴 구형파를 입력하였을 때의 출력파형을 보여준다. 즉, 낮은 주파수가 입력될수록 출력파형은 점점 구형파에 가까워진다. 출력의 점선 파형은 시상수보다 높은 주파수(짧은 주기)를 입력하였을 때의 파형이다. 상대적으로 회로의 시상수가 크거나 입력 주파수가 더 높으면 출력파형은 완만하고 낮은 삼각파에 가까워진다.

2) 인덕터

(1) 인덕터 교류회로의 전압과 전류

인덕터는 교류를 위한 부품이다. 직류에는 단순한 도선이지만 교류에는 주파수에 비례하는 리액턴스를 가진다. 그림 16-7과 같이 인덕턴스 L만 있는 회로에 교류전원을 가할 때 리액턴스와 전류 그리고 위상관계를 알아보자.

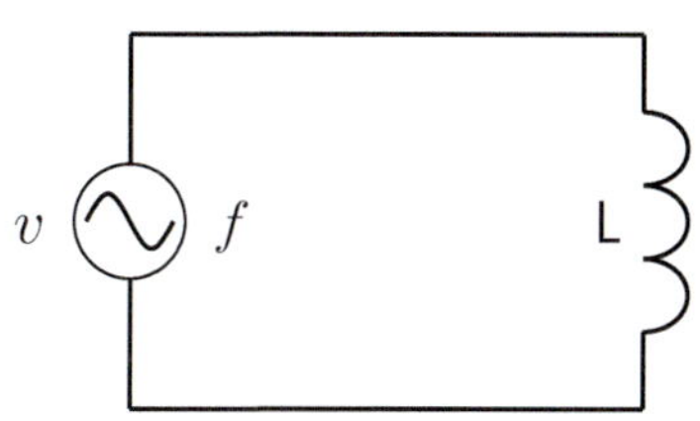

[그림 16-7] 인덕터 회로

$V = 24[V]$, $L = 15.9\,mH$,
$f = 60\,Hz$일 때 $X_L = 6\,[\Omega]$
$v = 24\sqrt{2}\sin\omega t\,[V]$
$i = 4\sqrt{2}\sin(\omega t - \frac{\pi}{2})\,[A]$

먼저, 인덕턴스 L이 주파수 $f=60\,[Hz]$에서 가지는 유도 리액턴스는 다음과 같다.

$$jX_L = j\,\omega L = j2\pi fL = j\,377\,L[\Omega]$$ *2)

여기서 j는 유도리액턴스가 단순한 저항이 아니라 위상을 변화시키는 허수성분이라는 의미이다. 이제 여기에 사인파 교류전압을 인가한다. 교류의 순시식은 다음과 같다.

$$v = \sqrt{2}\,V\sin\omega t[V]$$

예를 들어 L=17.9[mH]이고 f=60[Hz]일 때 유도 리액턴스를 계산하면 6[Ω]이다.

$$X_L = 2\pi f L = 2\times 3.14\times 60\times 15.9\times 10^{-3} = 6\,[\Omega]$$

실효전압 24[V]에 리액턴스는 6[Ω]이므로 실효전류는 4[A]이며, 순시 전류식은 다음과 같다.

$$i = 4\sqrt{2}\,\sin(\omega t - \frac{\pi}{2})\,[A]$$

이 식에서 전류 위상은 전압보다 $\frac{\pi}{2}$늦다. 이것을 벡터 크기로 나타내면 그림 16-8과 같다.

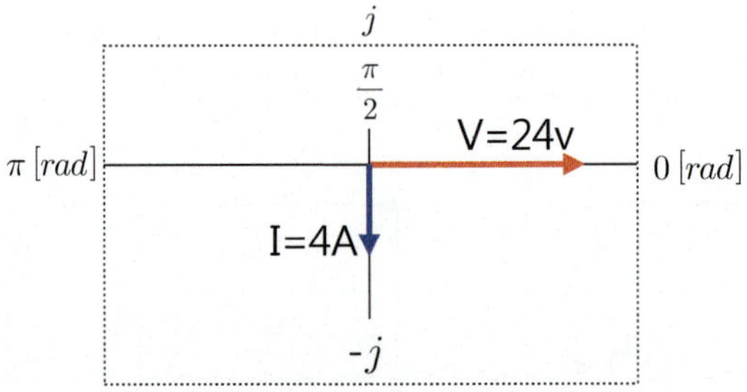

[그림 16-8] 인덕터 회로의 벡터좌표 표시법

---

*2) 상용 주파수가 60[Hz]일 때의 $\omega=377$이고, 50[Hz]일 때는 $\omega=314$로 기억하면 편리하다.

$$\text{전압 } \dot{V} = 24\angle 0° \text{ [V]}$$

$$\text{전류 } \dot{I} = 4\angle -90° \text{ [A]} \quad \text{또는 } 4\angle -\frac{\pi}{2}\text{[A]}$$

또 이들 관계를 벡터 좌표로 나타낸 것이 그림 16-8이다.

(2) 인덕터 회로의 전력

전력은 전압과 전류의 곱이다. 순 유도부하 회로에서 매 순간마다 전압과 전류의 곱을 X-Y좌표에 나타내면 아래의 그림 16-9와 같다.

전압(v)의 위상을 기준으로 할 때 전류(i)의 위상은 90° 늦다. 그리고 전력은 매 90° 마다 소비와 반환을 주기적으로 반복하는 것을 볼 수 있다. 결과적으로 순유도회로의 소비전력은 '0' 이 된다.

☞ 우리가 변압기를 전원에 꽂아놓고 부하는 연결하지 않았다고 가정하자. 이런 경우 변압기는 순유도부하에 해당한다. 변압기의 1차 전류는 계속 흐르지만 이론적으로 유효 소비전력은 '0' 이다. 그러나 실제로는 동손과 철심의 손실로 인하여 최대정격의 3~5%에 해당하는 전력손실이 발생한다.

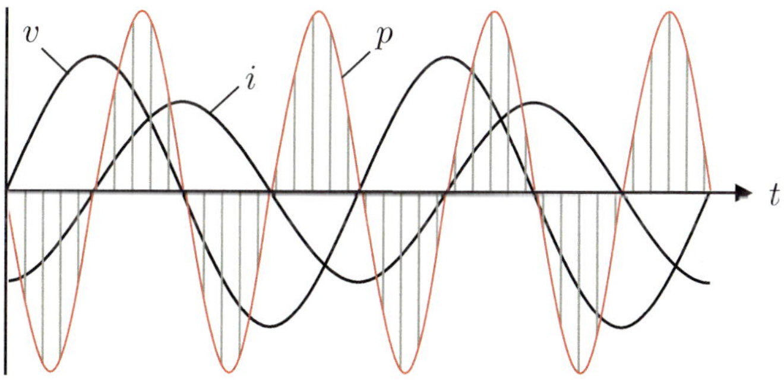

[그림 16-9] 인덕터 회로의 전력

(3) 인덕터 회로의 과도응답

인덕터에 구형파 전압이 가해질 때 전류는 어떻게 흐르고 역기전력은 어떻게 발생할까?

이와 같은 과도응답 과정을 느린 동작으로 보여주는 회로가 아래 그림 16-10이다. 그림 16-10(a)에서 스위치를 1에 놓는 순간 전원전압 V가 인덕턴스 L에 가해지고 전류가 흐르기 시작된다. 만약 인덕턴스가 없다면 전류는 저항에 의해서만 제한될 것이다.

예를 들어 전압이 10[V], 저항이 10[Ω]이라면 최대전류는 1[A]가 된다.

이 인덕터에 스텝 전압이 공급되면 전류가 흐르기 시작한다. 전류가 흐르는 순간 이것을 방해하는 방향으로 유도기전력이 생겨나서 공급전류의 급격한 증가를 제한한다.

그림 16-10(b)의 전류곡선은 전류가 흐르기 시작한 순간부터 시상수(τ)가 지나는 순간에 최대전류의 63.2%에 도달하고 시상수의 5배가 되면 최대전류의 99%에 도달한다.

유도성 회로의 경우 시상수는 다음과 같다.

$$\text{R-L 회로의 시상수 } T = \frac{L}{R}\,[\text{sec}]$$

그림 16-10 회로에서 시상수 $T = L/R = 1/10$초이다.

스텝 전압이 공급되고 처음 전류가 흐르는 순간의 전류변화율(dI/dt)은 매우 크다. 따라서 큰 역기전력이 가로막아 전류증가를 방해하므로 인덕턴스가 클수록 전류증가 커브가 완만해진다.

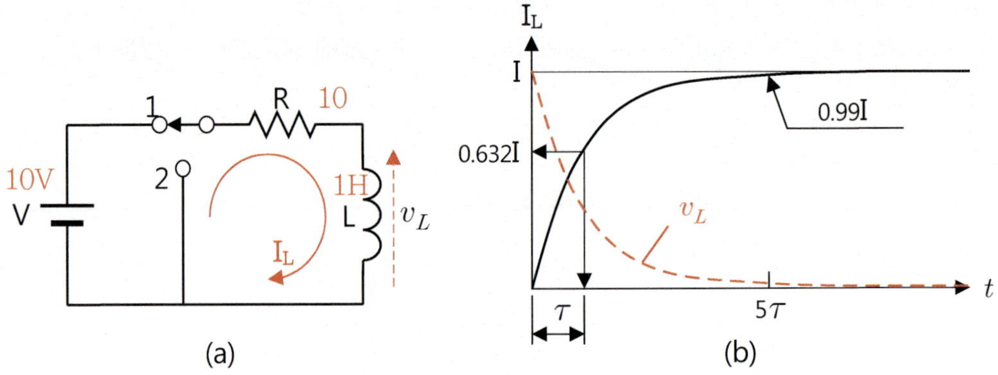

[그림 16-10] 스텝전압 입력에 대한 코일전류

시간이 지날수록 전류변화율이 낮아지고, 그로 인한 역기전력도 작아지면서 전류는 점점 많이 흐르게 된다. 이런 경우 시간에 따른 유도전류의 크기를 나타내는 식은 다음과 같다. 그리고 이 전류의 곡선이 그림 16-10(b)이다.

$$\text{유도전류 } I_L = \frac{V}{R}(1 - e^{-\frac{R}{L}t})$$

위의 곡선과 반대로 그려진 점선은 전류가 흐를 때 발생하는 역기전력의 크기이다.

역기전력이 클 때 전류는 많이 흐르지 못하고, 시간이 지나면서 서서히 역기전력은 감소하고 전류는 증가하는 것이다. 과도상태가 안정이 되고 전류가 흐르는 상태에서 인덕터 내부의 자속도 최대로 흐르고 있다. 이 때 스위치를 순간적으로 2의 위치로 옮기면 어떤 현상이 발생할까? 폐회로 속의 전원은 사라졌지만 자속이 급속히 소멸하면서 기전력이 발생한다. 그 역기전력은 소멸되는 자속이 소멸하지 못하도록, 즉 계속 유지하려는 방향으로 발생한다. 이것은 처음 단계에서 인덕터가 자속을 흘리면서 보유하고 있던 에너지의 일부를 반환하는 것이다.

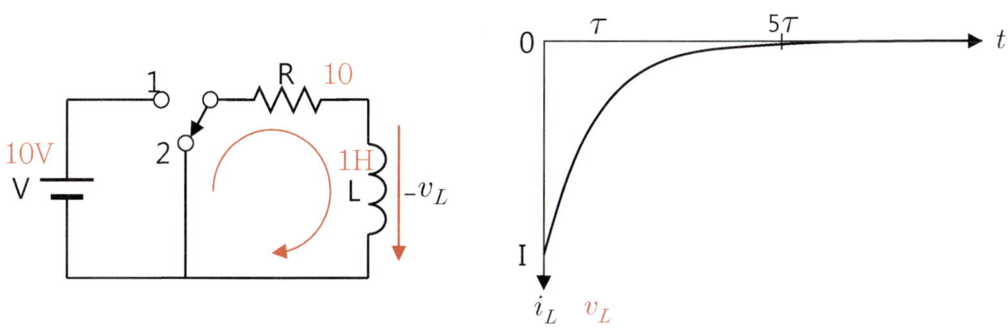

(a) 스위치 전환–에너지반환 (b) 역기전력과 역전류

[그림 16–11] 스텝전압 입력에 대한 코일전류(2)

(4) 렌츠(Lentz)의 법칙

인덕터에 전류를 흘릴 때 발생하는 역기전력은 전류증가를 방해하는 방향으로 생긴다. 그리고 인덕터에 전류를 차단할 때 발생하는 역기전력은 자속이 소멸하지 못하도록(계속 유지하도록) 하는 방향으로 발생한다. 이것은 렌츠(Heinrich Lentz)의 연구로 밝혀진 원리인데, 간단하게 요약하면 “인덕터에는 전류의 변화를 억제하려는 방향으로 역기전력이 발생한다.” 다시 말해 변화가 없는 전류에는 역기전력도 없다. 그리고 전류변화가 크면 역기전력도 크다. 또, 역기전력의 매개상수가 인덕턴스이다.

(5) 구형파의 충방전 특성

인덕터 회로에 구형파를 입력하는 경우의 과도응답을 알아보자. 캐패시터 회로와는 아주 다른 결과를 볼 수 있다. 인덕터 회로의 특징은 급격한 전류의 변동 순간에 렌츠의 법칙에 따른 역기전력이 발생하는 것이다.

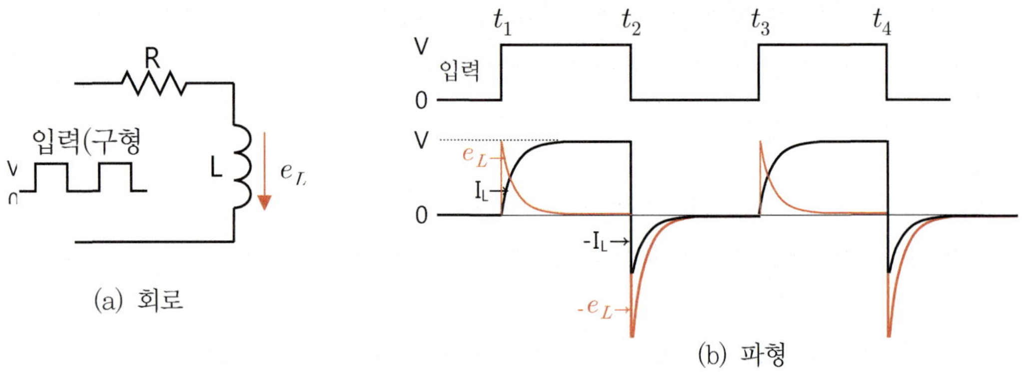

[그림 16-12] 인덕터회로의 구형파 응답

t_1의 순간은 전류의 변화율(dI/dt)이 매우 크다. 이때 전류변화를 방해하는 방향으로 기전력(e_L)이 발생한다. 그래서 전류(I_L)가 완만하게 증가한다.

t_2의 순간에도 전류의 변화율은 크다. 그러나 감소하는 변화이기 때문에 그 부호는 (–)이다. 따라서 역기전력은 감소를 방해하려는 방향으로, 또는 원래의 전류를 유지하려는 방향으로 발생한다. 부하에서 발생한 기전력을 입력에서 보면 역방향전압이 나타나는 것이다. 그래프에서 보면 t_2의 역기전력은 t_1때의 반대방향으로 나타난다.

4. 실험 순서

1) 캐패시터 교류회로의 전압과 전류

(1) 그림 16–13과 같이 교류 전원과 캐패시터만으로 이루어진 회로를 구성한다. 이때 인가하는 교류전압은 5[V], 1[kHz]를 인가하고 캐패시터는 0.01[μF]을 연결한다.

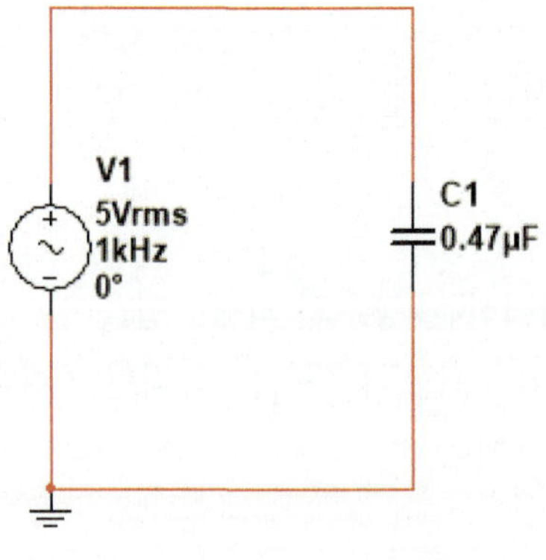

[그림 16–13] 캐패시터만의 교류 회로

(2) 멀티심을 이용하여 그림 16-13 회로를 구성한 후 전압과 전류 파형을 측정한다. 그림 16-14와 같이, 우측 툴바에서 오실로스코프를 선택한 후, 캐패시터의 전압과 전류 파형를 측정할 수 있다. 특히 전류 측정은, 전류 프로브(우측 툴바 제일 아랫부분 위치)를 이용하여 측정한다.

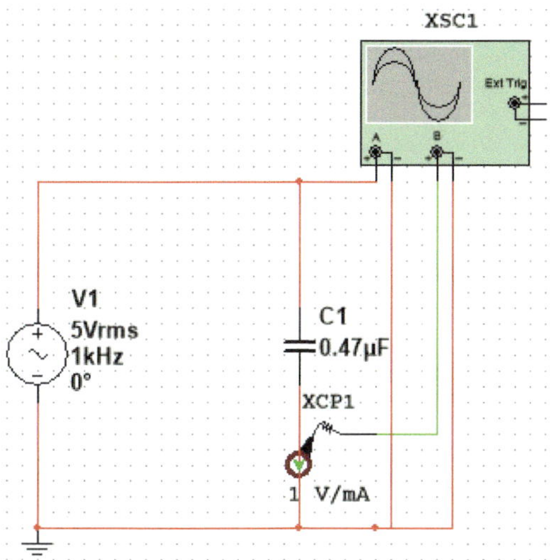

[그림 16-14] 캐패시터만의 교류 회로에서 전압 및 전류 측정을 위한 결선

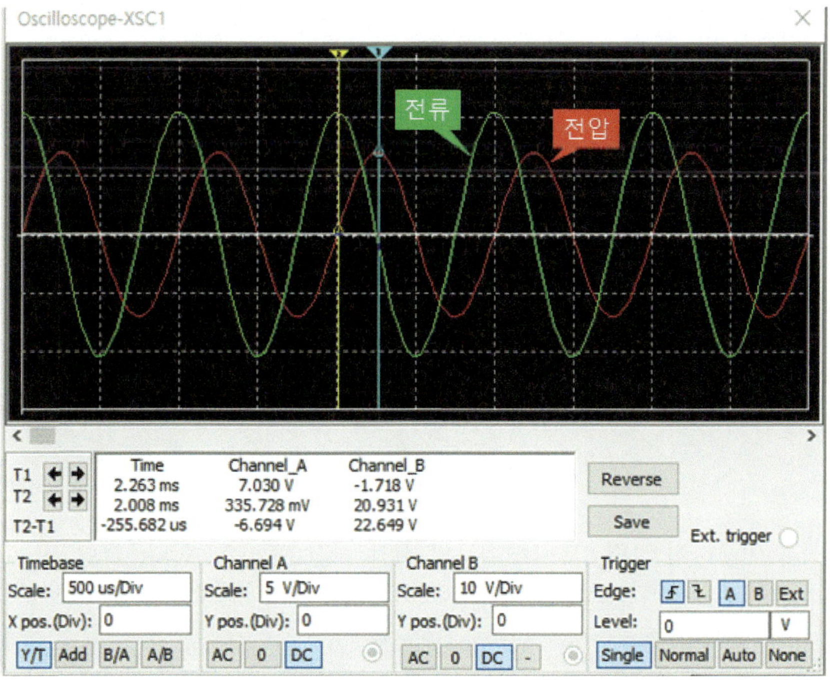

[그림 16-15] 캐패시터만의 교류 회로에서 전압 및 전류 측정

(3) 이후 주파수를 2[kHz], 5[kHz], 10[kHz]로 변화시키면서 전류값의 변화를 측정한다.

주파수	전압값 [V]	전류값 [mA]	위상차 [o]

이상과 같은 결과를 통해, 캐패시터만의 교류회로에서 전류가 전압보다 위상차가 90° 앞서는 것을 알 수 있다.

(4) 브레드보드와 캐패시터 및 교류전원전압 그리고 오실로스코프를 이용하여 그림 16-6 의 회로를 구성한 후 전압 및 전류 파형을 측정하여 기록한다.

2) 인덕터 교류회로의 전압과 전류

(1) 그림 16-16과 같이 교류 전원과 인덕터만으로 이루어진 회로를 구성한다. 이때 인가하는 교류전압은 5[V], 1[kHz]를 인가하고 인덕터는 100[mH]를 연결한다.

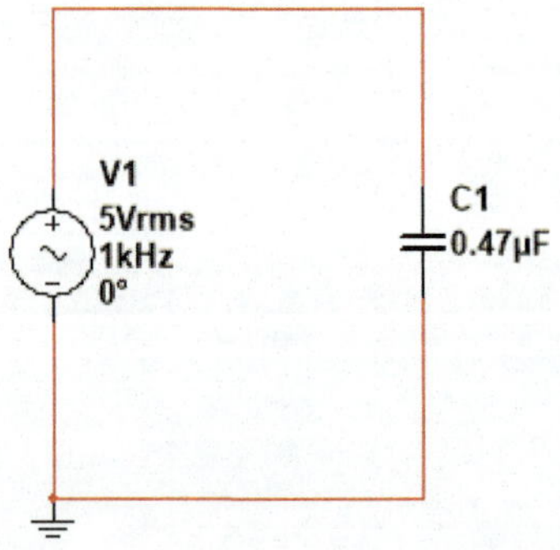

[그림 16-16] 캐패시터만의 교류 회로

(2) 멀티심을 이용하여 그림 16-16 회로의 전압과 전류를 측정한다. 그림 16-17과 같이, 우측 툴바에서 오실로스코프를 선택한 후, 인덕터의 전압과 전류를 측정한다. 특히 전류 측정은, 전류 프로브(우측 툴바 제일 아랫부분 위치)를 이용하여 측정(녹색)한다.

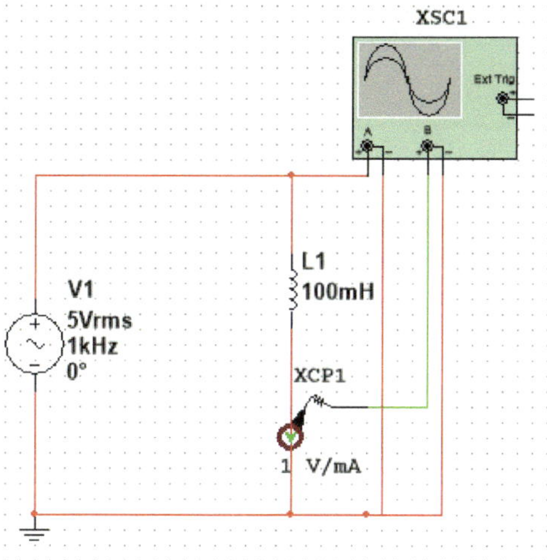

[그림 16-17] 인덕터만의 교류 회로에서 전압 및 전류 측정을 위한 결선

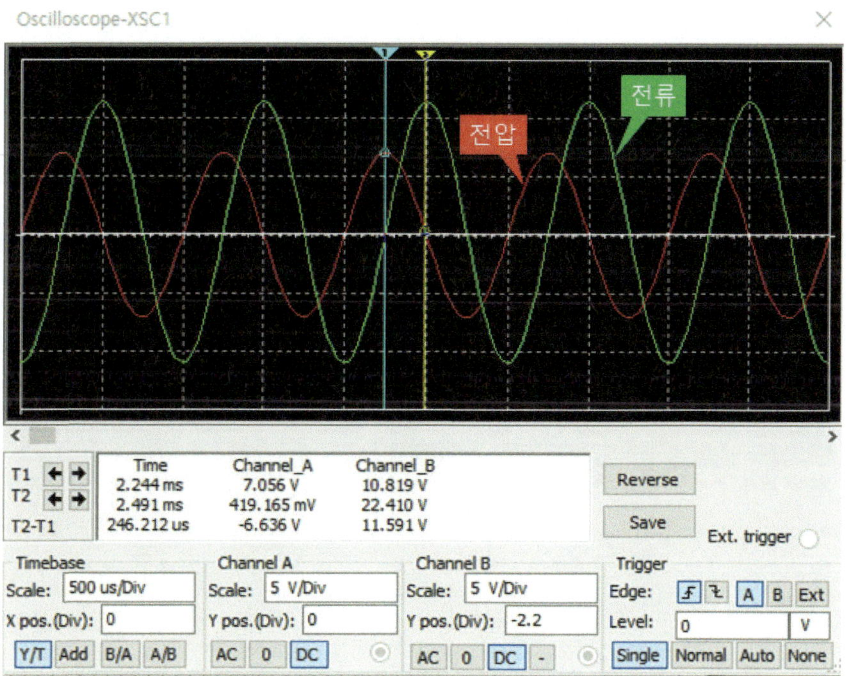

[그림 16-18] 인덕터만의 교류 회로에서 전압 및 전류 측정

(3) 이후 주파수를 2[kHz], 5[kHz], 10[kHz]로 변화시키면서 전류값의 변화를 측정한다.

주파수	전압값 [V]	전류값 [mA]	위상차 [o]

이상과 같은 결과를 통해, 인덕터만의 교류회로에서는 전압이 전류보다 위상차가 90° 앞서는 것을 알 수 있다.

(4) 브레드보드와 캐패시터 및 교류전원전압 그리고 오실로스코프를 이용하여 그림 16-16의 회로를 구성한 후 전압 및 전류 파형을 측정하고 기록한다.

요약

<table>
<tr><th>구분</th><th>캐패시터만의 회로</th><th>인덕터만의 회로</th></tr>
<tr><td rowspan="2">파형</td><td>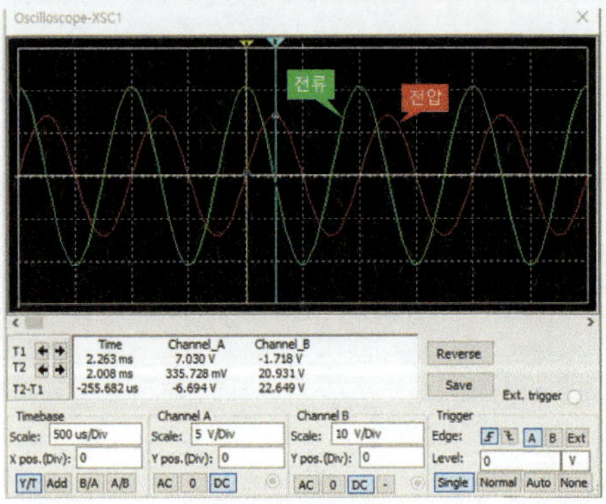
</td><td>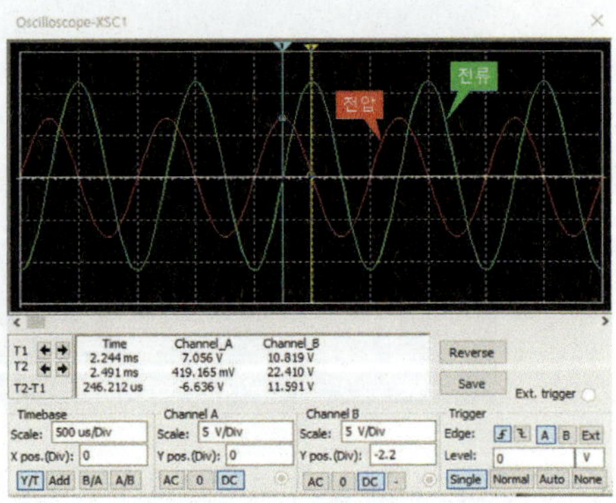
</td></tr>
<tr><td>전압 : 적색
전류 : 녹색</td><td>전압 : 적색
전류 : 녹색</td></tr>
<tr><td>위상</td><td>전류가 전압보다 90° 앞선다</td><td>전압이 전류보다 90° 앞선다</td></tr>
<tr><td>벡터도</td><td>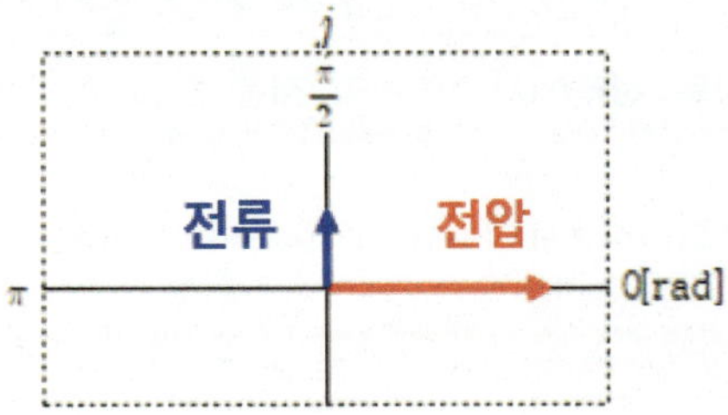
</td><td>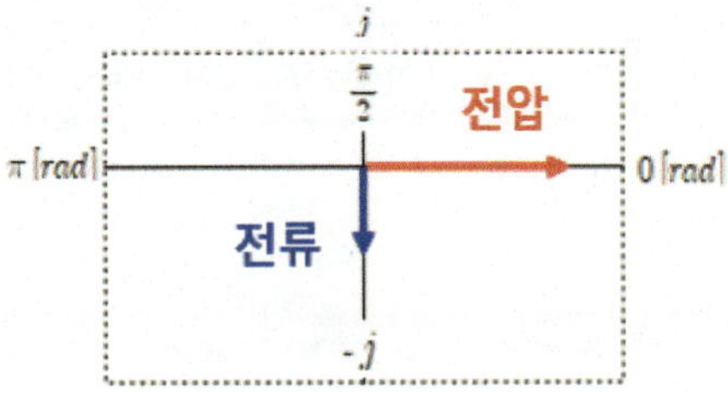
</td></tr>
</table>

실험 보고서 (주차)

실험 제목			
실험조	조	소 속	
실험일자		제출자	

1. 실험 목적

2. 실험에 사용된 부품 및 장비명

3. 실험 결과

4. 고찰

CHAPTER 17

R-L 회로

1. 실험 목적

R-L 부하를 가진 교류회로에서 전압, 전류 및 위상차를 측정하고 임피던스와 유효 전력을 계산할 수 있다.

2. 실험 준비물

① 브레드보드, 리드선 적당량
② 저항(5[Ω], 1/4[W]) 4개
③ 인덕터(100[mH]) 1대
④ 회로시험기(멀티미터) 1대
⑤ 오실로스코프 1대
⑥ 교류전원공급장치 1대
⑦ 컴퓨터 1대

3. 관련 이론

1) R-L 직렬회로

(1) 임피던스(Impedance)

지금까지 전류의 흐름을 방해하는 세 가지 요소 저항(R), 인덕턴스(L), 커패시턴스(C)에 대해서 살펴보았다. 교류에서 인덕턴스가 가지는 저항성을 유도 리액턴스(X_L), 커패시턴스가 가지는 저항성을 용량 리액턴스(X_C)라고 한다.

그런데 이들 세 종류의 저항요소들의 혼합을 임피던스라고 부르고 기호로 Z를 사용한다. 예를 들면 R-L 임피던스, R-C 임피던스 또는 R-L-C 임피던스 회로 등이다.

임피던스를 구성하는 요소 중 유도리액턴스와 용량리액턴스는 벡터량이다. 전류의 크기를 제한하는 역할을 할 뿐만 아니라 위상을 90° 변화시키는 작용을 하기 때문이다. 그래서 유도 리액턴스의 크기 앞에는 j를 붙이고, 용량 리액턴스의 크기 앞에는 $-j$를 붙인다. 따라서 R-L회로의 임피던스는 그림 17-1과 같이 표시한다.

$$\dot{Z} = R + j\omega L[\Omega]$$

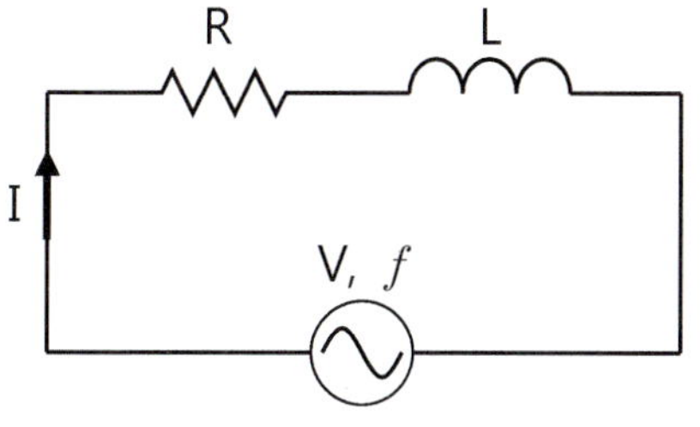

〈보기〉
V= 100[V]
R= 4[Ω]
ωL = 3[Ω]

[그림 17-1] R-L 임피던스

앞의 설명대로 임피던스를 구성하는 두 가지 요소, 저항과 유도 리액턴스를 벡터좌표로 표시해 보자. (여기에서 $R = 4\Omega$, $\omega L = 3\Omega$ 이다.)

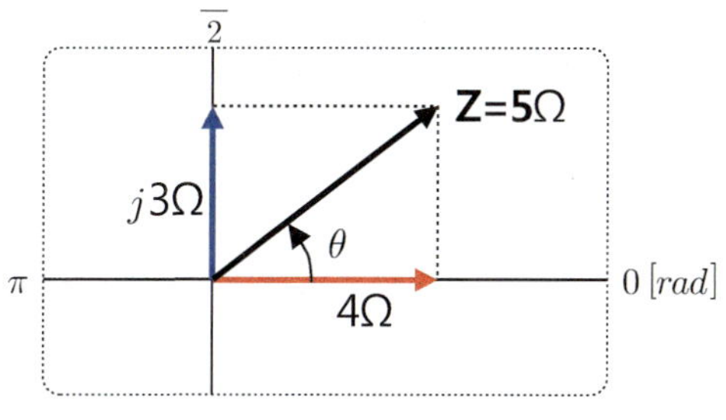

[그림 17-2] R-L 직렬회로의 임피던스

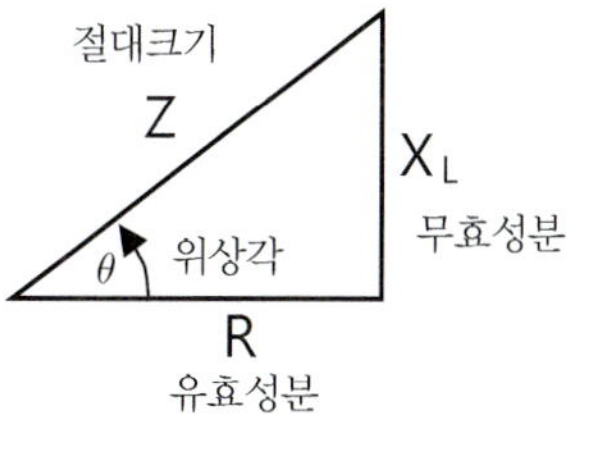

[그림 17-3] 임피던스 삼각형

그림 17-2에서와 같이 유도 리액턴스의 크기는 3[Ω]이지만 방향은 j 측, 90° 앞선 Y축을 향하고 있다. 따라서 임피던스의 크기 Z를 일반적인 벡터의 합성크기 계산법으로 풀어 보면 피타고라스의 빗변에 해당하므로

$$Z = \sqrt{R^2 + (\omega L)^2} \qquad \langle 보기 \rangle \; Z = \sqrt{3^2 + 4^2} = 5\,[\Omega]$$

이 된다. 그리고 이 임피던스의 위상각은 다음과 같다.

$$\tan\theta = \frac{\omega L}{R} \quad \therefore \theta = \tan^{-1}\frac{\omega L}{R} = \tan^{-1}\frac{3}{4} = 37°$$

(2) R–L 직렬회로의 전압

직렬 회로를 해석하는데 기준이 되는 것은 전류이다. 전류 I가 흐르면 저항과 유도리액턴스에 전압강하가 발생할 것이다. 먼저 저항에 걸리는 전압의 크기는

$$V_R = IR\,[V]$$

이고 위상은 전류와 같다. 그리고 유도 리액턴스에 걸리는 전압크기는

$$V_L = \omega L I\,[V]$$

이고 위상각은 $\frac{\pi}{2}[rad]$ 앞선다. 따라서 이 회로의 전압을 벡터식으로 표시하면 다음과 같다.

$$\dot{V} = V_R + jV_L = IR + j\omega LI$$

그리고 전압의 절대크기는 다음과 같다.

$$V = \sqrt{V_R^2 + V_L^2} = \sqrt{(IR)^2 + (\omega LI)^2} = \sqrt{(R)^2 + (\omega L)^2}\, I\,[V]$$

(3) R–L 직렬회로의 전류

전류는 전원전압을 임피던스 크기로 나누어 구한다. 그리고 전류의 위상은 기준 위상이므로 0° 이다.

$$I = \frac{V}{\sqrt{R^2 + (\omega L)^2}} = \frac{V}{Z} = \frac{100}{5} = 20\,[A]$$

(4) R-L 직렬 회로의 벡터도

R-L 직렬 임피던스회로의 전압, 전류를 벡터 좌표에 그리면 다음과 같다. 직렬회로의 기준은 전류이므로 먼저 그린다. 그 다음 저항에 걸리는 전압(V_R)을 0° 위상으로 그린다. 이어서 90° 앞선 위상의 리액턴스 전압(V_L)을 그리고, 마지막으로 대각선을 그어 전체전압(V)을 그린다.

벡터도를 활용하여 저항과 리액턴스에 걸리는 전압을 다음과 같이 정의할 수 있다

$$V_R = V\cos\theta\,[A]$$: X축의 크기=유효전압

$$V_L = V\sin\theta\,[A]$$: Y축의 크기=무효전압

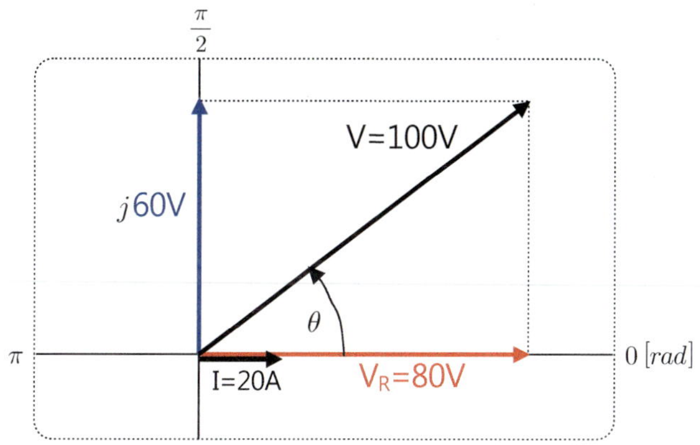

[그림 17-4] R-L 직렬회로의 벡터도

〈예제 17-1〉

오른쪽 회로에서 다음을 구하시오.

1) 유도리액턴스와 임피던스의 크기
2) 전류
3) 위상각
4) 저항과 인덕터에 걸리는 전압

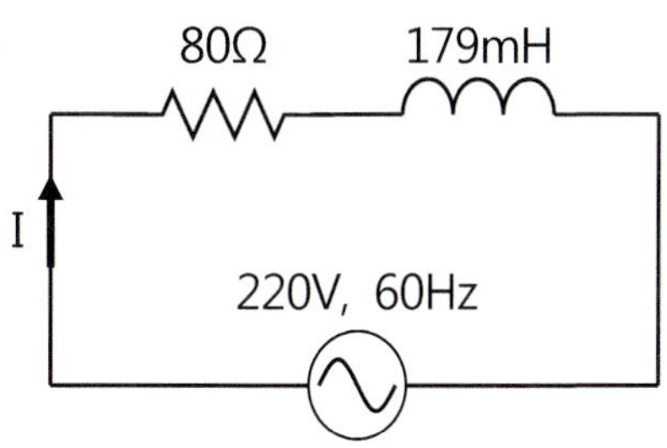

[그림 17-5] 문제도-R-L 직렬회로

(풀이)

1) 유도 리액턴스 $X_c = \omega L = 2\pi f L = 2 \times 3.14 \times 60 \times 0.159 = 59.94 \cong 60\,\Omega$

임피던스 $Z = \sqrt{R^2 + (\omega L)^2} = \sqrt{80^2 + 60^2} = 100\,[\Omega]$

2) 전류 $I = \dfrac{V}{Z} = \dfrac{220}{100} = 2.2\,[A]$

3) $\theta = \tan^{-1}\dfrac{\omega L}{R} = \tan^{-1}\dfrac{60}{80} = 36.87° \cong 37°$

4) 저항에 걸리는 전압 $V_R = IR = 2.2A \times 80\Omega = 176\,V \angle 0°$

인덕턴스에 걸리는 전압 $V_L = IX_L = 2.2A \times 60\Omega = 132\,V \angle 37°$

2) R-L 병렬회로

(1) R-L 병렬회로의 전류

병렬회로의 기준요소는 전압이다. 따라서 주어진 전압을 이용하여 R-L 병렬회로의 각 지로에 흐르는 전류를 구한다. 먼저 저항에 흐르는 전류를 구한다.

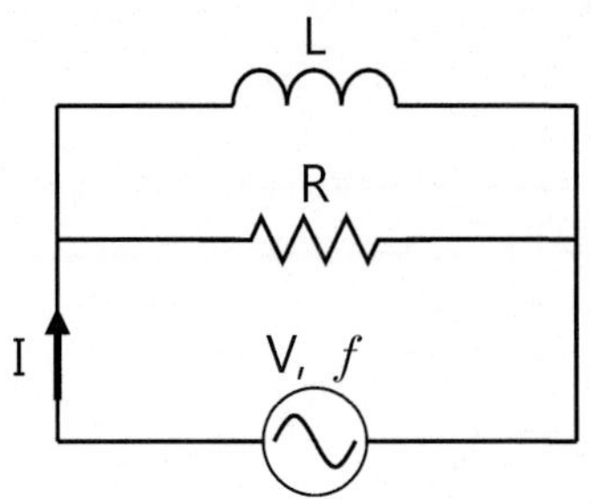

〈보기〉
V = 24[V]
R = 8[Ω]
ωL = 6[Ω]

[그림 17-6] R-L 임피던스

☞ 그림 17-6의 〈보기〉를 적용해 보기로 한다.

$$I_R = \frac{V}{R} \qquad \text{〈보기 적용〉: } I_R = \frac{24\,V}{8\Omega} = 3\,[A]$$

저항에 흐르는 전류의 위상은 전압과 같은 0° 이다.

그리고 인덕턴스에 흐르는 전류는

$$I_L = \frac{V}{j\omega L} = -j\frac{V}{\omega L} \qquad \langle 보기\ 적용 \rangle\ I_L = \frac{24\,V}{6\Omega} = 4\,[A]$$

이다. 따라서 총 전류는 벡터식으로 다음과 같다.

$$\dot{I} = I_R - jI_L = \frac{V}{R} - j\frac{V}{\omega L} \qquad \langle 보기\ 적용 \rangle:\ I = 3 - j4\,[A]$$

(2) 전류의 절대크기

전류의 절대크기는 다음 식으로 구할 수 있다.

$$I = \sqrt{(I_R)^2 + (I_L)^2} = \sqrt{(\frac{V}{R})^2 + (\frac{V}{\omega L})^2} = V\frac{\sqrt{R^2 + (\omega L)^2}}{\omega LR}$$

$$\langle 보기 \rangle:\ \mathrm{I} = \sqrt{3^2 + 4^2} = 5\,[A]$$

(3) 전류의 위상각

전류의 위상각은 유효전류(I_R)와 무효전류(I_L)의 크기로부터 구할 수 있다.

$$\tan\theta = \frac{I_L}{I_R} - \frac{V/\omega L}{V/R} - \frac{R}{\omega L} \qquad \therefore \theta - \tan^{-1}\frac{R}{\omega L}$$

$$\langle 보기\ 적용 \rangle\ \theta = \tan^{-1}\frac{8}{6} = 53°$$

지금까지 구한 두 가지 전류를 벡터좌표에 나타내면 그림 17-7과 같다.

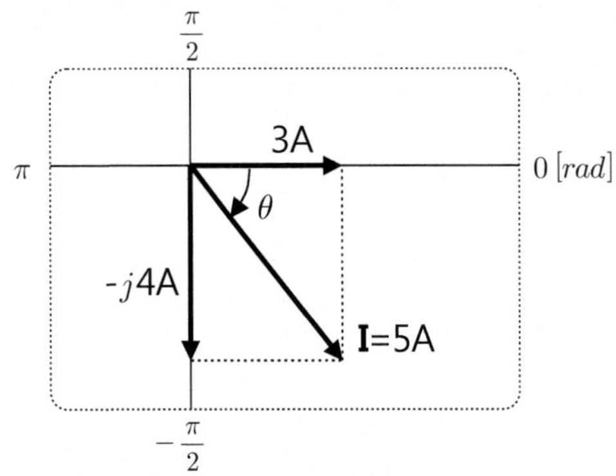

[그림 17-7] R-L 병렬회로의 전류

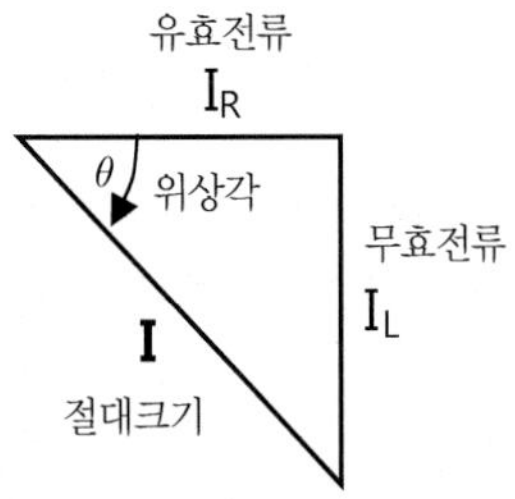

[그림 17-8] 전류의 성분

(4) 임피던스

앞에서 구한 전류를 이용하여 절대값 임피던스(Z)를 구할 수 있다.

$$Z = \frac{V}{I} = \frac{1}{\sqrt{(\frac{1}{R})^2 + (\frac{1}{\omega L})^2}} = \frac{\omega LR}{\sqrt{R^2 + (\omega L)^2}}$$

$$\langle \text{보기} \rangle \ \mathrm{Z} = \frac{8 \times 6}{\sqrt{(8)^2 + (6)^2}} = 4.8\,[\Omega]$$

병렬회로의 이 임피던스를 유효성분(R)과 무효성분(X_L)으로 분해하여 등가 직렬 임피던스 벡터로 대체할 수 있다.

$$\dot{Z} = \frac{V}{I}(\cos\theta + j\sin\theta)\,[\Omega] \qquad (\text{단, } \theta = \tan^{-1}\frac{R}{\omega L} \text{ 이다})$$

예를 들어 그림 17-6의 병렬회로를 직렬 등가회로로 바꾸면 다음과 같다.

$$Z = \frac{24}{5}(\cos 53° + j\sin 53°) = 4.8(0.6 + j0.8) = 2.88 + j3.84\,[\Omega]$$

〈요약〉

R–L 직렬회로의 풀이 순서

① 먼저 임피던스의 크기를 구한다. $Z = \sqrt{R^2 + (\omega L)^2}$

② 위상각을 구한다. $\theta = \tan^{-1}\dfrac{\omega L}{R}$

③ 전류의 크기를 구한다. $I = \dfrac{V}{Z}$

④ 저항에 걸리는 전압(V_R)과 유도리액턴스에 걸리는 전압(V_L)을 구한다.

$V_R = IR$, $V_L = I\omega L$ 또는 위상각으로 구할 수도 있다.

$V_R = V\cos\theta$, $V_L = V\sin\theta$

R–L 병렬회로의 풀이 순서

① 먼저 각 지로의 전류를 구한다. $I_R = \dfrac{V}{R}$, $I_L = \dfrac{V}{X_L}$

② 전류의 합성 크기를 구한다. 전류 크기 $I = \sqrt{(I_R)^2 + (I_L)^2}$

③ 위상각을 구한다. $\therefore \theta = \tan^{-1}\dfrac{R}{\omega L}$ ☞ 직렬회로와 반대임.

④ 임피던스 크기를 구한다. $Z = \dfrac{\omega LR}{\sqrt{R^2 + (\omega L)^2}}\,[\Omega]$

임피던스 벡터를 구할 수도 있다. $\dot{Z} = \dfrac{V}{I}(\cos\theta + j\sin\theta)\,[\Omega]$

〈예제 17-2〉

오른쪽의 회로에서 다음을 구하시오.

1) 유도 리액턴스
2) 지로 전류 및 전체전류
3) 전압과 전류의 위상각
4) 전체 임피던스

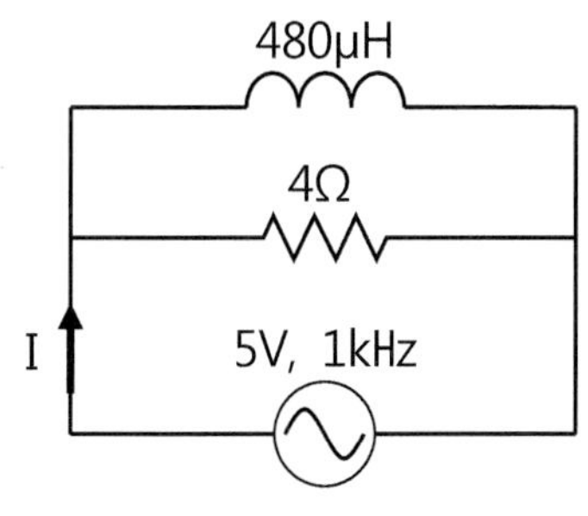

[그림 17-9] R–L 임피던스

(풀이)

1) 유도 리액턴스

$$X_L = \omega L = 2\pi f L = 2\times 3.14\times 1000\times 480\times 10^{-6} = 3.016 \cong 3\,[\Omega]$$

2) 저항에 흐르는 전류 $I_R = \dfrac{5}{4} = 1.25\,A$

인덕턴스로 흐르는 전류 $I_L = \dfrac{5}{3} = 1.67\,A$

전체전류의 크기 $I = \sqrt{(I_R)^2 + (I_L)^2} = \sqrt{(1.25)^2 + (1.67)^2} = 2.083\,A$

3) 전압과 전류의 위상각 $\theta = \tan^{-1}\dfrac{R}{\omega L} = \tan^{-1}\dfrac{4}{3} \cong 53°$

4) 전체 임피던스 $Z = \dfrac{V}{I} = \dfrac{5}{2.083} = 2.4\,[\Omega]$

4. 실험 순서

1) R–L 직렬회로

(1) 그림 17–10과 같이 R–L 직렬회로를 구성하고 입력에는 사인파 22[kHz], 20[V]를 공급한다.

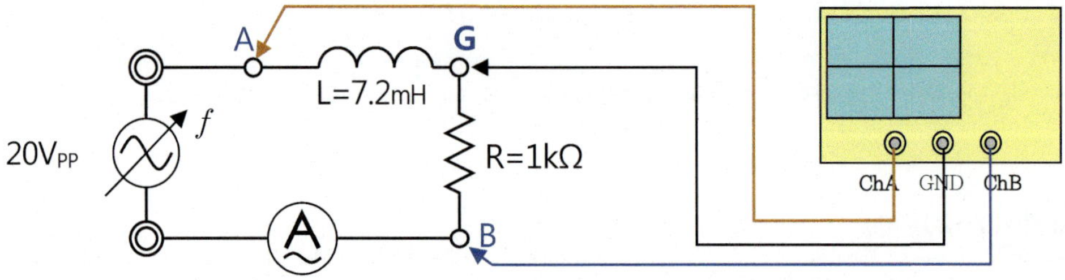

[그림 17–10] R–L 직렬회로에서 VR과 VL 측정하기

(2) 멀티심을 이용하여 그림 17–10의 회로를 구성하고 그림 17–11과 같이 툴바의 오실로스코프를 선택한 후 인덕터와 저항에 인가되는 전압의 크기와 파형을 측정한다. 그림 17–12는 그 결과를 보여주고 있다.

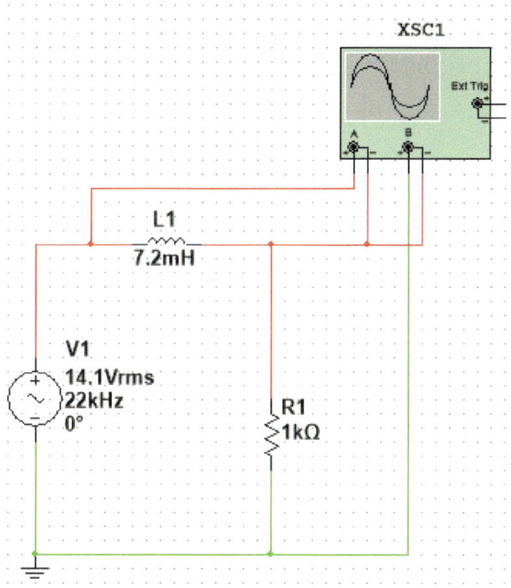

[그림 17-11] 멀티심을 이용하여 R-L 직렬회로에서 V_R과 V_L 측정하기

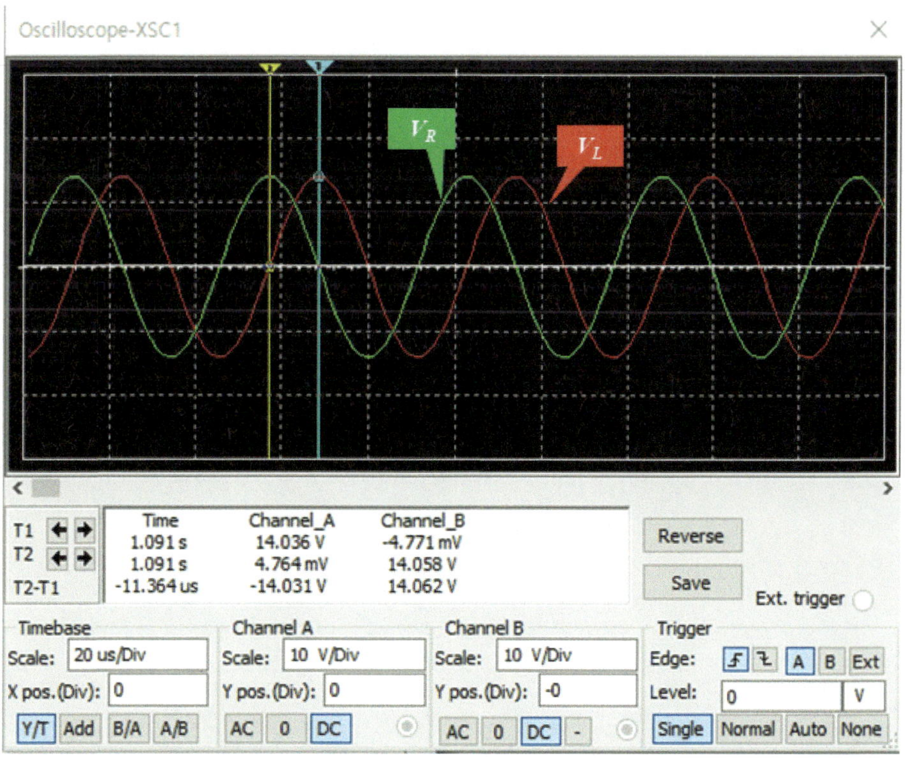

[그림 17-12] 멀티심을 이용하여 R-L 직렬회로에서 V_R과 V_L의 파형 측정 결과

(3) 브레드보드와 오실로스코프를 이용하여 인덕터와 저항에 걸리는 전압의 크기와 파형을 측정한다. 전압 크기는 편의상 MPP로 읽고 기록한다. 필요하면 실효값으로 바꿀 수 있다.

[표 17-1] R-L 직렬회로의 측정 결과

전원 주파수	V_L 인덕터 전압강하	V_R 저항 전압강하	V_R기준 V_L의 위상	전원전압 기준 전류의 위상	비고
11[kHz]					
22[kHz]					
44[kHz]					

(4) 입력전원의 주파수를 11[kHz]로 낮추고 전압 측정을 반복한다.
(5) 입력전원의 주파수를 44[kHz]로 높이고 전압 측정을 반복한다.
(6) 그림 17-13과 같이 연결을 변경하고 전압과 전류의 위상차를 측정한다..
채널A에는 전원전압(V_{in})이 나타나고, 채널B에는 전류에 비례한 전압이 나타난다. 따라서 전류(I)의 크기는 채널B의 측정값(V_R)을 저항(1000[Ω])으로 나누어 얻는다.

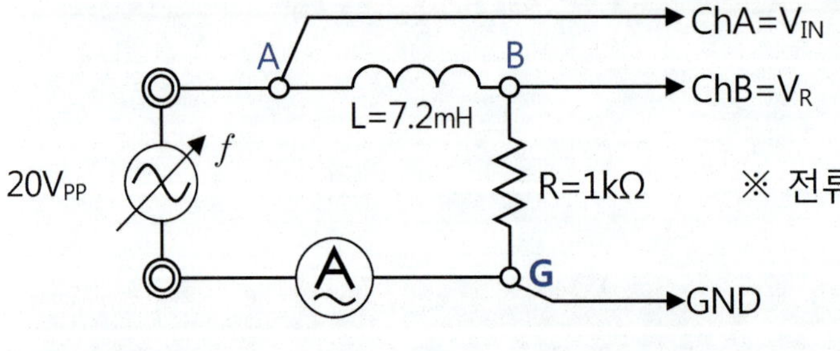

※ 전류 $I = \frac{V_R}{R} = \frac{V_R}{1000\Omega}[A]$

[그림 17-13] 전원전압과 전류의 위상차 측정법

(7) 측정 결과로부터 R-L 직렬회로의 벡터도를 완성하시오.

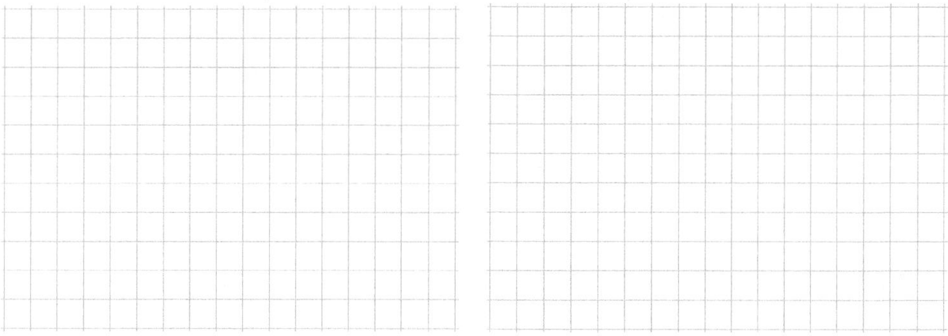

(a) 전압 벡터도　　　　　　　　(b) 임피던스 벡터도

[그림 17-14] 주파수 22[kHz]에서의 R-L 직렬부하의 벡터도

(8) 위의 측정결과 다음의 관계식이 성립하는가?

$$\text{전원전압}\ \ V = \sqrt{V_R^{\,2} + V_L^{\,2}} = \sqrt{(\quad)^2 + (\quad)^2} = (\qquad)[V]$$

(9) 전원주파수 22[kHz]일 때 R-L 직렬회로의 임피던스를 구한다.

$$\text{임피던스}\ \ Z = \sqrt{R^2 + X_L^{\,2}} = \sqrt{(\quad)^2 + (\quad)^2} = (\qquad)[\Omega]$$

(10) R-L 직렬회로의 역률을 구한다.

$$\text{역률}\ \ pf = \cos\theta = \frac{R}{Z} = \frac{V_R}{V} = \frac{(\quad)}{(\quad)} = (\qquad)$$

(11) 소비전력을 계산한다.

단, 소비전력은 실효값 전압과 전류로 계산해야한다. 오실로스코프로 판독 크기 MPP값에 다 0.3535를 곱하여 실효값으로 바꾼다.

$$\text{소비전력}\ \ P = VI\cos\theta = \qquad\qquad [W]$$

(12) 어드미턴스로 변환하기

R-L 직렬 임피던스를 다음의 공식을 이용하여 병렬 어드미턴스로 바꿀 수 있다.

$$\dot{Y} = \frac{1}{\dot{Z}} = \frac{1}{R+jX} = \frac{R}{R^2+X^2} - j\frac{X}{R^2+X^2} = G - jB\,[\mho]$$

저항성 컨덕턴스 유도성 서셉턴스

$$\dot{Y} = (\qquad) - j(\qquad)\,[m\mho]$$

(13) 진상용 커패시턴스 구하기

① 전동기와 같은 유도성 부하는 부하전류의 위상이 전압보다 늦다. 전국의 공장 부하들이 이와 같은 상태로 구동된다면 발전소의 효율은 나빠질 것이다. 만약 앞 단계에서 분석한 유도성 서셉턴스($-jB$)와 동일한 크기를 가지는 커패시터를 전원에 병렬로 달아주면 중화되어 전원전압과 전원전류의 위상이 같아진다.

② 중화에 필요한 용량성 서셉턴스의 크기는 다음과 같다.

$$B = \frac{X}{R^2+X^2}$$

③ 용량 리액턴스는 용량 서셉턴스의 역수이다.

$$\text{용량 리액턴스 } X_c = \frac{1}{2\pi fC} = \frac{R^2+X^2}{X}$$

④ 정전용량(C)는 다음과 같은 식으로 구할 수 있다.

$$C = \frac{1}{2\pi f X_c} = \frac{X}{2\pi f\,(R^2+X^2)}$$

⑤ 주어진 회로조건 f=22[kHz], R=1[kΩ], X_L=1[kΩ]일 때 진상 커패시터의 용량을 구한다.

$$\text{진상 커패시터의 용량 } C = \frac{X}{2\pi f\,(R^2+X^2)} = (\qquad)[\mu F] \text{ 또는 } (\qquad)[pF]$$

(14) 역률 보상회로 측정하기

① 그림 17-15의 R-L 부하를 중화시키기 위한 진상 커패시턴스 계산값은 3,600pF이다.

② 그림 17-15와 같이 진상 커패시터 3,600pF와 전류측정용 저항 10Ω 을 추가하고 오실로스코프를 이용하여 전원전압과 전류의 위상을 측정한다.

☞ 여기서, 저항 10Ω 은 부하에 비하여 매우 작아서 전류의 크기나 위상에 영향을 미치지 않는다.

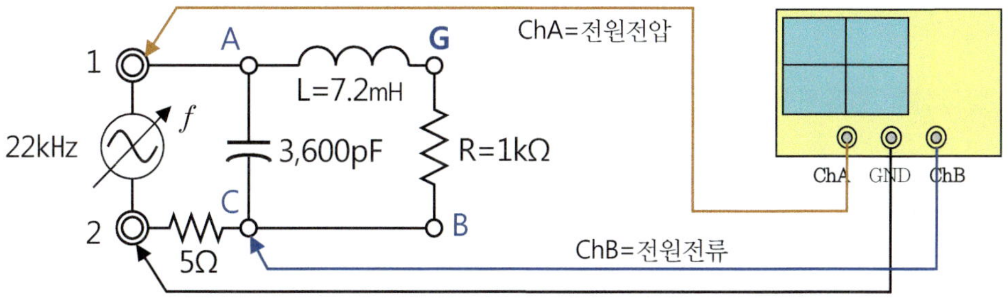

[그림 17-15] 진상 커패시터가 추가된 R-L 직렬부하

측정 조건	보정 전 전압-전류의 위상차	3,600pF 보정 후의 위상차
f=22[kHz] L=7.2[mH], R=1[kΩ]		

2) R-L 병렬회로 실험

(1) 그림 17-16과 같이 R-L 병렬회로를 구성하고 입력에는 사인파 22[kHz], 20[V_{PP}]를 공급한다.

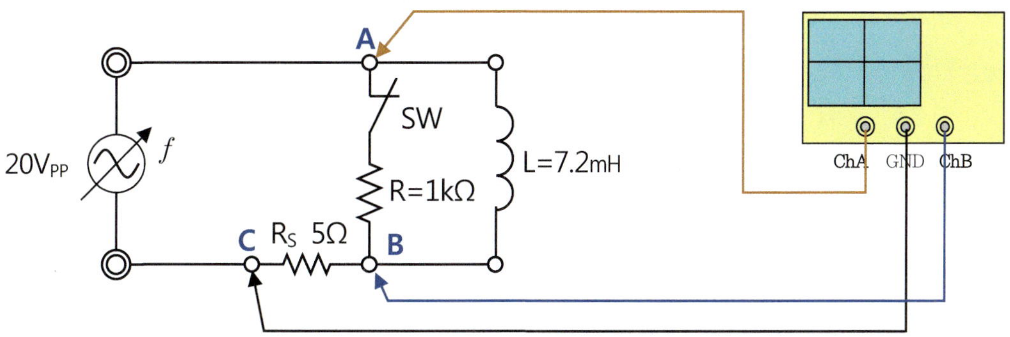

[그림 17-14] 전원전압과 전원전류의 위상측정

(5[Ω]을 무시한다면)전원에 병렬로 연결된 저항부하와 유도부하에는 동일한 전압이 공급된다. 그런데 저항부하로 흐르는 전류는 전원전압과 위상이 같고 인덕터로 흐르는 전류는 90° 늦다. 이 두 전류가 합쳐져서 전원전류가 된다. 센서저항(RS) 5[Ω]은 부하에 비하여 매우 작아서 전원전류를 방해하지 않으면서 전류 크기와 위상을 측정할 수 있다. RS가 5[Ω]인 경우 측정한 전압을 5로 나누면 전류의 크기가 된다. 또 RS가 1[Ω]이라면 측정한 전압이 곧 전류의 크기가 된다.

(2) 멀티심을 이용하여 그림 17-14의 회로를 구성하고 그림 17-15와 같이 툴바의 오실로스코프를 선택한 후 인덕터와 저항이 병렬로 연결된 회로의 전원 전압과 전원 전류의 파형을 측정한다. 그림 17-16은 그 결과를 보여주고 있다.

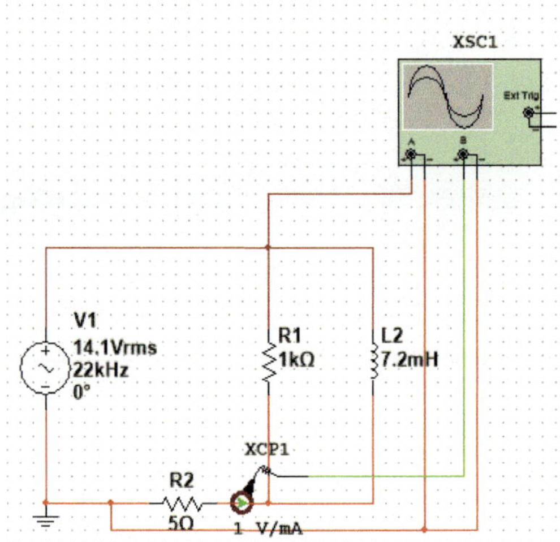

[그림 17-15] 멀티심을 이용하여 R-L 병렬회로에서 전원 전압과 전원 전류 측정하기

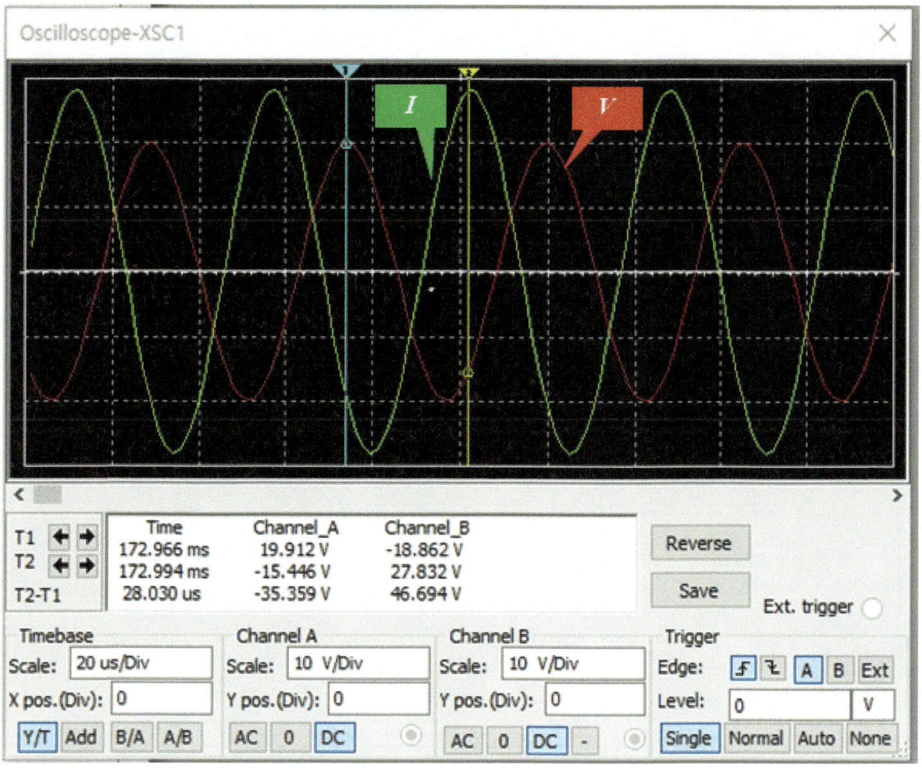

[그림 17-16] 멀티심을 이용하여 R-L 병렬회로에서 전원 전압과 전원 전류의 파형 측정 결과

그림 17-17은 R-L 병렬회로에서 저항 및 인덕터에 흐르는 전류 위상 측정하는 회로이다. 그림 17-18은 그 결과를 보여주고 있다.

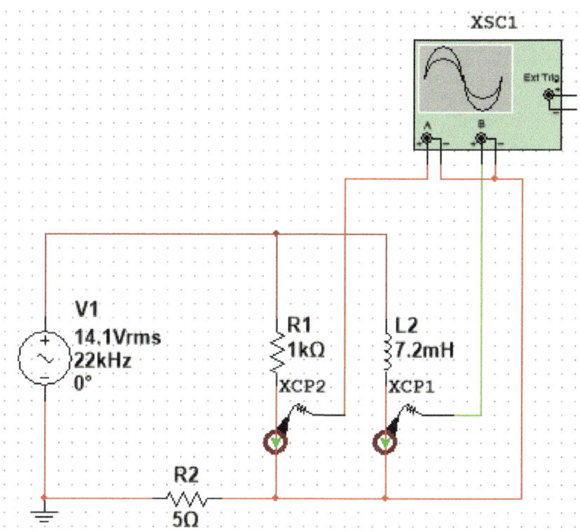

[그림 17-17] R-L 병렬회로에서 저항 및 인덕터에 흐르는 전류 측정 회로도

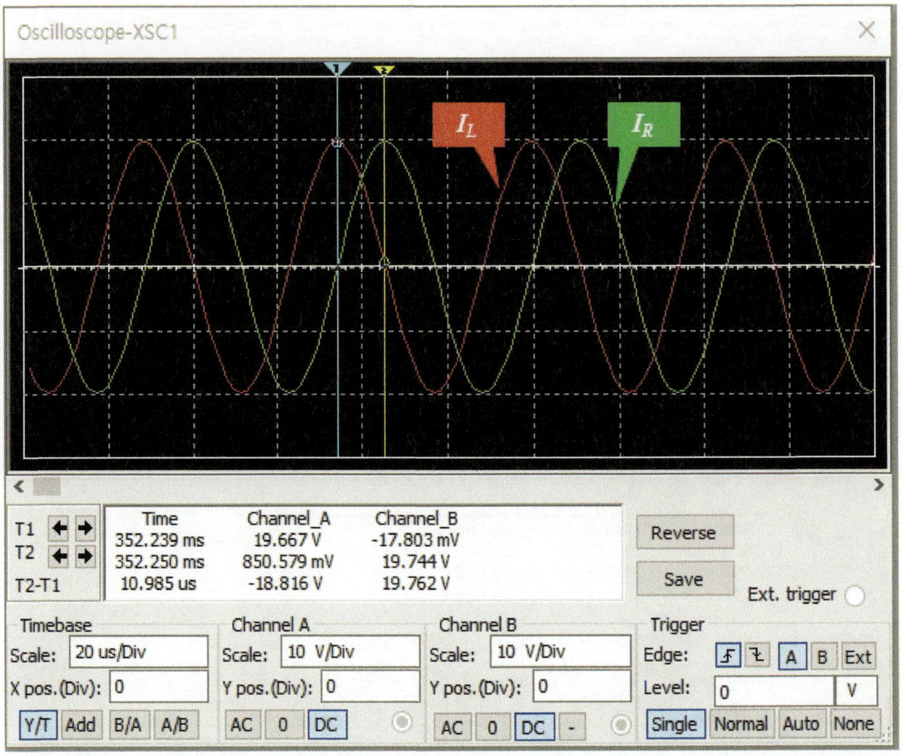

[그림 17-18] R-L 병렬회로에서 저항 및 인덕터에 흐르는 전류 측정 결과

(3) 브레드보드, 오실로스코프 및 저항과 유도 부하가 병렬연결된 상태에서 전원 전압과 전류의 크기 및 위상차를 측정하여 표 17-2에 기록한다.

☞ 채널A= 전원전압의 파형, 채널B= 전원전류의 파형

(4) 스위치를 개방하면 인덕터 단독부하가 된다. 이때 전원 전압과 전류의 크기 및 위상차를 측정하여 표 17-2에 기록한다.

[표 17-2] R-L 병렬회로의 측정 결과

회로조건 / 주파수	R ∥ L 병렬부하일 때		L 단독부하일 때		비고
	전원전압 기준 전류의 위상	전류 값	전원전압 기준 전류의 위상	전류 값	
11[kHz]					
22[kHz]					$R = X_L$, $I_L = I_R$ 역률 70.7%
44[kHz]					

(5) $R = X_L$인 주파수(22[kHz])에서 R-L 병렬회로의 어드미턴스를 계산한다.

a) $G = \dfrac{1}{R} = \dfrac{1}{1000\Omega} = (\qquad)$, b) $B = \dfrac{1}{X_L} = \dfrac{1}{1000\Omega} = (\qquad)$

c) 어드미턴스 $Y = \sqrt{G^2 + B^2} = \sqrt{(\quad)^2 + (\quad)^2} = (\qquad)[m\mho]$

(6) R-L 병렬회로의 벡터도를 완성하시오.

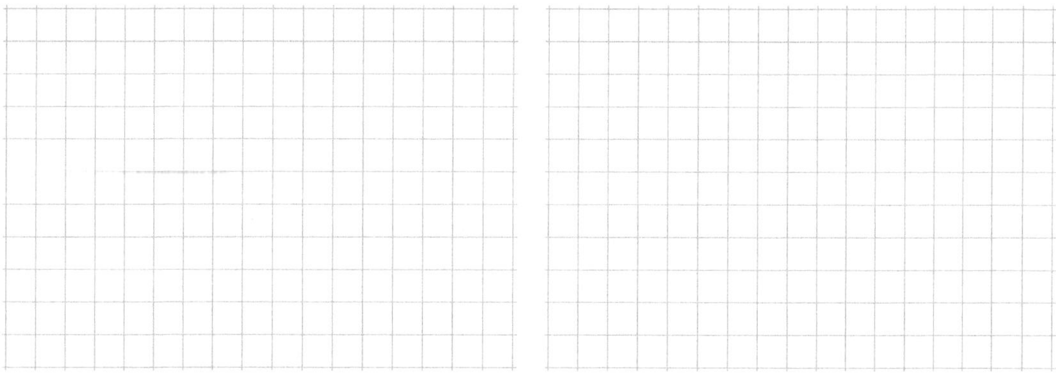

(a) 전압-전류 벡터도 (b) 어드미턴스 벡터도

[그림 17-19] 주파수 22[kHz]에서의 R-L 병렬부하의 벡터도

(7) R-L 병렬회로의 임피던스를 계산한다.

병렬회로의 임피던스는 어드미턴스의 역수이다.

병렬 임피던스 $Z = \dfrac{1}{Y} = \dfrac{1}{(\qquad)\mho} = (\qquad)\Omega$

(8) 역률을 계산한다.

표 17-2의 측정결과를 이용하여 역률을 계산한다.

$$\text{역률 } pf = \cos\theta = \frac{I_R}{I} = \frac{G}{Y} = \frac{(\quad)}{(\quad)} = (\qquad)$$

(9) 병렬 임피던스의 소비전력을 계산한다.

$$\text{소비전력 } P = VI_R = (\quad)\times(\quad) = (\qquad)[W]$$

(10) R-L 병렬부하의 역률보상과 위상측정

유도 리액턴스와 같은 크기의 용량리액턴스를 전원에 병렬로 설치하면 역률은 1이 된다.

① 필요한 용량 리액턴스 $X_c = \dfrac{1}{2\pi fC} = 2\pi fL$

용량리액턴스 = 유도리액턴스

② 주어진 회로조건 f =22[kHz], R=1[kΩ], X_L =1[kΩ]일 때 진상 커패시터의 용량을 구한다.

$$\text{진상 커패시터의 용량} C = \frac{1}{(2\pi f)^2 L} = (\qquad)[\mu F] = (\qquad)[pF]$$

(11) 역률 보상회로 측정하기

① 그림 17-18과 같이 역률보상회로를 구성하고 채널A에서 전압, 채널B에서 전류 위상을 측정한다.

② 역률 보상 후 전압과 전류의 위상차: (　　)°

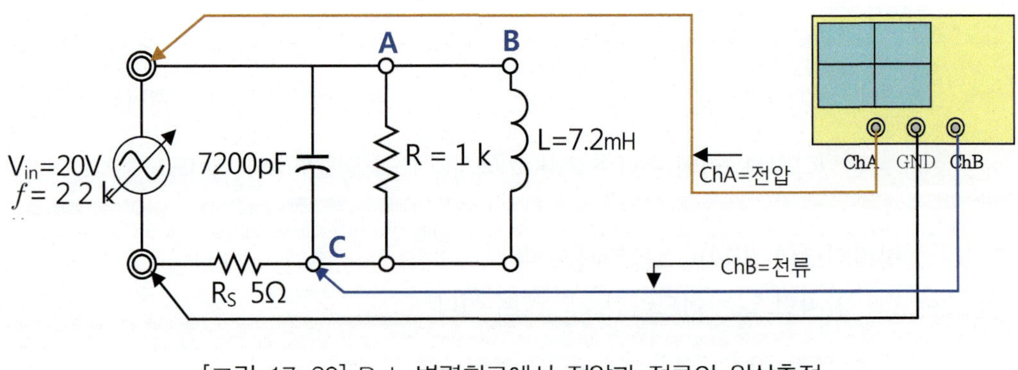

[그림 17-20] R-L 병렬회로에서 전압과 전류의 위상측정

실험 보고서 (　　주차)

실험 제목			
실험조	조	소 속	
실험일자		제출자	

1. 실험 목적

2. 실험에 사용된 부품 및 장비명

3. 실험 결과

4. 고찰

CHAPTER 18

R–C 회로

1. 실험 목적

R–C 부하를 가진 교류회로에서 전압, 전류 및 위상차를 측정하고 임피던스와 유효 전력을 계산할 수 있다.

2. 실험 준비물

① 브레드보드, 리드선 적당량
② 저항(1[kΩ], 1/4[W]) 4개
③ 캐패시터(10[μF]) 1대
④ 회로시험기(멀티미터) 1대
⑤ 오실로스코프 1대
⑥ 교류전원공급장치 1대
⑦ 컴퓨터 1대

3. 관련 이론

1) 임피던스

저항 R과 캐패시터 C가 직렬로 연결된 회로의 임피던스는 그림 18–1과 같다. 용량성 리액턴스의 위상은 $\frac{\pi}{2}$늦기 때문에 $-j$로 표시한다.

$$\dot{Z} = R - j\frac{1}{\omega C}\,[\Omega]$$

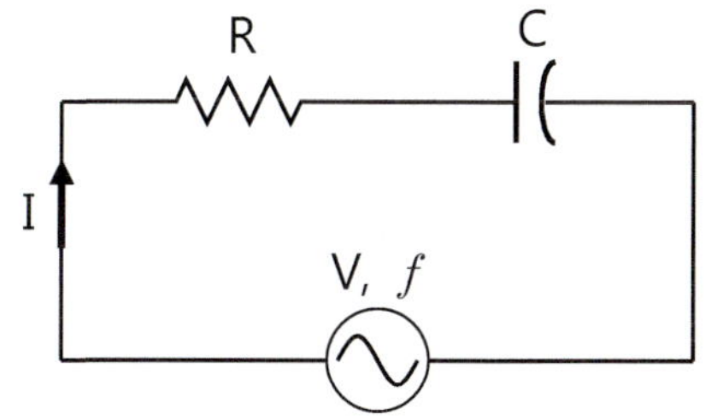

〈보기〉
$V = 10[\mathrm{V}]$
$R = 4[\Omega]$
$X_c = \dfrac{1}{\omega C} = 3[\Omega]$

[그림 18-1] R-C 임피던스

저항과 용량성 리액턴스를 벡터좌표로 표시하면 그림 18-2와 같다.(이해를 돕기 위하여 $R = 4\Omega$, $X_c = 3\Omega$ 으로 한다.)

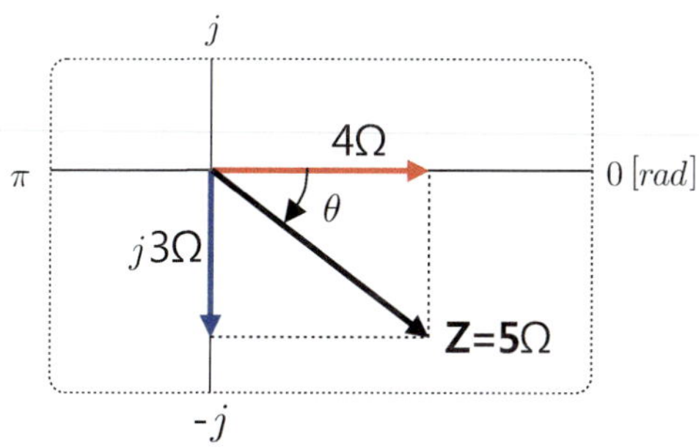

[그림 18-2] R-C 회로의 임피던스

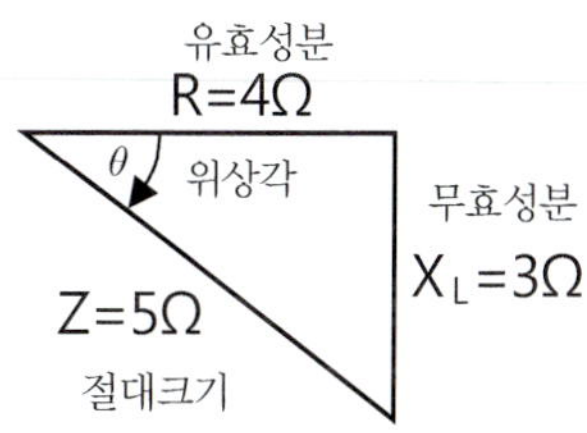

[그림 18-3] 임피던스 삼각형

그림 18-2에서와 같이 용량성 리액턴스의 크기는 $3[\Omega]$이지만 방향은 $-j$ 즉, $90°$ 뒤진 Y축을 향하고 있다. 따라서 임피던스의 크기 Z를 일반적인 벡터의 합성크기 계산법으로 풀어 보면 피타고라스의 정리에 따라

$$Z = \sqrt{R^2 + (\frac{1}{\omega C})^2}$$

〈보기〉 $Z = \sqrt{4^2 + 3^2} = 5\,[\Omega]$

이 된다. 그리고 이 임피던스의 위상각은 다음과 같다.

$$\tan\theta = \frac{X_c}{R} \quad \therefore \theta = \tan^{-1}\frac{X_c}{R} = \tan^{-1}\frac{3}{4} = 37°$$

2) R–C 직렬회로

(1) R–C 직렬회로의 전압

직렬 회로를 해석하는데 기준이 되는 것은 전류이다. 전류 I가 흐르면 저항과 용량성 리액턴스에서 전압강하가 발생할 것이다. 먼저 저항에 걸리는 전압의 크기는

$$V_R = IR\,[V]$$

이고 위상은 전류와 같다. 그리고 용량성 리액턴스에 걸리는 전압의 크기는

$$V_c = IX_c = \frac{I}{\omega C}\;[V]$$

이고 위상각은 $\frac{\pi}{2}[rad]$ 뒤진다. 따라서 이 회로의 전압을 벡터식으로 표시하면 다음과 같다.

$$\dot{V} = V_R - jV_c = IR - j\frac{I}{\omega C}$$

그리고 전압의 절대크기는 다음과 같다.

$$\mathrm{V} = \sqrt{V_R^{\,2} + V_c^{\,2}} = \sqrt{(IR)^2 + (\frac{I}{\omega C})^2} = \sqrt{(R)^2 + (\frac{1}{\omega C})^2}\;I\,[V]$$

(2) R–C 직렬회로의 전류

전류는 전원전압을 임피던스 크기로 나누어 구한다. 그리고 전류의 위상은 기준 위상이므로 0° 이다.

$$\mathrm{I} = \frac{V}{\sqrt{R^2 + (X_c)^2}} = \frac{V}{Z} = \frac{10}{5} = 2\,[A]$$

(3) R–C 직렬회로의 벡터도

R–C 직렬 임피던스회로의 전압, 전류를 벡터 좌표에 그리면 그림 18–4와 같다. 직렬회로의 기준은 전류이므로 먼저 그린다. 그 다음 저항에 걸리는 전압(V_R)을 0° 위상으로 그린다. 이어서 90° 뒤진 위상의 용량성 리액턴스 전압(V_C)을 그리고, 마지막으로 대각선을 그어 전체전압(V)을 그린다.

삼각함수를 이용하여 저항과 커패시턴스에 걸리는 전압을 다음과 같이 표시할 수 있다.

$$V_R = V\cos\theta\,[A] \;:\; \text{X축의 크기} = \text{유효전압}$$

$$V_c = V\sin\theta\,[A] \;:\; \text{Y축의 크기} = \text{무효전압}$$

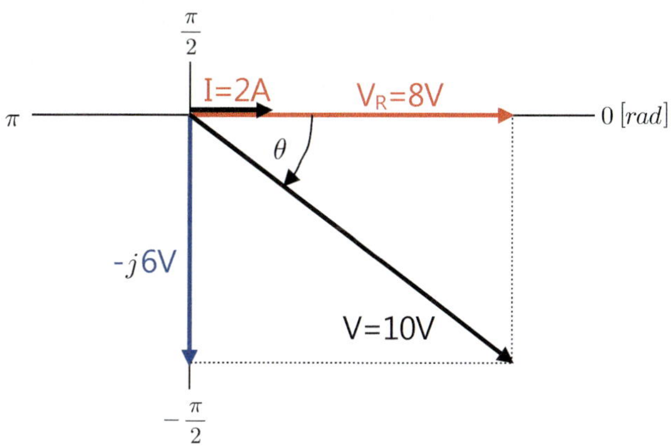

[그림 18-4] R-C 직렬회로의 벡터도

〈예제 18-1〉

그림 18-5에서 다음을 구하시오.

1) 용량리액턴스와 임피던스의 크기
2) 전류
3) 저항과 커패시터에 걸리는 전압
4) 전류와 전체전압의 위상각

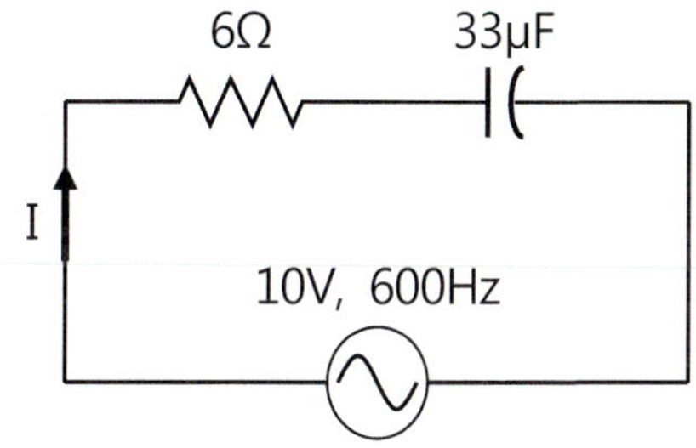

[그림 18-5] 문제도-R-C 직렬회로

(풀이)

1) 용량성 리액턴스

$$X_c = \frac{1}{\omega C} = \frac{1}{2 \times 3.14 \times 600 \times 33 \times 10^{-6}} = 8.042 \cong 8\Omega$$

직렬 임피던스 : $Z = 6 - j8\Omega$

임피던스의 크기 Z $= \sqrt{R^2 + {X_c}^2} = \sqrt{6^2 + 8^2} = \sqrt{100} = 10\Omega$

2) 전류 I $= \frac{V}{Z} = \frac{10V}{10\Omega} = 1[A] \ \angle 0°$ (기준위상)

3) 저항에 걸리는 전압 $V_R = IR = 1 \times 6 = 6[V] \ \angle 0°$

커패시턴스에 걸리는 전압 $V_c = I \times \frac{1}{\omega C} = 1A \times 8\Omega = 8[V] \angle -90°$

4) 전류의 위상각을 0° (기준)로 할 때
전체전압의 위상각

$$\theta = \tan^{-1}\frac{V_c}{V_R} = \tan^{-1}\frac{8}{6} = 53°$$

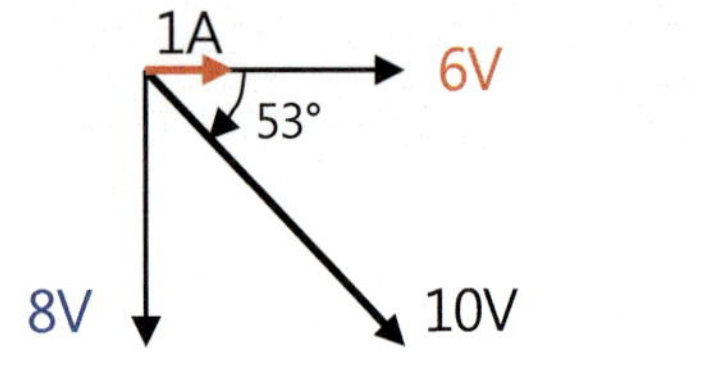

[그림 18-6] 전류와 전압의 위상각

3) R–C 병렬회로

(1) 병렬회로의 전류

병렬회로의 기준요소는 전압이다. 따라서 주어진 전압을 이용하여 R–C 병렬회로의 각 지로에 흐르는 전류를 구한다. 먼저 저항에 흐르는 전류 I_R를 구한다.

☞ 그림 18–7의 〈보기〉에 주어진 회로정수를 이용해 풀어 보기로 한다.

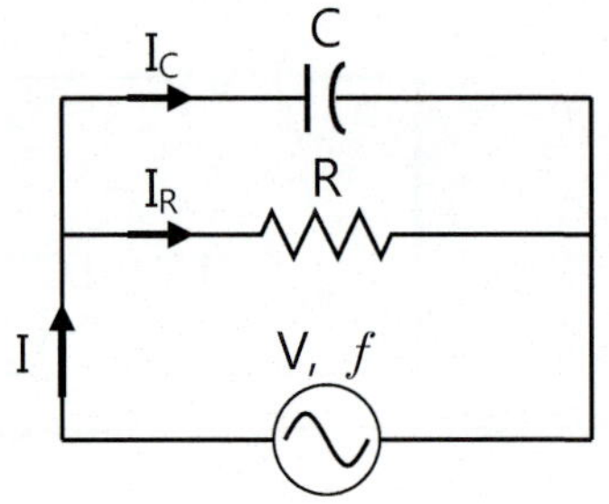

[그림 18-7] R–C 임피던스

〈보기〉
V = 24[V]
R = 8[Ω]
$\frac{1}{\omega C} = X_c = 6[\Omega]$

$$I_R = \frac{V}{R} \qquad \text{〈보기〉: } I_R = \frac{24V}{8\Omega} = 3[A]$$

저항에 흐르는 전류의 위상은 전압과 같은 0° 이다. 그리고 커패시터에 흐르는 전류는

$$I_C = \frac{V}{-j\frac{1}{\omega C}} = j\frac{V}{X_c} \qquad \text{〈보기〉 } I_C = \frac{24V}{6\Omega} = 4[A]$$

이고 위상은 $\frac{\pi}{2}[rad]$ 앞선다. 따라서 총 전류는 벡터식으로 다음과 같다.

$$\dot{I} = I_R - jI_C = \frac{V}{R} + j\frac{V}{X_c} \qquad \text{〈보기〉: } I = 3 + j4[A]$$

(2) 전류의 절대크기

전류의 절대크기는 다음 식으로 구할 수 있다.

$$I = \sqrt{(I_R)^2 + (I_C)^2} \qquad \langle 보기 \rangle: I = \sqrt{3^2 + 4^2} = 5\,[A]$$

(3) 전류의 위상각

전류의 위상각은 유효전류(I_R)와 무효전류(I_C)의 크기로부터 구할 수 있다.

$$\tan\theta = \frac{I_C}{I_R} = \frac{V/X_c}{V/R} = \frac{R}{X_c} \qquad \therefore \theta = \tan^{-1}\frac{R}{X_c} \qquad \langle 보기 \rangle\ \theta = \tan^{-1}\frac{8}{6} = 53°$$

지금까지 구한 지로 전류를 벡터좌표에 나타내면 그림 18-8과 같다.

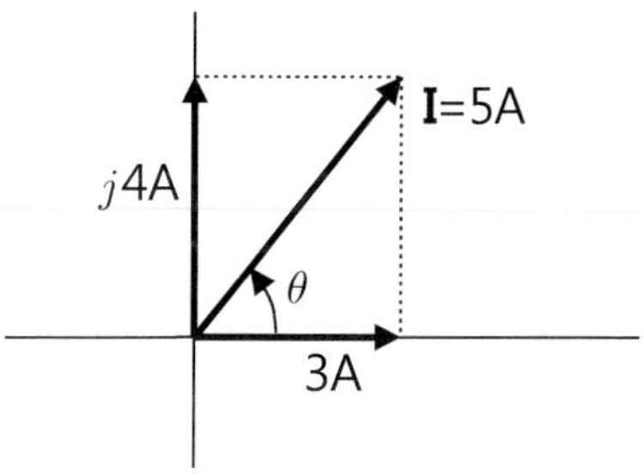

[그림 18-8] R-C 병렬회로의 전류

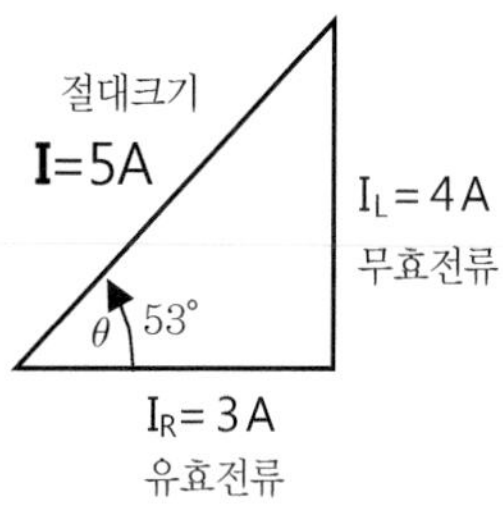

[그림 18-9] 전류의 성분

(4) 임피던스

앞에서 구한 전류를 이용하여 절대값 임피던스(Z)를 구할 수 있다.

$$Z = \frac{V}{I} = \frac{1}{\sqrt{(\frac{1}{R})^2 + (\omega C)^2}} = \frac{RX_c}{\sqrt{R^2 + X_c^{\,2}}}$$

$$\langle 보기 \rangle\ Z = \frac{8 \times 6}{\sqrt{(8)^2 + (6)^2}} = 4.8\,[\Omega]$$

병렬회로의 임피던스를 유효성분(R)과 무효성분(X_C)으로 분해하여 등가 직렬 임피던스 벡터로 대체할 수 있다.

$$Z = \frac{V}{I}(\cos\theta - j\sin\theta)\,[\Omega] \qquad (\text{단, } \theta = \tan^{-1}\frac{R}{X_c}\text{이다})$$

예를 들어 그림 18-7의 병렬회로를 직렬 등가회로로 바꾸면 다음과 같다.

$$Z = \frac{24}{5}(\cos 53^\circ - j\sin 53^\circ) = 4.8(0.6 - j0.8) = 2.88 - j3.84\,[\Omega]$$

〈요약〉

R–C 직렬회로의 풀이 순서

① 먼저 임피던스의 크기를 구한다. $Z = \sqrt{R^2 + (X_c)^2}$

② 위상각을 구한다. $\theta = \tan^{-1}\frac{X_c}{R}$

③ 전류의 크기를 구한다. $I = \frac{V}{Z}$

④ 저항에 걸리는 전압(V_R)과 용량성 리액턴스에 걸리는 전압(V_C)을 구한다.

$$V_R = IR,\ V_c = IX_c = \frac{I}{\omega C}$$

전체전압의 크기와 위상각으로 구할 수도 있다.

$$V_R = V\cos\theta,\ V_C = V\sin\theta$$

R–C 병렬회로의 풀이 순서

① 먼저 각 지로의 전류를 구한다. $I_R = \frac{V}{R},\ I_C = \frac{V}{X_C}$

② 전류의 합성 크기를 구한다. 전류 크기 $I = \sqrt{(I_R)^2 + (I_C)^2}$

③ 위상각을 구한다. $\therefore \theta = \tan^{-1}\frac{R}{X_c}$ ☞ 직렬회로와 반대임.

④ 임피던스 크기를 구한다. $Z = \frac{RX_c}{\sqrt{R^2 + X_c^2}}$

임피던스 벡터 $\dot{Z} = \frac{V}{I}(\cos\theta - j\sin\theta)\,[\Omega]$

〈예제 18-2〉

오른쪽의 회로에서 다음을 구하시오.

1) 용량 리액턴스
2) 지로 전류 및 전체전류
3) 기준전압에 대한 전류의 위상각
4) 전체 임피던스

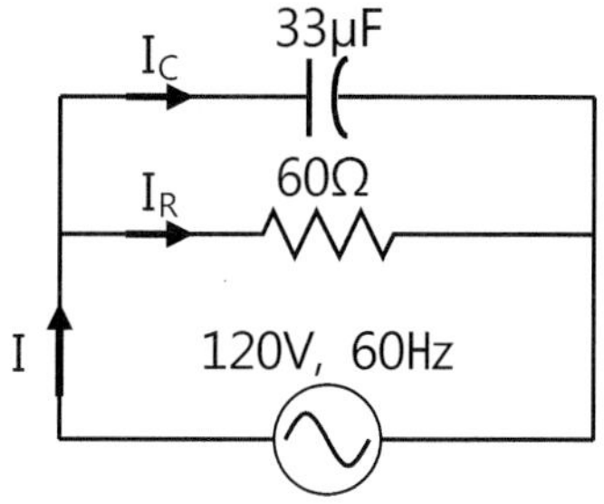

[그림 18-10] R-C 병렬 임피던스

(풀이)

1) 용량성 리액턴스 $X_c = \dfrac{1}{2\pi f C} = \dfrac{1}{2\times 3.14\times 60\times 33\times 10^{-6}} = 80.38 \cong 80\,\Omega$

2) 지로전류

$$I_R = \frac{V}{R} = \frac{120}{60} = 2\,A, \qquad I_C = \frac{V}{X_c} = \frac{120}{80} = 1.5\,A$$

합성전류

$$I = \sqrt{I_R^2 + I_C^2} = \sqrt{2^2 + 1.5^2} = \sqrt{6.25} = 2.5A$$

3) 전압과 합성전류와의 위상각

$$\theta = \tan^{-1}\frac{R}{X_c} = \tan^{-1}\frac{60}{80} = 36.87° \cong 37°$$

4) 합성 임피던스의 크기

$$Z = \frac{V}{I} = \frac{120\,V}{2.5A} = 48\,[\Omega]$$

또 합성 임피던스의 벡터량은 위상각을 이용하여 다음과 같이 표시할 수 있다.

$\dot{Z} = Z(\cos\theta - j\sin\theta) = 48(\cos 37 - j\sin 37) = 48(0.8 - j\,0.6) = 38.4 - j28.8\,[\Omega]$

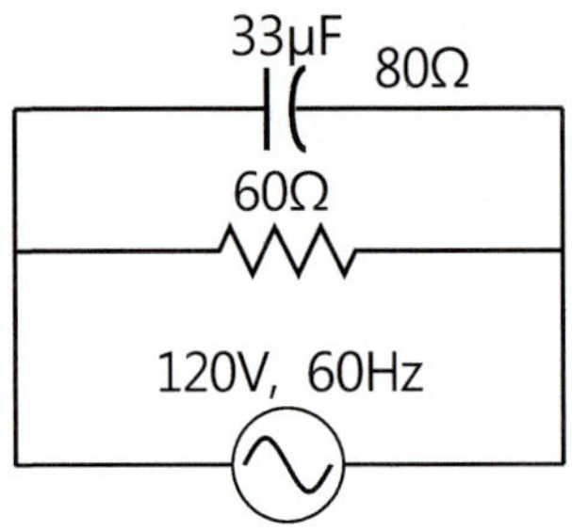

(a) R–C 병렬회로

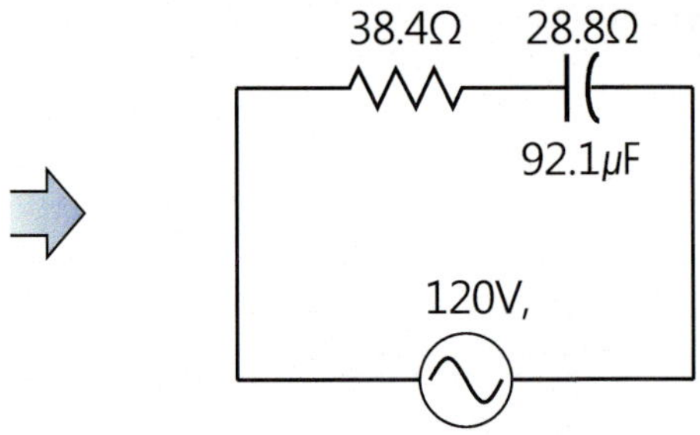

(b) 등가 R–C 직렬회로

[그림 18–11] R–C 임피던스의 변환

표 18–1 요점정리

회로 구분		기준 벡터	위상각	임피던스의 크기	비고
R–L	직렬	전류	$\theta = \tan^{-1}\frac{\omega L}{R}$	$Z = \sqrt{R^2 + (\omega L)^2}$	전압위상이 전류보다 빠름. L이 클수록 위상차가 큼.
	병렬	전압	$\theta = \tan^{-1}\frac{R}{\omega L}$	$Z = 1/\sqrt{(\frac{1}{R})^2 + (\frac{1}{\omega L})^2}$	전압위상이 전류보다 빠름. L이 클수록 위상차는 작음.
R–C	직렬	전류	$\theta = \tan^{-1}\frac{X_c}{R}$	$Z = \sqrt{R^2 + (\frac{1}{\omega C})^2}$	전압위상이 전류보다 느림. C가 클수록 위상차가 작음.
	병렬	전압	$\theta = \tan^{-1}\frac{R}{X_c}$	$Z = 1/\sqrt{(\frac{1}{R})^2 + (\omega C)^2}$	전압위상이 전류보다 느림. C가 클수록 위상차가 큼.

주1) $X_L = \omega L$, $X_C = \frac{1}{\omega C}$

주2) 직렬이든 병렬이든 인덕터(L)가 포함되면 유도성회로가 되고 전류위상은 늦다. 또, 직렬이든 병렬이든 커패시터(C)가 포함되면 용량성회로가 되고 전류위상은 빠르다.

4. 실험 순서

1) R-C 직렬회로 실험

(1) 그림 18-13과 같이 R-C 직렬회로를 구성하고 입력에는 사인파 1100㎐, 20VPP를 공급한다.

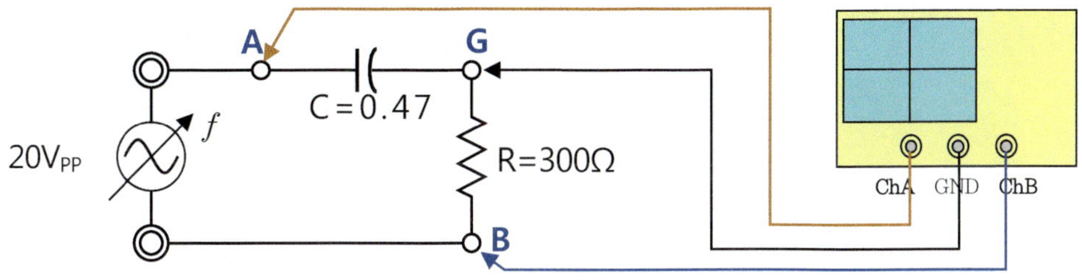

[그림 18-13] R-C 직렬부하 회로

(2) 멀티심을 이용하여 그림 18-13의 회로를 구성하고 그림 18-14와 같이 툴바의 오실로스코프를 선택한 후 캐패시터와 저항에 인가되는 전압의 크기와 파형을 측정한다. 그림 18-15는 그 결과를 보여주고 있다.

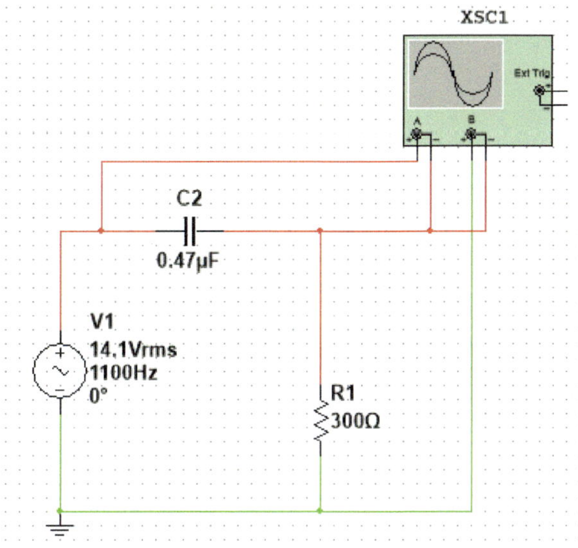

[그림 18-14] 멀티심을 이용하여 R-C 직렬회로에서 VR과 VC 측정하기

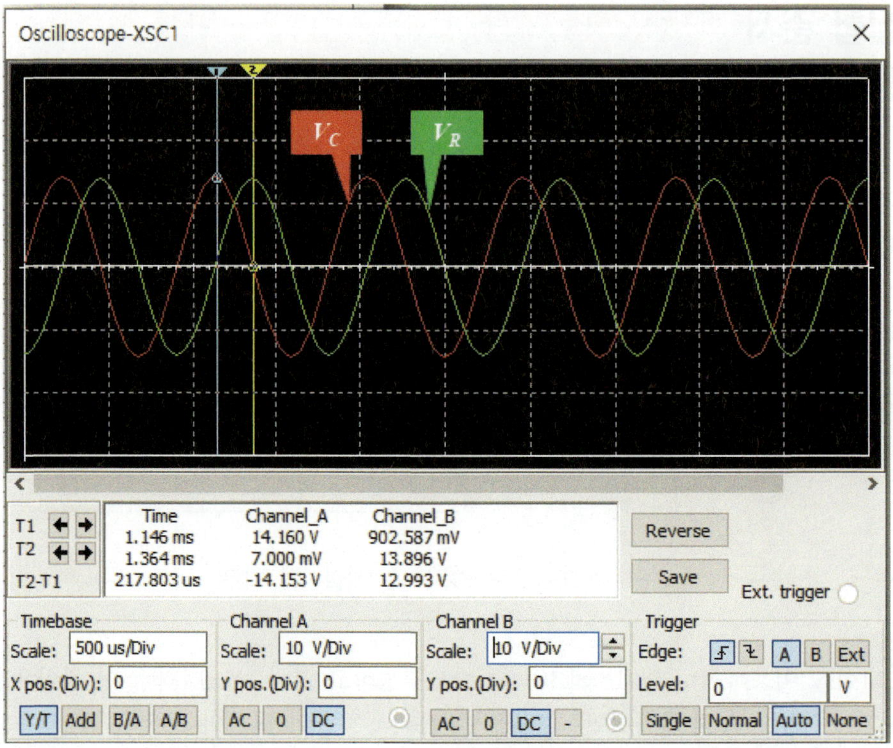

[그림 18-15] 멀티심을 이용하여 R-C 직렬회로에서 VR 과 VC 의 파형 측정 결과

(3) 브레드보드와 오실로스코프를 이용하여 캐패시터와 저항에 걸리는 전압의 크기와 파형을 측정한다. 전압 크기는 편의상 MPP로 읽고 기록한다. (실효값으로 바꿀 때는 0.3535를 곱한다.)

[표 18-2] R-C 직렬회로의 측정 결과

전원 주파수	V_C 캐패시터 전압	V_R 저항 전압	V_C와 V_R의 위상차	전원전압 기준 전류(I)의 위상	비고
550[Hz]					
1,100[Hz]					
2,200[Hz]					

(4) 입력전원의 주파수를 550Hz로 낮추고 전압 측정을 반복한다.

(5) 입력전원의 주파수를 2,200Hz로 높이고 전압 측정을 반복한다.

(6) 오실로스코프의 연결을 그림 18-11과 같이 변경하고 전압과 전류의 위상차를 측정한다.

채널A에는 전원전압(V_{in})이 나타나고, 채널B에는 전류에 비례한 전압이 나타난다. 따라서 전류(I)의 크기는 채널B의 측정값(V_R)을 저항(300[Ω])으로 나누어 얻는다.

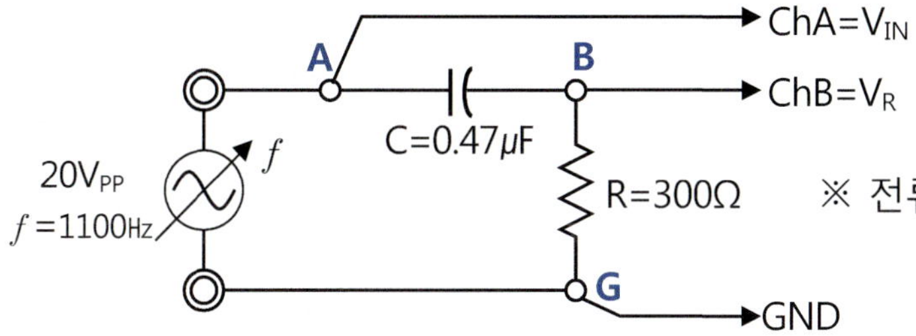

※ 전류 $I = \frac{V_R}{R} = \frac{V_R}{300\Omega}[A]$

[그림 18-16] 전원전압과 전류의 위상차 측정법

(7) 1100[Hz]의 측정결과를 이용하여 R-C 직렬회로의 벡터도를 완성하시오.

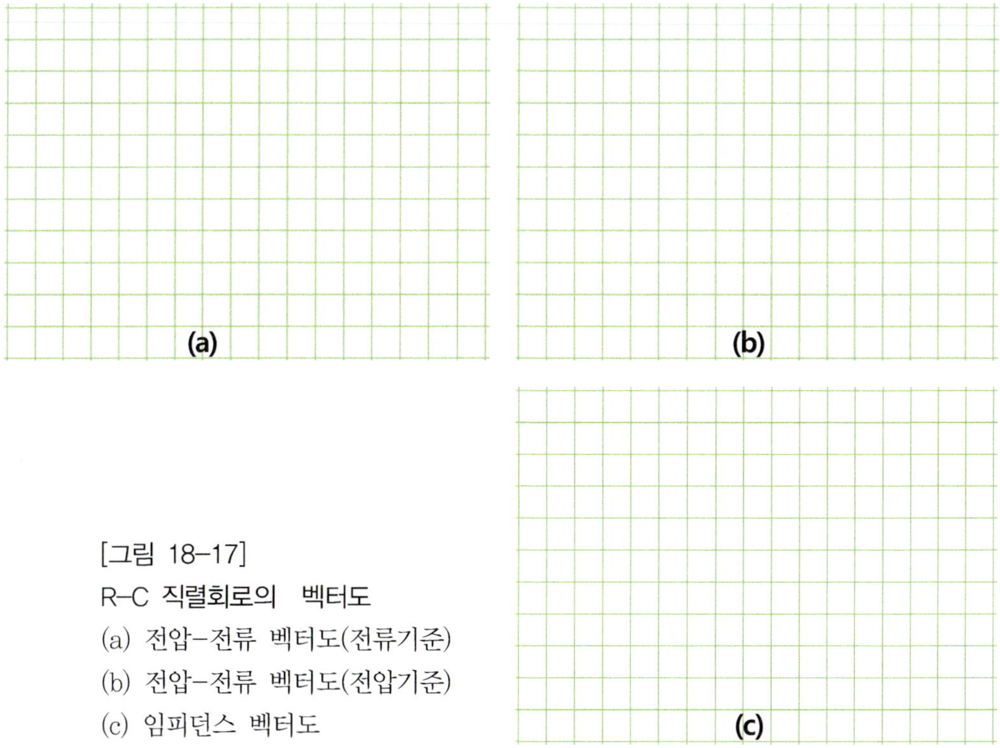

[그림 18-17]
R-C 직렬회로의 벡터도
(a) 전압-전류 벡터도(전류기준)
(b) 전압-전류 벡터도(전압기준)
(c) 임피던스 벡터도

(8) 위의 측정결과 다음의 관계식이 성립하는가?

$$전원전압\ \ V=\sqrt{V_R^{\,2}+V_C^{\,2}}\ =\ \sqrt{(\quad)^2+(\quad)^2}\ =(\qquad)[V]$$

(9) 전원주파수 22[kHz]일 때 R-L직렬회로의 임피던스를 구한다.

$$임피던스\ \ Z=\sqrt{R^2+X_C^{\,2}}\ =\ \sqrt{(\quad)^2+(\quad)^2}\ =(\qquad)[\Omega]$$

(10) R-C 직렬회로의 역률을 구한다.

$$역률\ \ pf=\cos\theta=\frac{R}{Z}=\frac{V_R}{V}=\frac{(\quad)}{(\quad)}=(\qquad)$$

(11) 소비전력을 계산한다.

단, 소비전력은 실효값 전압과 전류로 계산해야 한다. 오실로스코프 화면의 판독 크기 MPP값에다 0.3535를 곱하여 실효값으로 바꾼다.

$$소비전력\ \ P=VI\cos\theta=\frac{V^2}{Z}\cos\theta=\qquad\qquad [W]$$

(12) 어드미턴스로 변환하기

R-C 직렬 임피던스를 다음의 공식을 이용하여 병렬 어드미턴스로 바꿀 수 있다.

$$\dot{Y}=\frac{1}{\dot{Z}}=\frac{1}{R-jX}=\frac{R}{R^2+X^2}+j\frac{X}{R^2+X^2}=G+jB[℧]$$

저항성 컨덕턴스　유도성 서셉턴스

$$\dot{Y}=(\qquad)+j(\qquad)[m℧]$$

2) R-C 병렬회로 실험

(1) 그림 18-18과 같이 R-C 병렬회로를 구성하고 입력에는 사인파 1100[㎐], 20[V_{PP}]를 공급한다.

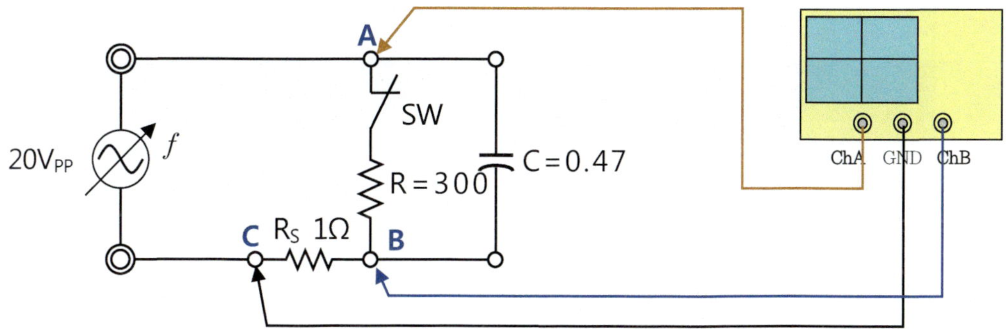

[그림 18-17] 전원전압과 전원전류의 위상측정

(1Ω 을 무시한다면)전원에 병렬로 연결된 저항부하와 용량부하에는 동일한 전압이 공급된다. 그런데 저항부하로 흐르는 전류는 전원전압과 위상이 같고 커패시터로 흐르는 전류는 90° 빠르다. 이 두 전류가 합쳐져서 전원전류가 된다. 센서저항(RS) 1Ω 은 부하에 비하여 매우 작아서 전원전류를 방해하지 않으면서 전류 크기와 위상을 측정할 수 있다. RS가 1Ω 인 경우 측정한 전압이 곧 전류의 크기가 된다.

(2) 멀티심을 이용하여 그림 18-17의 회로를 구성하고 그림 18-18과 같이 툴바의 오실로스코프를 선택한 후 캐패시터와 저항이 병렬로 연결된 회로의 전원 전압과 전원 전류의 파형을 측정한다. 그림 18-19는 그 결과를 보여주고 있다.

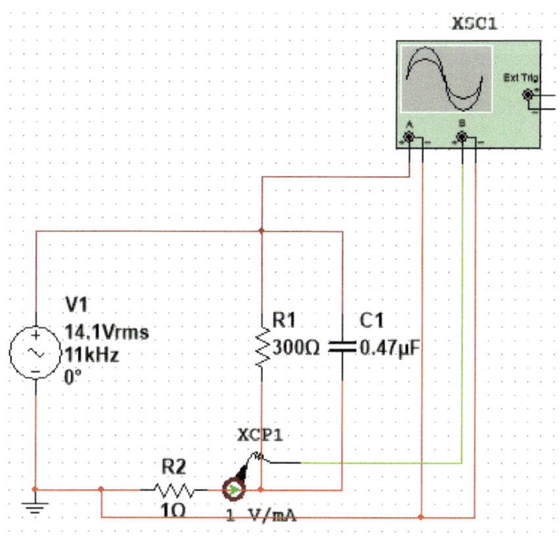

[그림 18-18] 멀티심을 이용하여 R-C 병렬회로에서 전원 전압과 전원 전류 측정하기

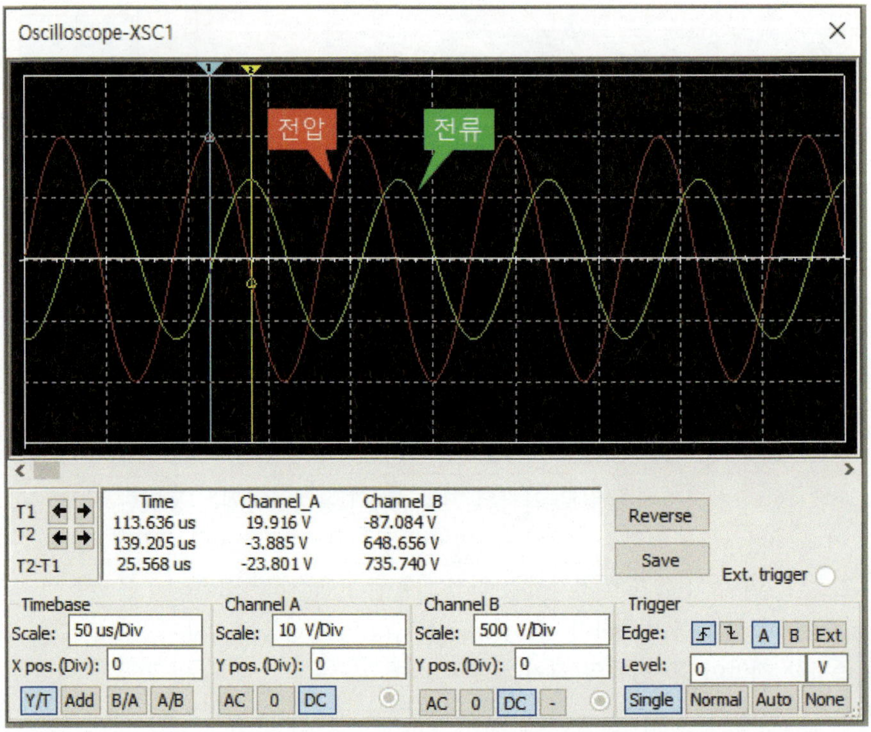

[그림 18-19] 멀티심을 이용하여 R-C 병렬회로에서 전원 전압과 전원 전류의 파형 측정 결과

그림 18-20은 R-C 병렬회로에서 저항 및 캐패시터 흐르는 전류 위상 측정하는 회로이다. 그림 18-21은 그 결과를 보여주고 있다.

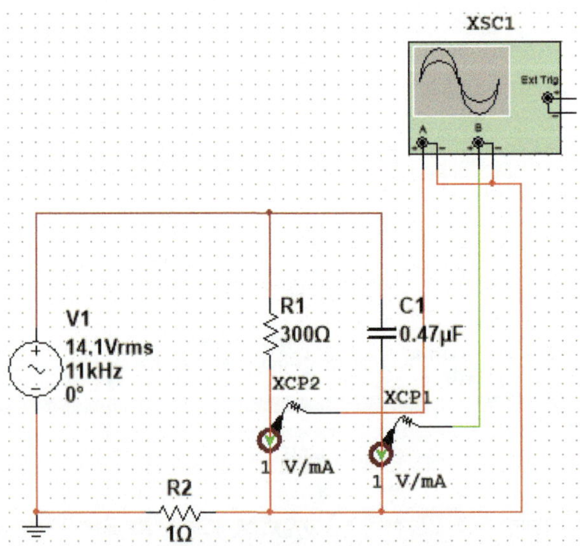

[그림 18-20] R-C 병렬회로에서 저항 및 캐패시터에 흐르는 전류 측정 회로도

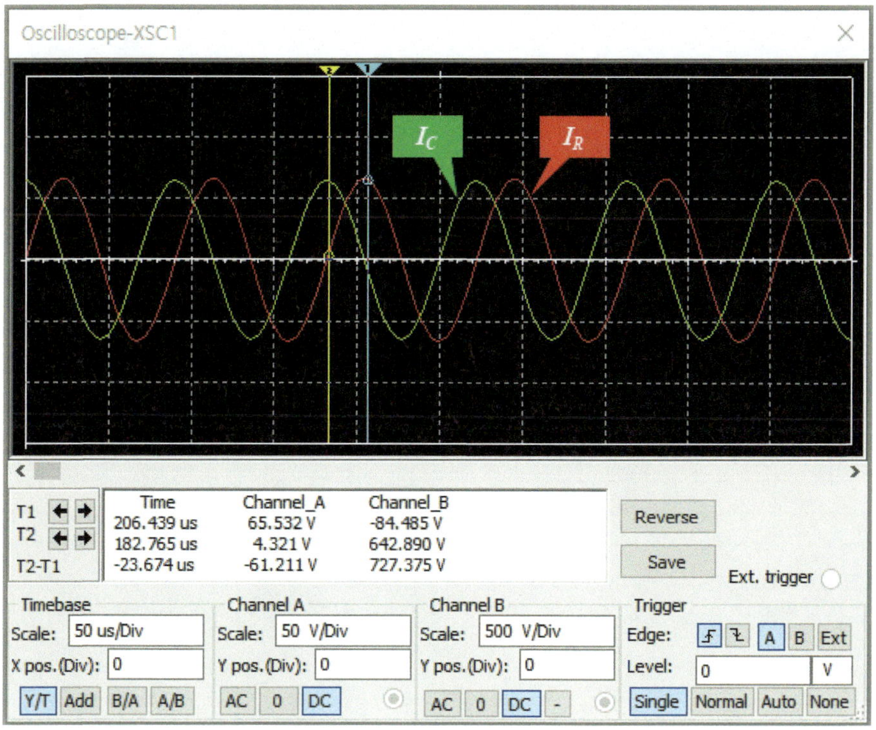

[그림 18-21] R-C 병렬회로에서 저항 및 캐패시터에 흐르는 전류 측정 결과

(3) 저항과 용량 부하가 병렬연결된 상태에서 전원 전압과 전류의 크기 및 위상차를 측정하여 표 18-2에 기록한다. (ChA= 전원전압, ChB= 전원전류)

(4) 스위치를 개방하면 커패시터 단독부하가 된다. 이때 전원 전압과 전류의 크기 및 위상차를 측정하여 표 18-3에 기록한다.

[표 18-3] R-C 병렬회로의 측정 결과

회로조건 / 주파수	R ∥ C 병렬부하일 때		C 단독부하일 때		비고
	전원전압 기준 전류의 위상	전류 값	전원전압 기준 전류의 위상	전류 값	
550[Hz]					
1,100[Hz]					
2,200[Hz]					

(5) $R = X_c$인 주파수(1,100[Hz])에서 R-C 병렬회로의 어드미턴스를 계산한다.

① $G = \dfrac{1}{R} = \dfrac{1}{(\quad\quad)} = (\quad\quad\quad)\,[m\mho]$

② $B = \dfrac{1}{X_c} = \dfrac{1}{(\quad\quad)} = (\quad\quad\quad)\,[m\mho]$

③ 어드미턴스 $Y = \sqrt{G^2 + B^2} = \sqrt{(\quad)^2 + (\quad)^2} = (\quad\quad\quad)\,[m\mho]$

(6) R-C 병렬회로의 벡터도를 완성하시오.

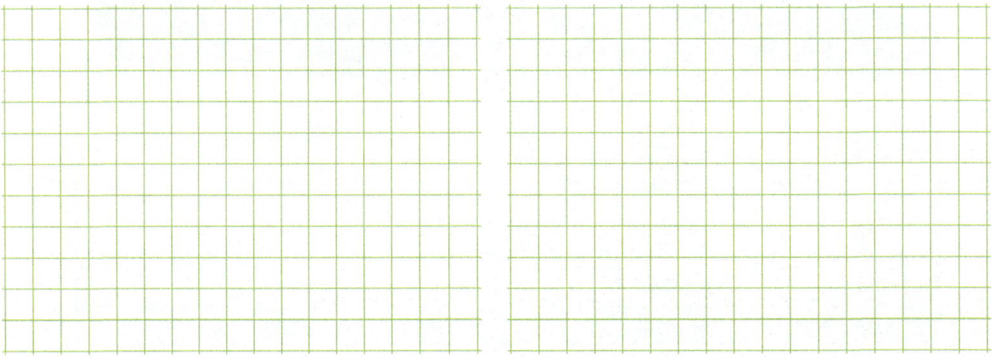

(a) 전압-전류 벡터도　　　　(b) 어드미턴스 벡터도

[그림 18-17] R-C 병렬부하의 벡터도

(7) R-C 병렬회로의 임피던스를 계산한다.

앞 단계에서 측정한 전원전류와 전압을 이용하여 전체 임피던스를 계산한다.

병렬 임피던스 $Z = \dfrac{1}{Y} = \dfrac{1}{(\quad\quad \mho)}\,[\Omega]$ 또는 $Z = \dfrac{V}{I} = \dfrac{(\quad\quad)V}{(\quad\quad)A} = (\quad\quad\quad)\,[\Omega]$

(8) 역률을 계산한다.

표 18-2의 측정결과를 이용하여 역률을 계산한다.

역률 $pf = \cos\theta = \dfrac{I_R}{I} = \dfrac{G}{Y} = \dfrac{(\quad\quad)}{(\quad\quad)} = (\quad\quad\quad)$

(9) 병렬 임피던스회로의 소비전력을 계산한다.

소비전력 $P = VI_R = (\quad\quad) \times (\quad\quad) = (\quad\quad\quad)\,[W]$

실험 보고서 (　　주차)

실험 제목			
실험조	조	소 속	
실험일자		제출자	

1. 실험 목적

2. 실험에 사용된 부품 및 장비명

3. 실험 결과

4. 고찰

CHAPTER 19

R-L-C 회로

1. 실험 목적

R-L-C 회로의 전압과 전류 및 위상을 측정할 수 있으며, 측정을 통하여 R-L-C 회로의 성질을 판단할 수 있다.

2. 실험 준비물

① 브레드보드, 리드선 적당량
② 저항(1[kΩ], 1/4[W]) 4개
③ 캐패시터(10[μF]) 1개
④ 인덕터(10[mH]) 1개
⑤ 회로시험기(멀티미터) 1대
⑥ 오실로스코프 1대
⑦ 교류전원공급장치 1대
⑧ 컴퓨터 1대

3. 관련 이론

1) R-L-C 회로

그림 19-1과 같이 저항, 인덕턴스 및 커패시턴스가 모두 직렬로 연결된 회로에 교류전압 $\dot{V}$를 인가할 때 회로에 흐르는 전류를 $\dot{I}$라하고 각 소자에 걸리는 전압을 $\dot{V}_R$,

$\dot{V}_L$, $\dot{V}_C$ 라 하면 전체전압 $\dot{V}$ 는 다음과 같이 표시된다.

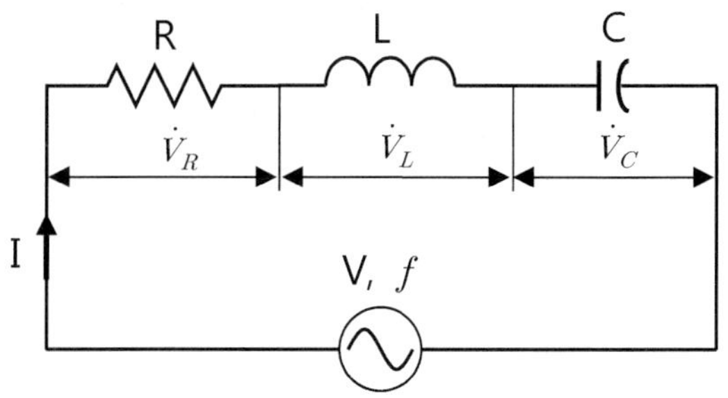

[그림 19-1] R-L-C 직렬 회로

$$\dot{V} = \dot{V}_R + \dot{V}_L + \dot{V}_C$$

그리고 각 소자에 걸리는 전압은 다음과 같다.

$\dot{V}_R = RI[V]$ …… [기준위상인 전류와 동위상]

$\dot{V}_L = j\omega LI[V]$ …… [전류보다 $\frac{\pi}{2}[rad]$만큼 앞선다.]

$\dot{V}_C = -j\frac{1}{\omega C}I[V]$ …… [전류보다 $\frac{\pi}{2}[rad]$만큼 뒤진다.]

이들 전압과 전류의 관계를 벡터도로 그려보면 그림 19-2 및 19-3와 같다.

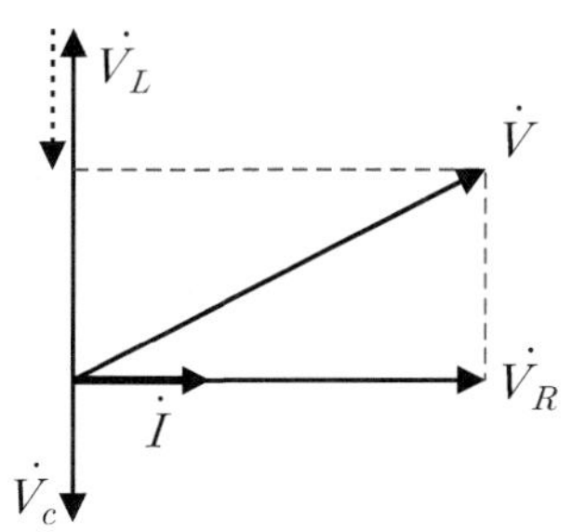

(a) 벡터도

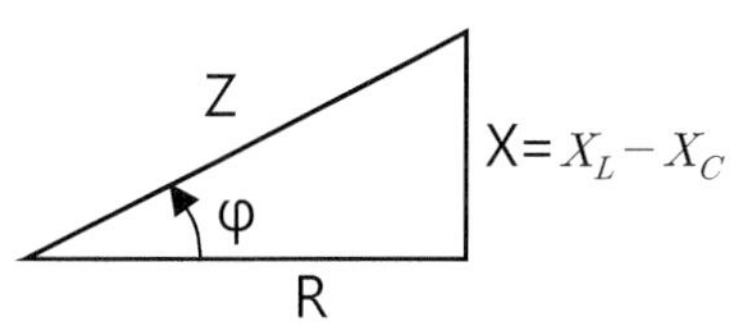

(a) 임피던스 삼각형

[그림 19-2] R-L-C 직렬회로의 벡터도($X_L > X_C$)

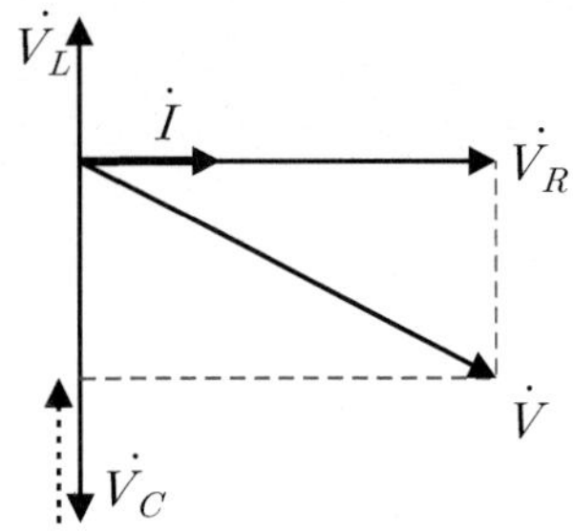

(a) 벡터도

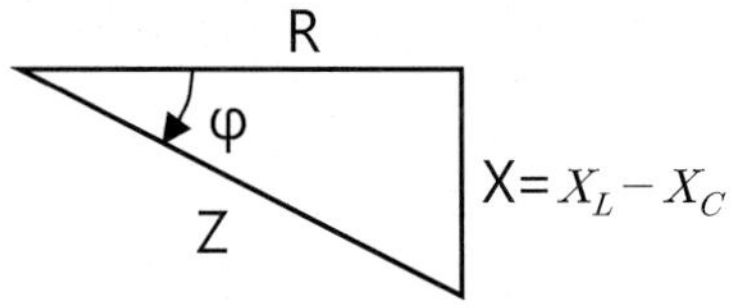

(a) 임피던스 삼각형

[그림 19-3] R-L-C 직렬회로의 벡터도($X_L < X_C$)

직렬회로의 기준은 전류이다. 각 소자에 걸리는 전압의 벡터합이 전체전압이다.

$$\dot{V} = \dot{V}_R + \dot{V}_L + \dot{V}_C$$
$$= RI + j\omega LI - j\frac{1}{\omega C}I$$
$$= I\{R + j(\omega L - \frac{1}{\omega C})\}$$

여기서 임피던스를 벡터로 표시하면 다음과 같다.

$$\dot{Z} = R + j(\omega L - \frac{1}{\omega C}) \qquad \text{합성 리액턴스 } X = (\omega L - \frac{1}{\omega C})$$

임피던스의 크기(절대값)는

$$Z = \sqrt{R^2 + (\omega L - \frac{1}{\omega C})^2} = \sqrt{R^2 + X^2}$$

인덕턴스(L)의 리액턴스는 $j\omega L$이고, 커패시턴스(C)의 리액턴스는 $-j\frac{1}{\omega C}$이다. 전자는 90° 방향이고 후자는 -90° 방향으로 서로 반대방향의 벡터이기 때문에 직렬회로의 합성 리액턴스는 두 리액턴스의 차이이다.

$$\dot{X} = j\omega L - j\frac{1}{\omega C}$$

만약 유도리액턴스가 용량리액턴스보다 크면 합성 리액턴스는 유도성이 된다.

$$\omega L > \frac{1}{\omega C} \text{ 이면 } \dot{Z} = R + j\left(\omega L - \frac{1}{\omega C}\right)$$

만약 용량리액턴스가 유도리액턴스보다 크면 합성 리액턴스는 용량성이 된다.

$$\frac{1}{\omega C} > \omega L \text{ 이면 } \dot{Z} = R - j\left(\frac{1}{\omega C} - \omega L\right)$$

〈요점정리〉

1) R-L-C직렬회로는 R-L 또는 R-C 회로로 간략화 된다.

2) X_L과 X_C는 반대 방향이기 때문에 큰 쪽에서 작은 쪽을 빼준 값이 합성리액턴스이다.

$$\dot{X} = j\omega L - j\frac{1}{\omega C} \qquad X = \omega L \sim \frac{1}{\omega C} \text{ (극성은 큰 쪽을 따른다.)}$$

3) $\omega L > \frac{1}{\omega C}$ 이면 유도성(RL), $\omega L < \frac{1}{\omega C}$ 이면 용량성(RC)회로가 된다.

4) 합성 리액턴스의 크기(절대값)는 $Z = \sqrt{R^2 + X^2}$ 이다.

5) 만약 $\omega L = \frac{1}{\omega C}$ 이면 리액턴스가 없는 저항회로가 된다.

[표 19-1] 임피던스의 종류

임피던스 회로	임피던스(크기)	위상차	벡터도(전류기준)
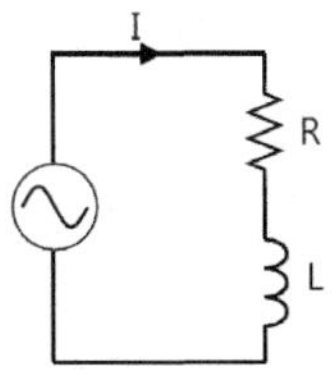	$\mathbf{Z} = \sqrt{R^2 + (\omega L)^2}$	$\theta = \tan^{-1}\frac{\omega L}{R}$	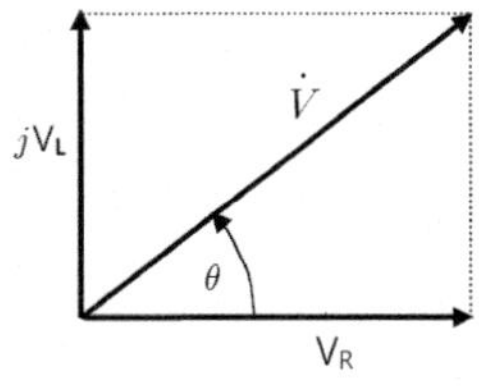
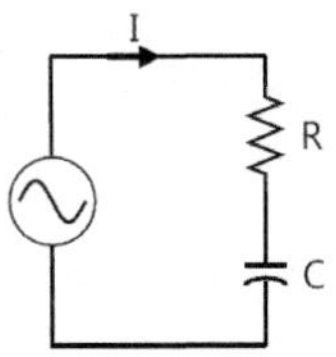	$\mathbf{Z} = \sqrt{R^2 + (\frac{1}{\omega C})^2}$	$\theta = \tan^{-1}\frac{X_c}{R} = \frac{1}{\omega CR}$	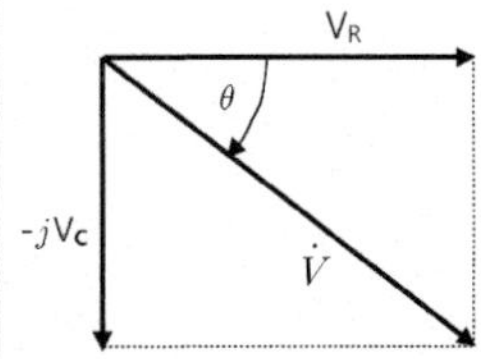
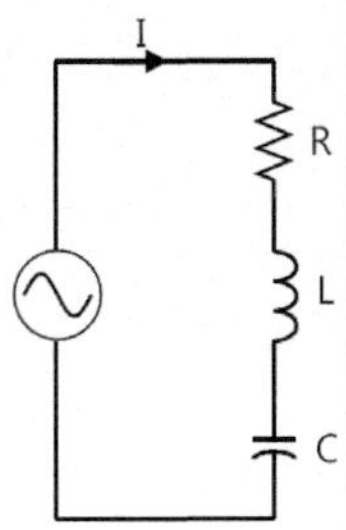	$\omega L > \frac{1}{\omega C}$ 이면 **유도성회로** $\dot{Z} = R + j(\omega L - \frac{1}{\omega C})$	등가회로 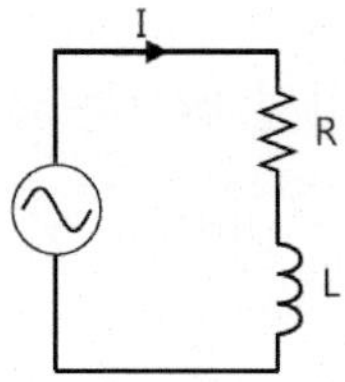	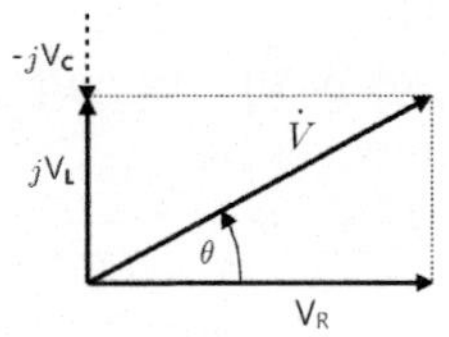
	$\frac{1}{\omega C} > \omega L$ 이면 **용량성회로** $\dot{Z} = R - j(\frac{1}{\omega C} - \omega L)$	등가회로 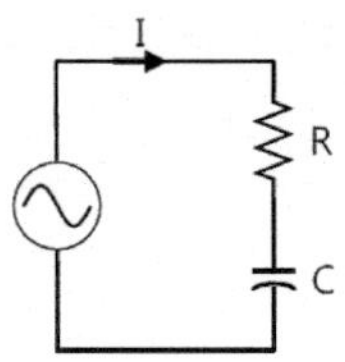	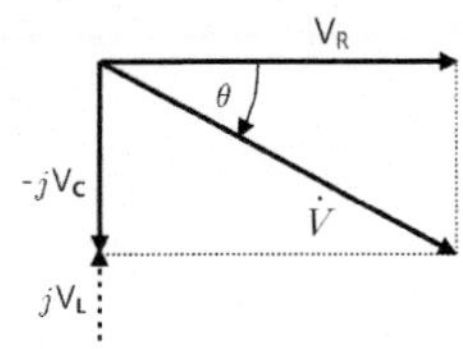

2) 다수의 임피던스 직렬회로

그림 19-4와 같이 2개 이상의 R-L-C 임피던스가 직렬로 연결된 회로가 있을 때 전체 임피던스를 계산하는 요령은 먼저 같은 종류의 소자끼리 더하는 것이다.

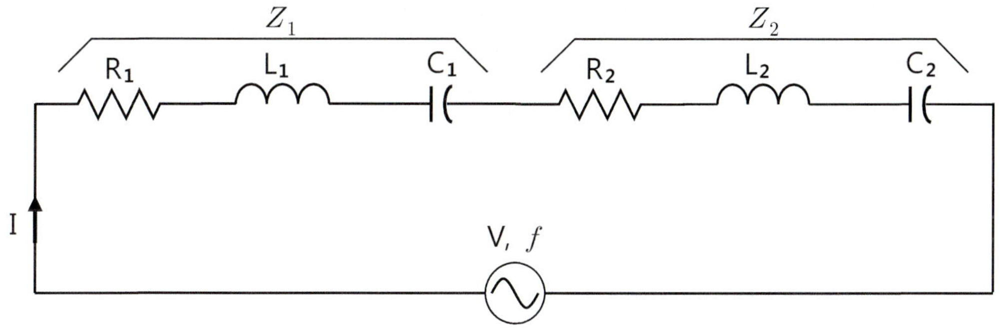

[그림 19-4] 다수의 임피던스가 직렬연결된 회로

예를 들면, 우선 저항끼리 더하고, 이어서 유도 및 용량 리액턴스를 차례로 묶는다.

$$\dot{Z} = (R_1 + R_2) + j\,(\omega L_1 + \omega L_2) - j\,(\frac{1}{\omega C_1} + \frac{1}{\omega C_2})$$

여기서 저항의 합성크기를 R이라 하고, 유도 리액턴스의 합성 크기를 X_L 그리고 용량 리액턴스의 합성크기를 X_c라고 한다면 전체 임피던스의 벡터 크기는 다음과 같다.

$$\dot{Z} = R + j\,X_L - j\,X_c\;[\Omega]$$

단, $R = R_1 + R_2 + \cdots R_n$, $X_L = \omega L_1 + \omega L_2 + \cdots \omega L_n$, $X_c = \frac{1}{\omega C_1} + \frac{1}{\omega C_1} \cdot\cdot + \frac{1}{\omega C_n}$ 이다.

그리고 임피던스의 크기(절대값)는 다음과 같다.

$$Z - \sqrt{R^2 + (X_L \sim X_c)^2}$$

이것을 임피던스 삼각형으로 그려보면 다음과 같다.

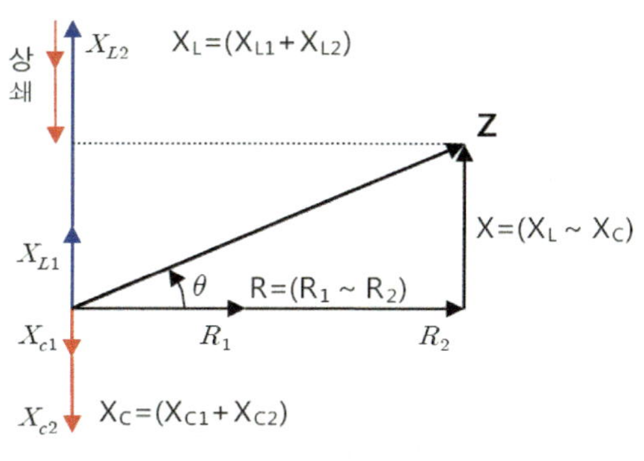

[그림 19-5] R-L-C 회로의 임피던스 삼각형

이렇게 얻은 임피던스로부터 전류의 크기는 다음과 같이 구할 수 있다.

$$I = \frac{V}{Z}$$

전류와 전체전압의 위상각은 임피던스 삼각형에서 임피던스(Z)와 저항(R)이 이루는 각도(θ)와 같다.

$$\text{위상각 } \theta = \tan^{-1}\frac{R}{Z}$$

〈예제 19-1〉

두 개의 임피던스 $\dot{Z}_1 = 8 + j6 - j2\,[\Omega]$, $\dot{Z}_2 = 6 + j7 - j5\,[\Omega]$가 직렬로 접속되어 있다. 여기에 교류전압 100[V]를 가할 때 임피던스, 전류, 위상각과 역률 그리고 소비전력을 구하시오.

(풀이)

1) 합성 임피던스를 구하기 위하여 저항, 유도리액턴스, 그리고 용량 리액턴스를 묶는다.
   - 저항 $R = 8 + 6 = 14\,[\Omega]$
   - 유도리액턴스 $X_L = j\,(6+7) = j13\,[\Omega]$
   - 용량리액턴스 $X_C = -j\,(2+5) = -j7\,[\Omega]$
   - 리액턴스의 합성값 $X = jX_L - jX_c = j13 - j7 = j6$

2) 합성 리액턴스의 벡터식 $\dot{Z} = 14 + j6\,[\Omega]$

3) 합성 리액턴스의 크기(절대값) Z== $\sqrt{14^2 + 6^2} = \sqrt{232} = 15.23$

4) 전류 $I = \frac{V}{Z} = \frac{100\,V}{15.23\,\Omega} = 6.565\,A$

5) 위상각 $\phi = \tan^{-1}\frac{X}{R} = \tan^{-1}\frac{6}{14} = 23.2°$

6) 역률 $\cos\phi = \frac{R}{Z} = \frac{14}{15.23} = 0.92$

7) 소비전력=유효전력 $P = VI\cos\phi = 100 \times 6.565 \times 0.919 \cong 603\,[W]$

   다음 식으로 구할 수도 있다. $P = I^2 R = 6.565^2 \times 14 \cong 603\,[W]$

3) 다수의 임피던스 병렬회로

그림 19-6과 같이 R-L-C로 구성된 임피던스 두 개가 병렬로 연결된 경우의 합성 임피던스는 직렬연결과는 다른 접근법을 사용해야한다. 그 순서를 나열하면 다음과 같다.

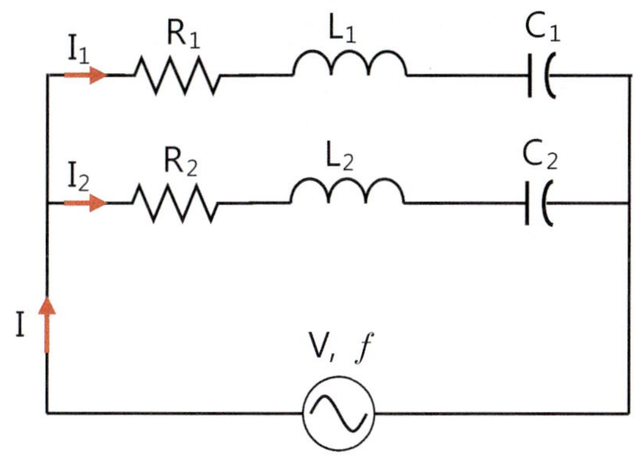

[그림 19-6] R-L-C 직렬 회로

(1) 직렬 임피던스를 R-X의 직렬회로로 간략화한다. 유도성이나 용량성 중 하나가 된다.

$$\dot{Z} = R + jX_L\,[\Omega] \quad \text{또는} \quad \dot{Z} = R - jX_c\,[\Omega]$$

(2) 어드미턴스($\dot{Y}$)로 변환한다. 임피던스가 유도성이라 가정하고 $\dot{Z}_1$을 $\dot{Y}_1$으로 바꾼다.

$$\dot{Y}_1 = \frac{1}{\dot{Z}_1} = \frac{1}{R_1 + jX_1} = \frac{R_1 - jX_1}{(R_1 + jX_1)(R_1 - jX_1)}$$

$$= \frac{R_1}{R_1^2 + X_1^2} + j\frac{-X_1}{R_1^2 + X_1^2} = g_1 + jb_1\,[\mho]$$

(3) 같은 방법으로 $\dot{Z}_2$를 $\dot{Y}_2$로 바꾼다.

$$\dot{Y}_2 = \frac{1}{\dot{Z}_2} = \frac{1}{R_2 + jX_2} = \frac{R_2 - jX_2}{(R_2 + jX_2)(R_2 - jX_2)}$$

$$= \frac{R_2}{R_2^2 + X_2^2} + j\frac{-X_2}{R_2^2 + X_2^2} = g_2 + jb_2\,[\mho]$$

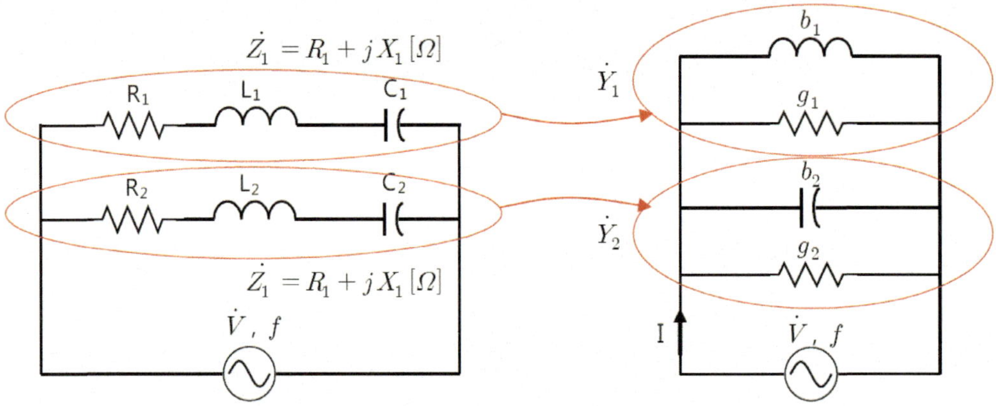

(a) 임피던스　　　　　　(b) 어드미턴스

[그림 19-7] 임피던스를 어드미턴스로 변환하기

(4) 두 어드미턴스를 더한다. 양쪽의 컨덕턴스(g)끼리 합하고, 또 서셉턴스(b)끼리 합친다.
☞ 컨덕턴스(conductance : g)는 저항의 역수이고, 또 서셉턴스(susceptance : b)는 리액턴스의 역수이다.

$$\dot{Y} = \dot{Y}_1 + \dot{Y}_2 = (g_1 + g_2) + j(b_1 + b_2) = G + jB$$

(5) 어드미턴스의 크기(절대값)를 구한다.

$$Y = \sqrt{G^2 + B^2} = \sqrt{(g_1 + g_2 + \cdots + g_n)^2 + (b_1 + b_2 + \cdots + b_n)^2}$$

(6) 전체전류를 구한다.

$$I = \frac{V}{Z} = \frac{1}{Z}V = YV$$

(7) 전원전압과 전체전류의 위상각을 구한다.

$$\text{위상각 } \phi = \tan^{-1}\frac{B}{G}$$

(8) 역률을 구한다. 역률은 총 어드미턴스 크기에 대한 컨덕턴스의 비율이다.

$$\text{역률 } \cos\phi = \frac{G}{Y}$$

〈예제 19-2〉

두 개의 임피던스 $\dot{Z_1} = 5 + j9 - j3\,[\Omega]$, $\dot{Z_2} = 4 + j7 - j10\,[\Omega]$가 병렬로 접속되어 있다. 여기에 교류전압 12V를 가할 때 임피던스, 전류, 위상각과 역률 그리고 소비전력을 구하시오.

(풀이)

1) 직렬 임피던스를 R-X의 직렬회로로 간략화한다. 유도성이나 용량성 중 하나가 된다.

$$\dot{Z_1} = 5 + j6\,[\Omega] \qquad \dot{Z_2} = 4 - j3\,[\Omega]$$

2) 각 임피던스를 어드미턴스로 변환한다.

$$\dot{Y_1} = \frac{R_1}{{R_1}^2 + {X_1}^2} + j\frac{-X_1}{{R_1}^2 + {X_1}^2} = \frac{5}{5^2 + 6^2} + j\frac{-6}{5^2 + 6^2} = \frac{5}{61} - j\frac{6}{61}$$

$$= 0.0820 - j0.0984\,[\mho]$$

$$\dot{Y_2} = \frac{4}{4^2 + 3^2} - j\frac{-3}{4^2 + 3^2} = \frac{4}{25} + j\frac{3}{25} = 0.16 + j0.12\,[\mho]$$

※참고: 임피던스($\dot{Z}$)가 유도성이면(jX)가 포함되고, 어드미턴스($\dot{Y}$)로 바꾸면 $(-jb)$가 된다.
반대로 $\dot{Z}$가 용량성이면 $(-jX)$가 포함되고, 어드미턴스로 바꾸면 (jb)가 된다.

4) 두 어드미턴스를 더하여 전체 어드미턴스를 구한다.

$$\dot{Y} = \dot{Y_1} + \dot{Y_2} = \left(\frac{5}{61} - j\frac{6}{61}\right) + \left(\frac{4}{25} + j\frac{3}{25}\right) = \left(\frac{5}{61} + \frac{4}{25}\right) + j\left(\frac{3}{25} - \frac{6}{61}\right)$$

$$= 0.242 + j0.0216$$

$$Y = \sqrt{G^2 + B^2} = \sqrt{0.242^2 + 0.0216^2} = 0.243$$

5) 전체 전류를 구한다.

$$I = YV = 0.243 \times 12 = 2.916\,A$$

6) 전원전압과 전체전류의 위상각을 구한다.

$$\text{위상각}\ \phi = \tan^{-1}\frac{B}{G} = \tan^{-1}\frac{0.0216}{0.242} = 5.1°$$

7) 역률을 구한다.

$$\text{역률}\ \cos\phi = \frac{G}{Y} = \frac{0.242}{0.243} = 0.996\ \text{또는}\ 99.6\%$$

4. 실험 순서

(1) 그림 19-8과 같은 R-L-C 혼합회로를 구성하고 입력단자에는 교류전원(F/G)을 공급하고 단자 1-2-3에는 오실로스코프를 연결한다.

☞ 교류전원(F/G)의 초기상태는 정현파, 20VPP, 주파수는 3[kHz]로 설정한다.

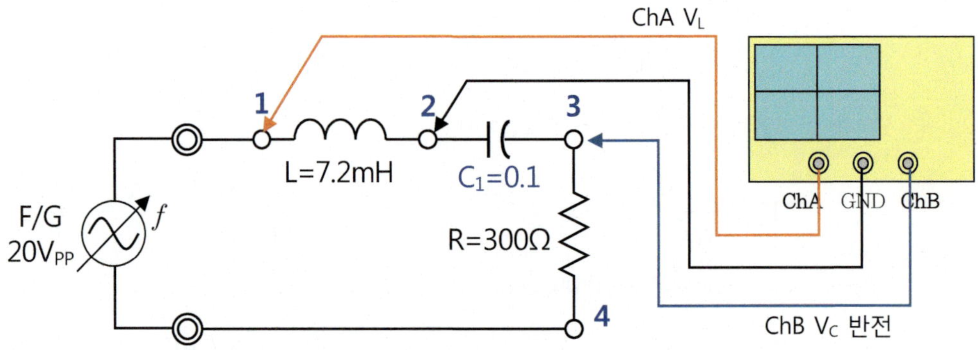

[그림 19-8] R-L-C 회로 측정(I) - 주파수와 리액턴스 전압의 관계

(2) 멀티심을 이용하여 그림 19-9의 회로를 구성하고 그림 19-10과 같이 툴바의 오실로스코프를 선택한 후 캐패시터와 인덕터 그리고 저항이 직렬로 연결된 회로에서 캐패시터와 인덕터에 인가되는 전압의 파형을 측정한다. 그림 19-11은 그 결과를 보여주고 있다.

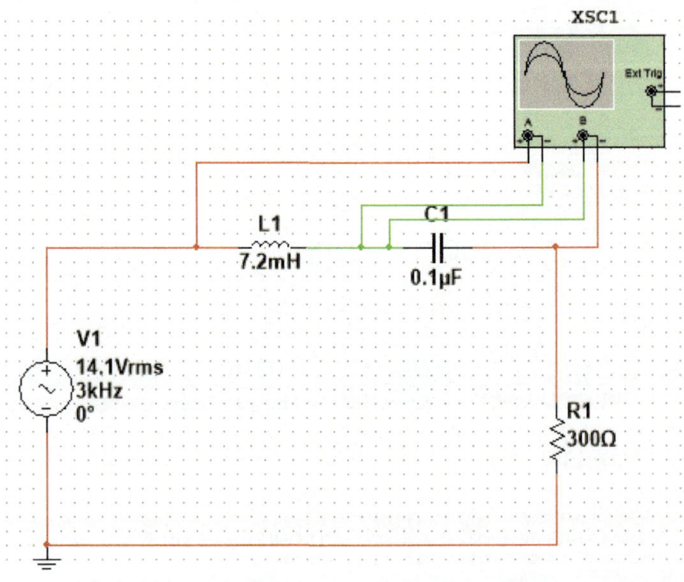

[그림 19-10] 멀티심을 이용하여 R-L-C 직렬회로에서 전압 측정하기

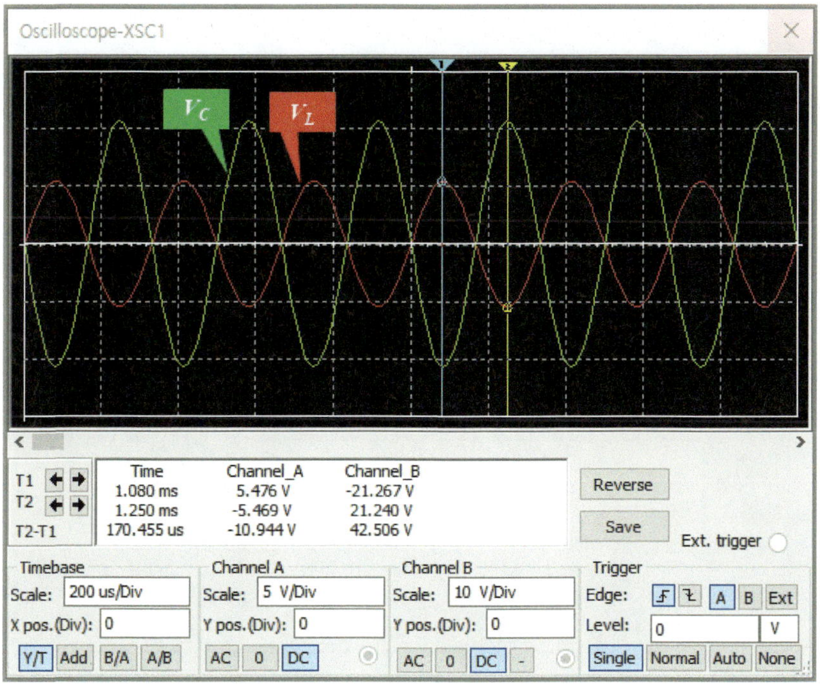

[그림 19-10] 멀티심을 이용하여 R-L-C 직렬회로에서 전압(V_L, V_C) 측정하기

그림 19-11은 R-L-C 직렬회로에서 리액턴스 전압(V_x)와 전류(I)의 위상을 측정하는 회로이다. 그림 19-12는 그 결과를 보여주고 있다.

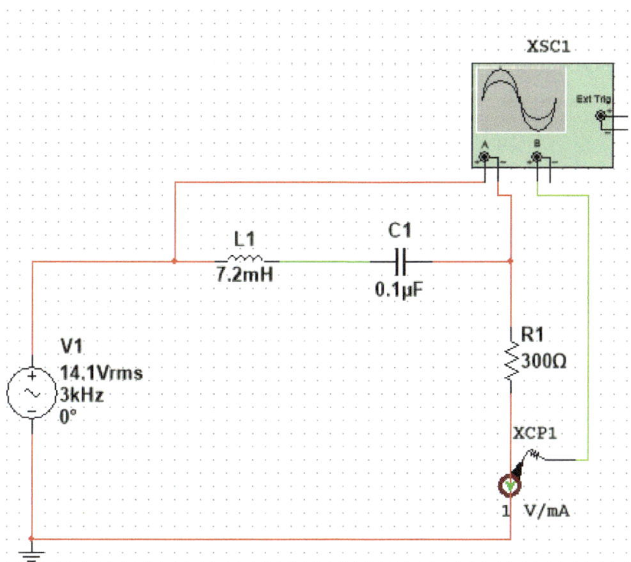

[그림 19-11] R-L-C 직렬회로에서 리액턴스 전압(V_x)와 전류(I)의 위상 측정 회로

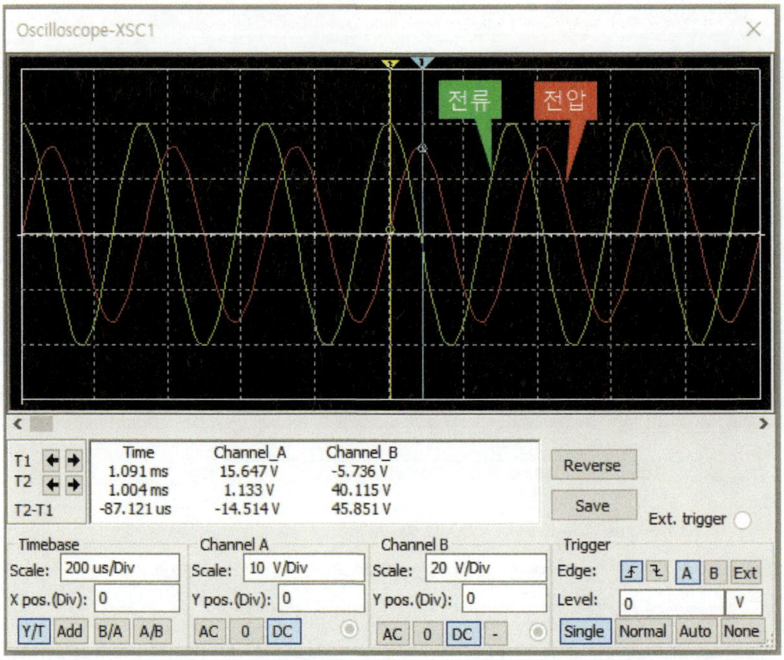

[그림 19-12] R-L-C 직렬회로에서 리액턴스 전압(V_x)와 전류(I)의 위상 측정 결과

(3) 채널A에서 유도 리액턴스에 걸리는 전압, 채널B에서 용량 리액턴스에 걸리는 전압의 크기와 위상을 비교 측정한다.

(4) 주파수를 서서히 100[Hz] 단위로 증가시킬 때 두 전압의 변동상태를 관찰한다.

(5) 주파수가 5.8[kHz]에 이를 때, 유도 리액턴스에 걸리는 전압과 용량 리액턴스에 걸리는 전압이 같아지는지 확인한다.

☞ 만약 두 전압이 같지 않다면 주파수를 상하로 미세 조절하여 두 전압이 같아지도록 하고 기록표를 수정하시오.

(6) 주파수를 12[kHz]에 두고, 유도 리액턴스에 걸리는 전압과 용량 리액턴스에 걸리는 전압을 측정한다.

[표 19-2] R-L-C 회로의 측정 결과(전류의 크기는 MPP값으로 표시함.)

회로조건 / 주파수	R-L-C 직렬부하			비고
	유도 리액턴스 전압 [VL]	용량 리액턴스 전압 [VC]	VL과 VC 위상차	
3[kHz]				
5.8[kHz][3]				
12[kHz]				

(7) 질문

이상의 측정 결과를 통해 알 수 있는 사항을 정리하였다. 옳은 것을 고르시오.

① R-L-C 직렬회로에 낮은 주파수를 공급할수록 커패시터의 전압강하(V_C)는?

ⓐ 증가한다. ⓑ 감소한다. ⓒ 변함이 없다.

② R-L-C 직렬회로에 높은 주파수를 공급할수록 인덕터의 전압강하(V_L)는?

ⓐ 증가한다. ⓑ 감소한다. ⓒ 변함이 없다.

③ 표 19-1의 결과에서 R-L-C회로에 3[kHz]를 공급할 때 이 회로는 등가적으로

ⓐ R-L회로와 같다. ⓑ RC회로와 같다. ⓒ R 회로와 같다.

④ 전원주파수 5.8[kHz]가 입력되는 상태($V_L = V_C$)에서 이 회로는 등가적으로

ⓐ 유도성이다. ⓑ 용량성이다. ⓒ 무유도성이다.

(8) 그림 19-13과 같이 오실로스코프 프로브의 접속을 바꾸어 리액턴스 전체의 전압강하와 저항의 전압강하를 비교 측정한다.

☞ 단자 1-3은 리액턴스의 전압강하(V_X)이고, 단자 3-4는 저항의 전압강하이다.

$V_X = V_L + V_C$ 그런데 V_L과 V_C의 위상은 정반대이므로 $V_X = V_L - V_C$

☞ 또 저항의 전압강하를 저항 값(300)으로 나누면 전원전류가 된다.

$$\frac{\text{저항의 전압강하}}{300\,\Omega} = \frac{V_R}{R} = \frac{I \cdot R}{R} = I$$

3) L과 C 부품값의 편차로 인하여 주파수가 달라질 수 있음에 유의하시오. 이럴 경우 V_L=V_C되는 주파수를 찾아 도표를 수정하시오.

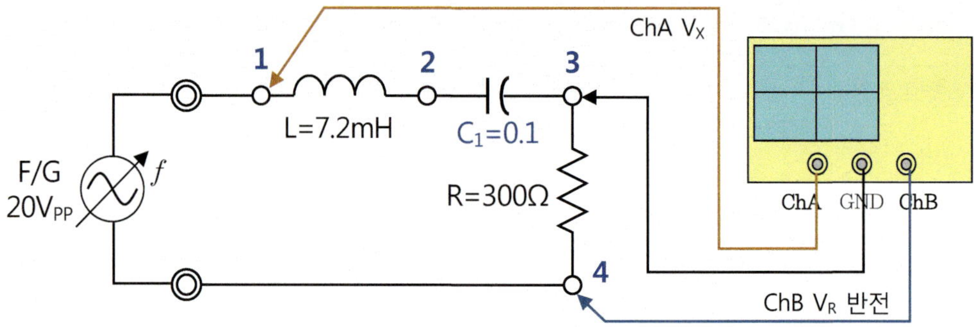

[그림 19-13] R-L-C 회로 측정(II) - 리액턴스 전압과 전류위상

(9) 발진기의 주파수를 낮은 주파수 3[kHz]에 두고 리액턴스와 저항에 걸리는 전압 및 그들의 위상관계를 측정하여 표 19-2에 기록한다.

(10) 주파수를 100[Hz] 단위로 점차 높여 5.8[kHz]에 두고 위의 측정을 반복한다. 만약 5.8[kHz]에서 양쪽 전압의 위상이 일치하지 않으면 주파수를 상하로 미세 조절하여 위상차 최소, 리액턴스 전압 최소가 되도록 하고, 이때의 주파수를 표에서 수정하여 기입하시오.

(11) 주파수를 높은 주파수 12[kHz]에 두고 리액턴스와 저항에 걸리는 전압 및 그들의 위상관계를 측정한다.

[표 19-3] R-L-C 회로의 측정 결과(전류의 크기는 MPP값으로 표시함.)

회로 조건 / 주파수	R-L-C 직렬부하			비고
	리액턴스 합성전압 [VX]	저항의 전압강하 [VR]	전압과 전류의 위상관계	
3[kHz]				
5.8[kHz]				
12[kHz]				

(12) 그림 19-9의 측정에 관련된 질문이다. 옳은 것을 고르시오.

① 리액턴스의 전압강하가 최소일 때 전압과 전류의 위상은?

ⓐ 전류가 앞선다. ⓑ 전류가 뒤진다. ⓒ 동위상이다.

② 주파수가 3[kHz]일 때 전류의 위상은?

ⓐ 전류가 앞선다. ⓑ 전류가 뒤진다. ⓒ 전압과 전류는 동위상이다.

③ 주파수가 12[㎑]일 때 전류의 위상은?

ⓐ 전류가 앞선다. ⓑ 전류가 뒤진다. ⓒ 전압과 전류는 동위상이다.

④ 표 19-2 및 표 19-3의 결과를 종합하여 주파수 5.8[㎑]일 때 또는 인덕턴스와 커패시턴스에 걸리는 전압이 동일할 때 L, C 및 R에 걸리는 전압의 크기를 아래 그림에 기입하시오.

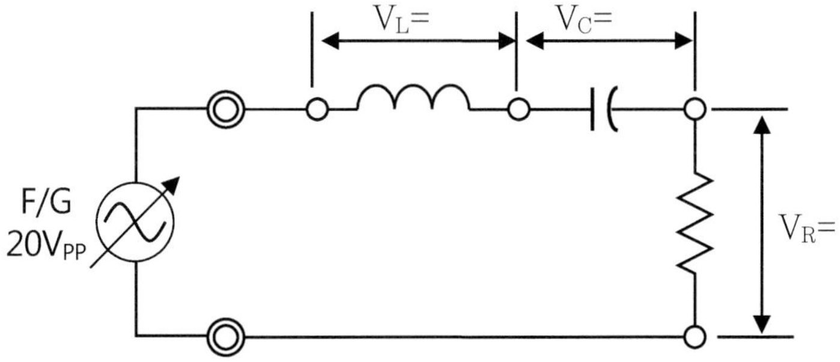

[그림 19-14] R-L-C 회로 측정 종합

⑤ 그림 19-8의 측정에서 $V_L = V_C$가 되는 순간의 주파수를 확인하고 이때 리액턴스 전체의 전압을 그림 19-9에서 측정하였더니 0[V]가 되지 않고 약 2[V]의 전압이 나타났다. 그 이유는 무엇인가?

ⓐ 인덕터와 커패시터 내부에 존재하는 저항성분

ⓑ 펄스성 잡음전압 ⓒ 고주파 기생진동 ⓓ 알 수 없는 원인

실험 보고서 (　　주차)

실험 제목			
실험조	조	소　속	
실험일자		제출자	

1. 실험 목적

2. 실험에 사용된 부품 및 장비명

3. 실험 결과

4. 고찰

CHAPTER 20

교류 전력

1. 실험 목적

저항을 병렬로 연결하였을 때 전압계와 전류계를 이용하여 측정된 값을 가지고 저항을 계산하며 이론적으로 계산된 값과 비교하여 일치하는가를 확인하는데 있다.

2. 실험 준비물

① 브레드보드, 리드선 적당량
② 저항(100[Ω], 1[kΩ], 2[kΩ], 3[kΩ] 1/4[W]) 4개
③ 회로시험기(멀디미디) 1대
④ 직류 전압계(0~30[V]) 1대
⑤ 직류 전류계(0~100[mA]) 1대
⑥ 직류전원공급장치 1대
⑦ 컴퓨터 1대

3. 관련 이론

1) 저항 부하의 전력

그림 20-1과 같은 순 저항부하에 사인파 교류전압 v를 가할 때 전류 i는 동위상으로 다음과 같이 표시된다.

$$v = \sqrt{2}\,V\sin\omega t\;[V]$$

$$i = \frac{v}{R} = \frac{\sqrt{2}\,V}{R}\sin\omega t = \sqrt{2}\,I\sin\omega t\;[A]$$

전력은 전압과 전류의 곱이므로 다음과 전개할 수 있다.

$$p = vi = \sqrt{2}\,V\sin\omega t \cdot \sqrt{2}\,I\sin\omega t = 2\,VI\sin^2\omega t$$
$$= VI(1-\cos 2\omega t) = VI - VI\cos 2\omega t\;[W]$$

전력 P[W]는 위의 식을 평균한 것이다. VI는 고정크기이고, $\cos 2\omega t$가 포함된 항의 평균은 0이다.

$$P = (VI - VI\cos 2\omega t)\text{의 평균}$$
$$\therefore P = VI\,[W]$$

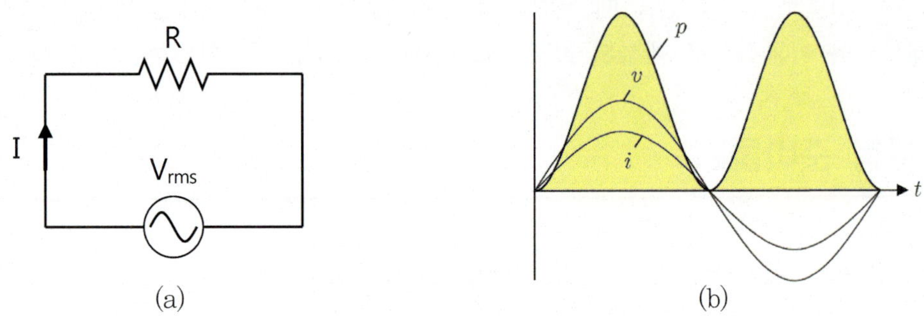

[그림 20-1] 저항부하의 전력

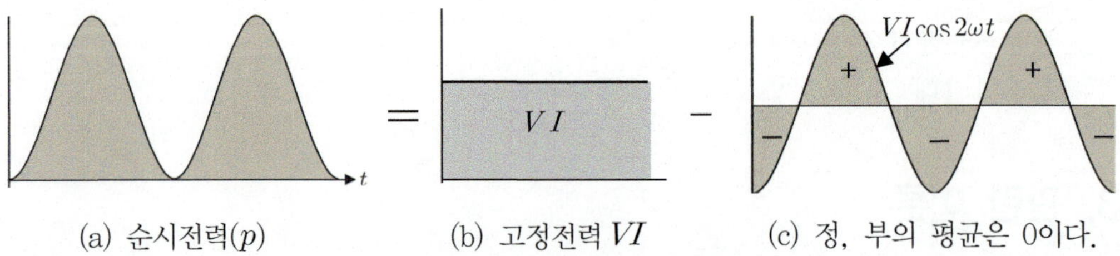

[그림 20-2] 저항부하의 전력분석

2) 순 유도부하의 전력

인덕턴스 L[H]만이 있는 회로의 전압, 전류 그리고 교류전력의 식은 다음과 같다.

전압 $v = \sqrt{2}\,V\sin\omega t$

전류 $i = \sqrt{2}\,I\sin(\omega t - \frac{\pi}{2})$

순시전력 $p = \sqrt{2}\,V\sin\omega t \cdot \sqrt{2}\,I\sin(\omega t - \frac{\pi}{2})$

$= -2VI\sin\omega t\cos\omega t$

$= -VI\sin 2\omega t\,[W]$

↑평균값은 0이므로

평균전력 $P = 0\,[W]$

위 식의 전력을 그래프로 나타내면 그림 20-3의 (b)와 같이 최대값이 VI이고 입력 주파수의 2배 주파수로 변화하는 사인파 교번전력과 같다. 즉, (+)반주기는 전력을 소비하지만, (-)반주기는 전력을 반환하기 때문에 이들의 평균전력은 0이다.

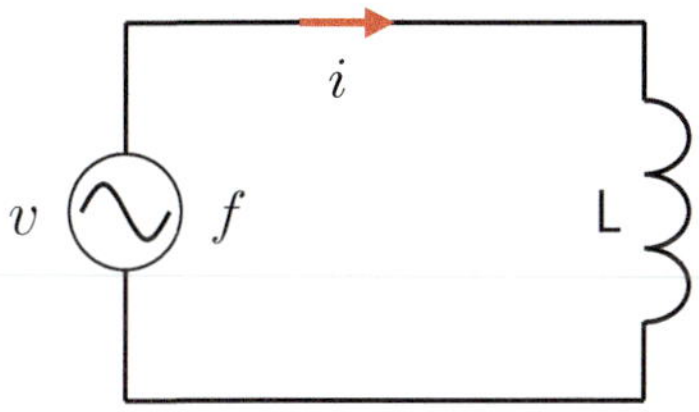

(a)

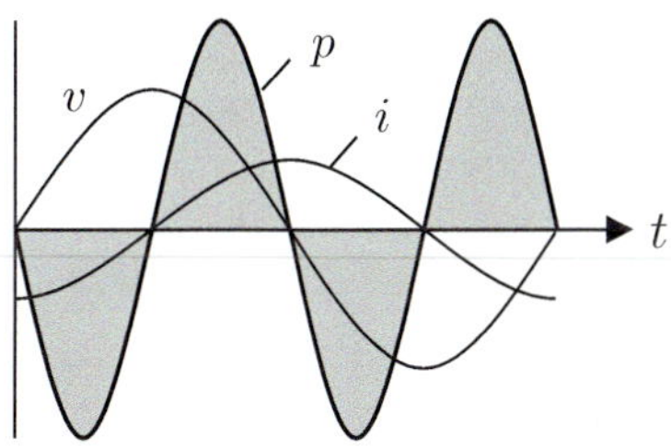

(b)

[그림 20-3] 순 유도부하의 전력

3) 순 용량부하의 전력

커패시턴스 C[F]만이 있는 회로의 전압, 전류 그리고 교류전력의 식은 다음과 같다.

전압 $v = \sqrt{2}\,V\sin\omega t$

전류 $i = \sqrt{2}\,I\sin(\omega t + \frac{\pi}{2})$

순시전력 $p = \sqrt{2}\,V\sin\omega t \cdot \sqrt{2}\,I\sin(\omega t + \frac{\pi}{2})$

$= 2VI\sin\omega t\cos\omega t$

$= VI\sin 2\omega t\,[W]$

↑평균값은 0이므로

평균전력 $P = 0\,[W]$

위 식의 전력을 그래프로 나타내면 그림 20-4의 (b)와 같이 최대값이 VI이고 입력 주파수의 2배로 변화하는 사인파 교번전력과 같다. 인덕턴스 회로와 같이 (+)반주기는 전력을 소비하고, (-)반주기는 전력을 반환하기 때문에 이들의 평균전력은 0이다.

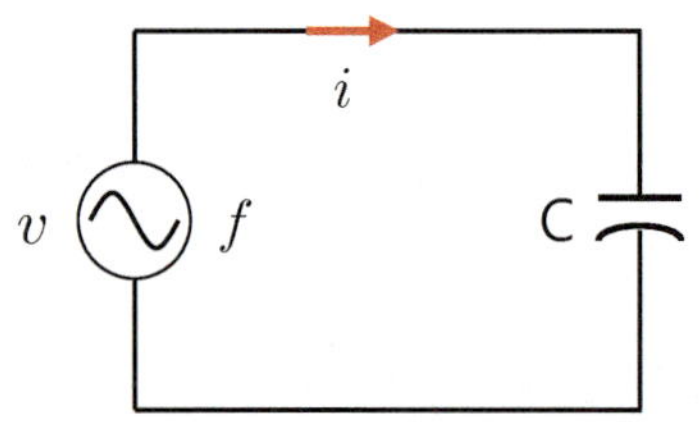

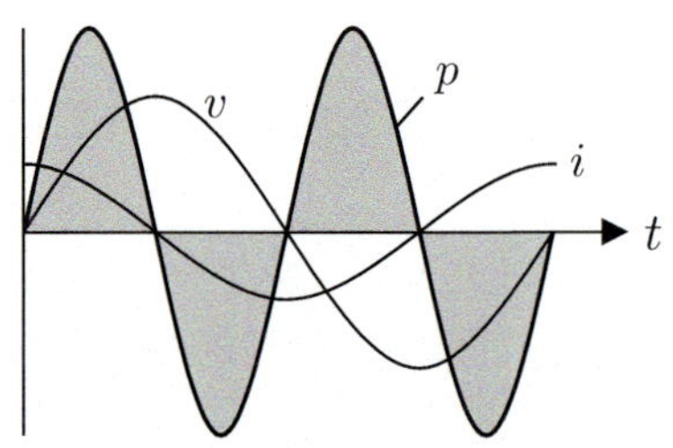

[그림 20-4] 순 유도부하의 전력

4) R-L 직렬회로의 전력

저항과 인덕턴스가 직렬로 연결된 임피던스 회로는 가장 흔히 볼 수 있는 부하의 형태이다. 예를 들면 냉장고, 세탁기, 에어컨, 공작기계 등 전동기가 달려있는 모든 장치들은 R-L직렬회로이다. 그밖에도 릴레이, 전자석, 스피커 등도 전형적인 R-L부하이다.

그림 20-5와 같이 저항 R과 인덕턴스 L이 직렬 연결된 회로에 전압 v를 가할 때 전류 i는 전압보다 ϕ만큼(0° 보다는 크고 90° 보다는 작은 각도로) 늦게 흐른다.

전압 $v = \sqrt{2}\,V\sin\omega t$

전류 $i = \sqrt{2}\,I\sin(\omega t - \phi)$

순시전력 $p = vi$

$$= \sqrt{2}\,V\sin\omega t \cdot \sqrt{2}\,I\sin(\omega t - \phi)$$

$$= -2VI\sin\omega t\,\sin(\omega t - \phi)$$

$$= VI\cos\phi \; - \; VI\cos(2\omega t - \phi)$$

↑ (일정한 크기) ↑ (주기적 교번전력:정·부가 동일한)

∴ 평균전력 $P = VI\cos\phi\,[W]$

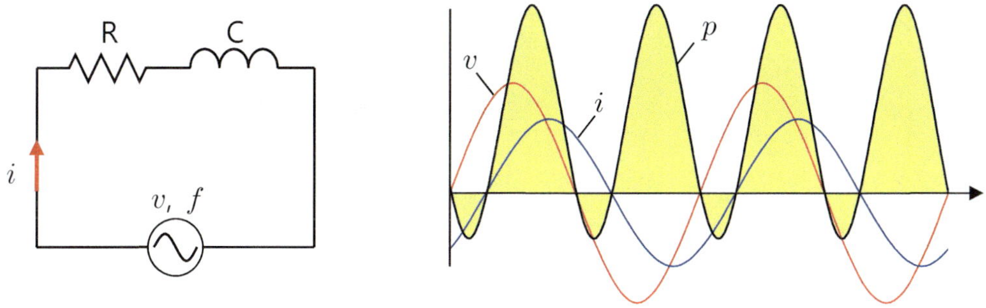

(a) (b)

[그림 20-5] R-L 직렬회로의 전력

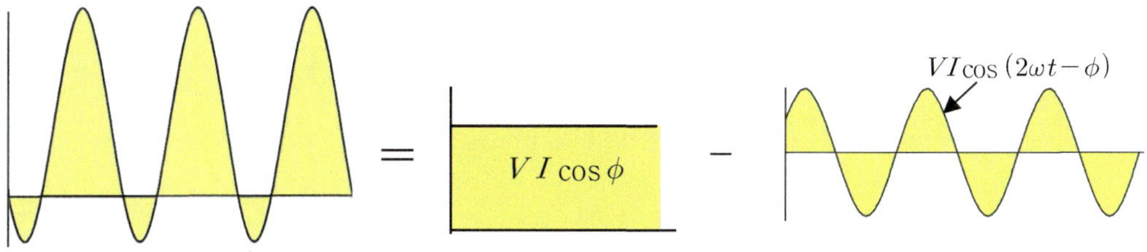

(a) 순시전력 (b) 유효전력 (b) 무효전력

[그림 20-6] R-L 직렬 부하의 전력분석

피상전력

교류회로에 가해준 전압이 V[V]이고 이때 흐르는 전류의 세기가 I[A]일 때 이 회로가 실제로 소비하는 전력은 VI가 아니지만 발전기의 전류용량을 점유한다. 그래서 VI의 크기를 겉보기 전력이라는 의미에서 피상전력(apparent Power: Pa)라고 부르며 단위는 Volt·Ampere, [VA]를 사용한다.

피상전력 $P_a = VI\,[VA]$

역률

교류의 평균전력 $P = VI\cos\phi\,[W]$는 실제로 유효하게 작용하는 전력이라는 의미에서 유효전력(effective Power) 또는 소비전력(consuming Power)이라고 부르기도 하고, 단순히 '전력(electric Power)' 이라고 한다. 여기서 위상각의 여현은

$$\cos\phi = \frac{유효전력}{피상전력} = \frac{P}{VI}$$

으로 정의할 수 있다. 즉, $\cos\phi$는 '부하에 공급되는 피상전력 중에서 유효전력으로 사용

되는 비율' 로서 '역률(Power factor)' 이라고 부른다.

$$역률(P.f) = \cos\phi$$

역률의 크기는 0에서 1까지이다. 저항부하의 역률은 1이고, 완전한 유도 또는 용량부하의 역률은 0이다. 역률값에 100을 곱하여 %로 나타내기도 한다.

저항과 인덕턴스 크기를 알고 있다면 R-L직렬회로의 역률을 구할 수도 있다.

$$\cos\phi = \frac{R}{Z} = \frac{R}{\sqrt{R^2 + (\omega L)^2}}$$

유효전력과 무효전력

피상전력에 $\cos\phi$를 곱하면 유효전력이 되듯이, 피상전력에 $\sin\phi$를 곱하면 무효전력이 된다. 따라서 $\sin\phi$는 '무효율' 이다. 무효전력의 기호는 P_r, 단위는 $[V_{ar}]$를 사용한다.

$$무효전력\ P_r = VI\sin\phi\,[V_{ar}]$$

〈예제 20-1〉

어떤 전동기의 명판 표시가 다음과 같다. 피상전력, 유효전력, 무효전력을 구하시오.

정격전압(Rated Voltage): 220Vac
정격전류(Rated Current): 5A
역률(Power factor): 0.78

(풀이)

1) 피상전력 $P_a = VI = 220V \times 5A = 1{,}100\,[VA]$

2) 유효전력 $P = VI\cos\phi = 1{,}100 \times 0.78 = 858\,[W]$

3) 무효전력 $P_r = VI\sin\phi = 1{,}100 \times 0.626 = 688\,[V_{ar}]$

※역률($\cos\phi$)을 알면 피타고라스 정리를 이용하여 무효율($\sin\phi$)을 구할 수 있다.

$$(\cos\phi)^2 + (\sin\phi)^2 = 1^2$$

$$\sin\phi = \sqrt{1^2 - (\cos\phi)^2} = \sqrt{1^2 - 0.78^2}$$

$$\therefore \sin\phi = 0.626$$

[그림 20-7] 역률과 무효율의 관계

〈예제 20-2〉

저항 10[Ω]과 유도리액턴스 10[Ω]이 직렬 연결된 부하의 역률은 얼마인가?

(풀이)

$$역률\ \cos\phi = \frac{R}{Z} = \frac{R}{\sqrt{R^2+(\omega L)^2}} = \frac{10}{\sqrt{10^2+10^2}} = \frac{10}{10\sqrt{2}} = 0.707$$

5) R-C 직렬회로의 전력

R-C 직렬회로의 전력계산법은 R-L 직렬과 거의 같다. 다만 전류의 위상각이 빠른 것만 다르다. 따라서 피상전력, 유효전력 그리고 무효전력의 계산법은 아래와 같다.

평균전력 $P = VI\cos\phi\,[W]$

피상전력 $P_a = VI\,[VA]$

무효전력 $P_r = VI\sin\phi\,[V_{ar}]$

$$역률\ \cos\phi = \frac{R}{Z} = \frac{R}{\sqrt{R^2+(X_c)^2}}$$

$$무효율\ \sin\phi = \frac{X_c}{Z} = \frac{X_c}{\sqrt{R^2+(X_c)^2}}$$

단, $X_c = \frac{1}{\omega C}$이다.

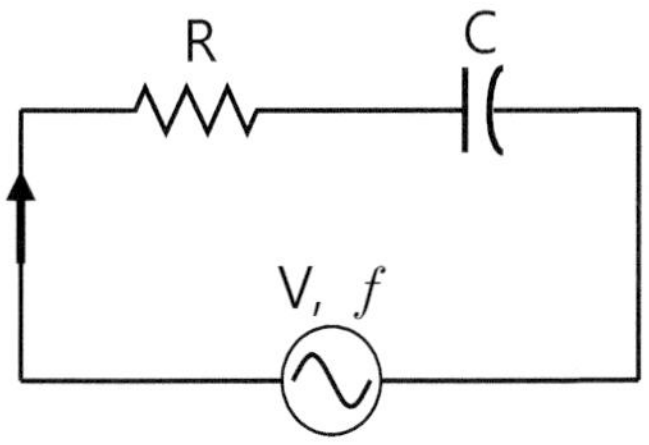

[그림 20-8] R-C 임피던스

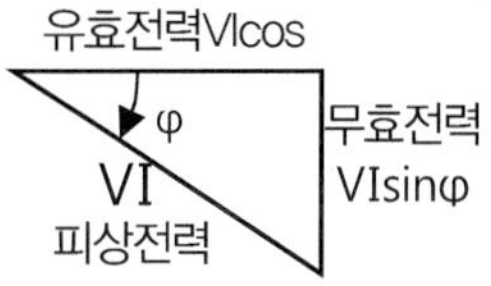

그림 20-9 R-C 회로의 전력

〈예제 20-3〉

저항 60[Ω]과 33[μF]용량의 커패시터가 직렬로 연결된 회로에 120[V], 60[Hz]교류를 인가할 때 소비전력을 구하시오.

(풀이)

1) 먼저 용량리액턴스를 구한다.

$$X_c = \frac{1}{2\pi fC} = \frac{1}{2\times3.14\times60\times33\times10^{-6}} = \frac{10^6}{377\times33} = 80.38 \cong 80\,\Omega$$

2) 임피던스의 크기를 구한다.

$$Z = \sqrt{R^2+X_L^2} = \sqrt{60^2+80^2} = 100\,\Omega$$

3) 역률을 구한다.

$$\cos\phi = \frac{R}{Z} = \frac{60}{100} = 0.6$$

4) 전류를 구한다.

$$I = \frac{V}{Z} = \frac{120\,V}{100\,\Omega} = 1.2\,A$$

5) 전력을 구한다.

$$P = VI\cos\phi = 120 \times 1.2 \times 0.6 = 86.4\,W$$

6) R-L 병렬 및 R-C 병렬 회로의 전력

아래의 그림 20-10 및 그림 20-11과 같은 병렬회로의 전력을 구하는 것은 직렬 임피던스에 비하여 간단하다.

병렬회로의 기준 요소는 전압이다. 그리고 저항회로에 흐르는 전류는 전압과 동위상으로 유효전력이 된다. 그러나 인덕턴스나 커패시턴스로 흐르는 전류는 위상이 90° 느리거나 또는 90° 빠르기 때문에 모두 무효전력이 된다.

R-L 병렬회로의 전력

저항회로의 전력=유효전력 : $P = VI_R = \frac{V^2}{R}\,[W]$

커패시턴스의 전력=무효전력 : $P_r = VI_L = \frac{V^2}{\omega L}\,[V_{ar}]$

피상전력 $P_a = \sqrt{P^2 + P_r^2}\ [VA]$

역률 $\cos\phi = \frac{P}{P_a} = \frac{I_R}{\sqrt{I_R^2 + I_L^2}}$

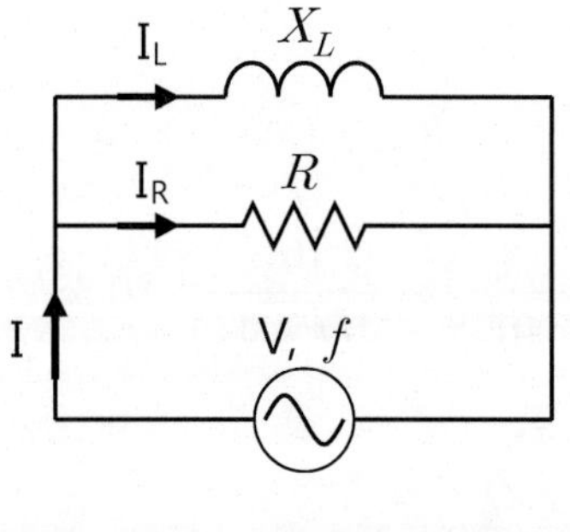

그림 20-10 R-L 병렬 임피던스

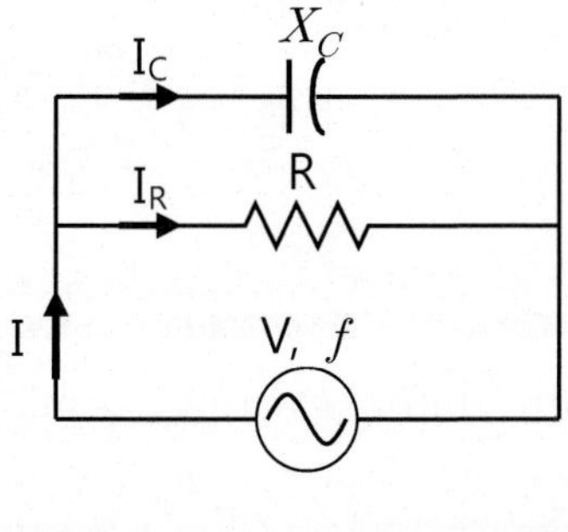

그림 20-11 R-C 병렬 임피던스

R–C 병렬회로의 전력

저항회로의 전력=유효전력 : $P = VI_R = \frac{V^2}{R}\,[W]$

인덕턴스의 전력=무효전력 : $P_r = VI_C = \omega CV^2\,[V_{ar}]$

피상전력 $P_a = \sqrt{P^2 + P_r^2}\,[VA]$

역률 $\cos\phi = \frac{P}{P_a} = \frac{I_R}{\sqrt{I_R^2 + I_C^2}}$

요약

(1) R–L 병렬이나 R–C 병렬회로의 유효전력은 오직 저항에서만 소비한다.

$$유효전력\ P = VI_R = \frac{V^2}{R}\,[W]$$

(2) 피상전력을 구할 때는 L 또는 C 지로의 무효전력을 구한 다음 피상전력을 구한다.

$$피상전력\ P_a = \sqrt{P^2 + P_r^2}\,[VA]$$

(3) 역률은 (유효전력)/(피상전력) 또는 $(I_R)/(I_{Total})$으로 구한다.

〈예제 20–4〉

오른쪽 그림과 같은 회로에서

(1) 소비전력
(2) 무효전력
(3) 피상전력
(4) 역률을 구하시오.

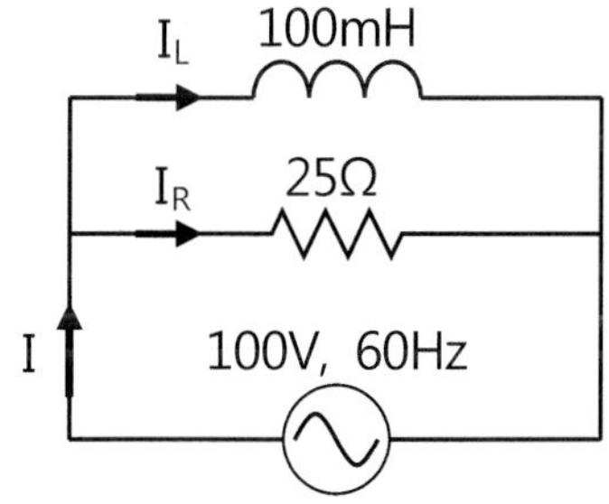

[그림 20–12] R–L 병렬 임피던스

(풀이)

(1) 소비전력 $P = \frac{V^2}{R} = \frac{100^2}{25} = 400\,[W]$

(2) 무효전력 $P_r = \frac{V^2}{\omega L} = \frac{100^2}{377 \times 0.1} = 265.3\,[V_{ar}]$

(3) 피상전력 $P_a = \sqrt{P^2 + P_r^2} = \sqrt{400^2 + 265.3^2} = 480\,[VA]$

(4) 역률 $\cos\phi = \frac{P}{P_a} = \frac{400}{480} = 0.833$

4. 실험 순서

(1) 그림 20-13과 같이 저항부하 회로를 구성한다.

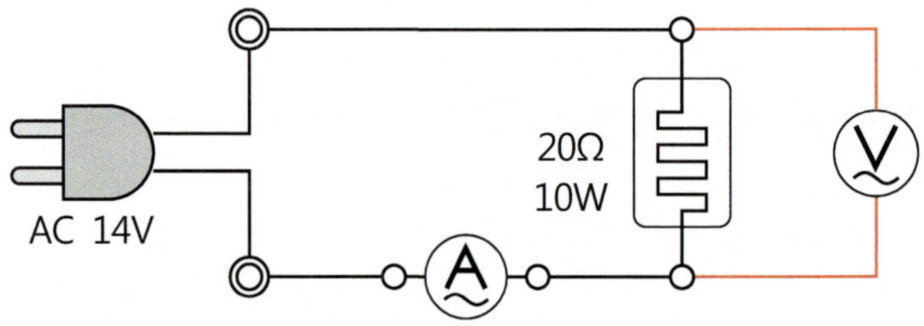

[그림 20-13] 저항부하의 전력 측정하기

(2) 부하에 걸리는 전압과 전류를 측정하고 소비전력을 계산한다.

측정 항목	전압 [V]	전류 [A]	전력 [W]
측정값			$P = VI =$ [W]

Ⅳ. 디지털 오실로스코프의 'A×B' 기능 또는 WATT' 기능을 이용하는 방법

성능이 우수한 디지털 오실로스코프의 경우 표시방식(Display menu)중에는 두 개의 입력을 측정하여 곱(Multiply)하는 기능이 있는데 이것을 사용하면 전력을 측정할 수 있다. 예를 들면 그림 20-17에서 ChA에는 전압신호, ChB에는 전류신호를 입력하고 다음과 같이 설정한다.

☞ 디지털 오실로스코프의 종류에 따라 다음 두 가지 예(CASE)를 소개한다.

CASE 1: OSCILLOSCOPE 메뉴→ 채널선택 → WATT선택[4] → PROBE A(전압)의 배율선택 → PROBE B(전류)의 배율[5]선택 → ENTER

CASE 2: 오실로스코프(Oscilloscope) → 파형(Waveform) → 계산(Mathematics) → 'A×B' → 배율선택 후 → ENTER

---

4) WATT(유효전력), VA(피상전력), VAR(무효전력), PF(역률) 등을 선택하여 측정할 수 있다.

5) 센서저항이 1Ω 이라면 1A가 흐를 때 전압강하 1V가 발생하고 배율은 1V/A이다. 또 10Ω 저항이라면 배율은 10V/A.가 된다.

실험 보고서 (　　주차)

실험 제목			
실험조	조	소　속	
실험일자		제출자	

1. 실험 목적

2. 실험에 사용된 부품 및 장비명

3. 실험 결과

4. 고찰

저자와의
협의에 의해
인지 생략

기초 전기회로실험

1판 3쇄 2026년 2월 5일

저 자 임인호 / 허태원
발행인 송광헌
발행처 **복두(더)**
주 소 서울특별시 영등포구 경인로82길 3-4
센터플러스 807호 (우) 07371
전 화 02-2164-2580
FAX 02-2164-2584
등 록 1993. 11. 22. 제 10-902 호

정가 : 24,000원
ISBN : 979-11-6675-566-8 93560

한국과학기술출판협회 회원사